조명공학
Illumination Engineering

日本 일반사단법인 조명학회 편

공학박사(가천대학교 전기공학과 교수) 김용혁 · 손진근 옮김

BM 성안당

조명공학

Original Japanese edition
Shoumei Kougaku
Edited by The Illuminating Engineering Institute of Japan
Copyright © 2012 by The Illuminating Engineering Institute of Japan
Published by Ohmsha, Ltd.

This Korean Language edition co-published by Ohmsha, Ltd. and SEONG AN DANG
Publishing Co.
Copyright © 2013
All rights reserved.

「조명공학」을 발행하며

　　조명이란 물체에 빛을 비추어서 밝게 하는 것이며, 조명공학은 그 기술을 말한다. 조명은 생활환경·산업활동을 포함한 사회환경 시스템에 있어서 중요한 역할을 맡고 있다. 조명공학과 관련된 분야는 물리학·광학·수학·전기전자공학·건축학·생리학·심리학·색채학·디자인 등으로 조명공학은 이런 분야를 종합한 학문으로서 완성되어 있다.

　　이 책은 이와 같은 내용에 입각하여, 기초지식과 기술에 관한 사항을 균형 있게 구성하여, 조명공학의 소양과 그것을 응용할 수 있는 능력을 개발할 수 있도록 구성하였다. 이 책은 '일본 조명학회' 창립 65주년 기념사업으로서 1983년에 초판 출판되었으며, 그 후 1997년에 개정신판의 발행을 거쳐 약 30년간 수많은 교육현장에서 이용되어 왔다. 조명학회로서도 조명계의 진보·발전에 크게 공헌해 왔다고 자부하고 있으며, 이것은 큰 기쁨이며 자랑거리이기도 하다.

　　이번에 조명공학 분야의 진보발전에 맞춰서, 다시 한 번 개정을 하게 되었다. 특히 LED, 유기 EL 등 최신 광원에 대해서 상세하게 기술하고, 에너지 절약을 고려한 조명설계 기법에 대해서도 기술하였다.

　　이와 같은 개정에 있어서, 구판의 목적이나 의도가 손상되지 않도록 충분히 배려하였다. 또한 조명공학 과목 담당자를 집필자로 구성하였고, 지금까지의 교육경험을 살려서 배우는 독자의 입장에서 기술이 되도록 노력하였다.

　　조명공학 교육에 종사하는 여러 지도자 및 학생 여러분들의 이용을 더욱 기대하는 바이다.

오타니 요시히코(大谷 義彦)

일반사단법인 조명학회 출판위원회
「조명공학」 편집분과회

집필자 대표 오타니 요시히코(大谷 義彦)
집필위원 이다 타케노부(飯田 武伸) (2.1~2.5)
이노우에 마사루(井上 優) (3장)
이리쿠라 타카시(入倉 隆) (8장)
우치다 아카츠키(內田 曉) (1장)
오야마 타카시(大山 敬) (부록 2)
오노 타카시(小野 隆) (4.4~4.5)
카와카미 코우지(川上 幸二) (6장)
코이케 노시(小池 伸) (부록 1)
스즈키 아츠(鈴木 篤) (2.5~2.6)
타카마츠 아츠코(高松 篤子) (부록 1)
타케시타 슈(竹下 秀) (7장)
타치가와 사부로(太刀川 三郎) (부록 2)
나카야마 마사하루(中山 昌春) (4.1~4.3)
마츠시마 코우지(松島 公嗣) (5장)

1장 조명의 기초

2장 광원

3장 조명기구

4장 조명계산

6장 실외조명

7장 방사의 응용

제 **1** 장

조명의 기초

조명공학은 전기공학의 한 부분으로서, 그 내용은 물리학·건축학·생리학·심리학·색채학 등 여러 방면에 걸쳐 있다. 이 장에서는 이들 학문과 관련된 가장 기초적인 사항을 다룬다. 먼저 방사의 일부로서 빛과, 그 빛을 측정하는 데에 필요한 용어와 단위에 대해서 설명한다. 다음으로 빛을 느끼는 입장에 서서 눈의 구조와 움직임, 그리고 물건이나 색이 보이는 원리에 대해서 기술한다.

　방사란 전자파 혹은 입자의 형태로 전달되는 에너지를 말한다. 전자파의 파장 범위는 그림 1.1의 스펙트럼에 표시된 것과 같이 $10^8 \sim 10^{-16}$m이다. 파장에 따라서 전파·적외방사·빛·자외방사·X선·감마선·우주선 등으로 구분되며, 각각은 특유의 성질을 가지고 있다. 이 중에서 눈이 느끼는 $380 \sim 780$nm(나노미터 $= 10^{-9}$m)의 파장범위를 빛이라 한다. 눈은 파장을 통해서 여러 종류의 색을 느낀다.

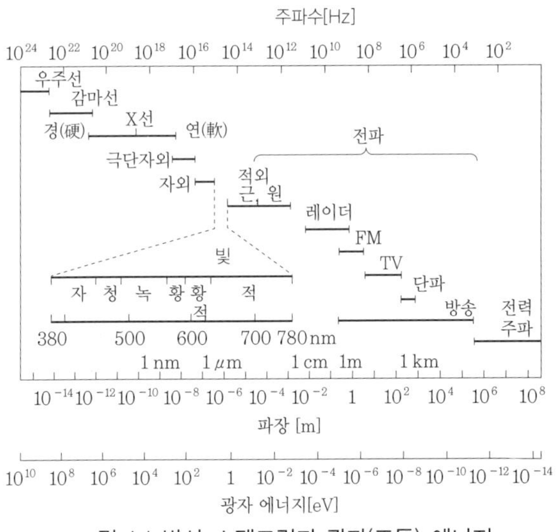

그림 1.1 방사 스펙트럼과 광자(포톤) 에너지

측광량과 단위

1.2.1 방사속

단위시간에 어느 단면을 통과하는 방사 에너지의 양을 **방사속**(放射束)이라 한다. 즉, 지금 어느 단면을 dt[s](초)의 시간 내에 dQ_e[J](줄)의 방사 에너지가 통과했다고 하면, 방사속 Φ_e[W](와트＝줄매초[J/s])는

$$\Phi_e = \frac{dQ_e}{dt} \tag{1.1}$$

로 나타난다.

1.2.2 광속

방사속을 시감도 필터(분광시감효율)를 통해서 본 양을 **광속**(光束)이라 하며 기호는 (Φ), 단위는 루멘[lm]이다. 즉, 그림 1.2의 스펙트럼에 나타낸 것처럼 어느 방사체에서의 분광방사속이 $\Phi_e(\lambda)$[W/nm], 표준분광시감효율이 $V(\lambda)$로 주어진다면 광속 Φ은 식 (1.2)가 된다.

$$\Phi = K_m \int_{380}^{780} V(\lambda)\, \Phi_e(\lambda)\, d\lambda \tag{1.2}$$

여기서, λ은 파장[nm], K_m은 **최대시감효과도**(분광시감효율곡선의 최대치)로서, 그 값은 약 555nm에 있어서 약 683 lm/W이다.

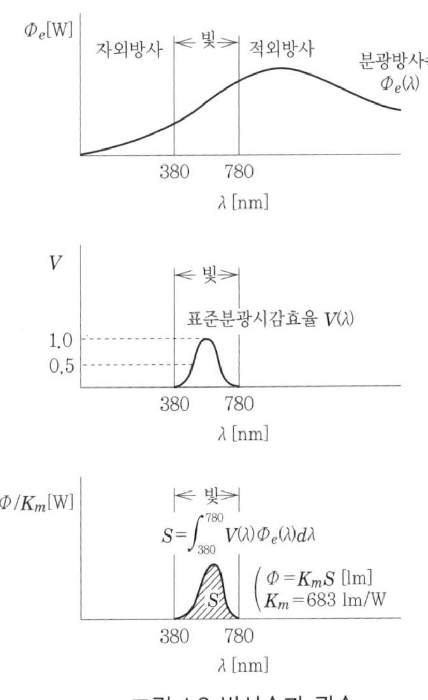

그림 1.2 방사속과 광속

1.2.3 광도

광도(光度)는 어느 방향으로의 단위입체각당 광속(光束)을 말한다. 기호는 I, 단위는 칸델라 [cd]이다. 예를 들면, 그림 1.3과 같이 미소입체 각 $d\Omega$ 내의 광속이 $d\Phi$라 하면 광도 I는

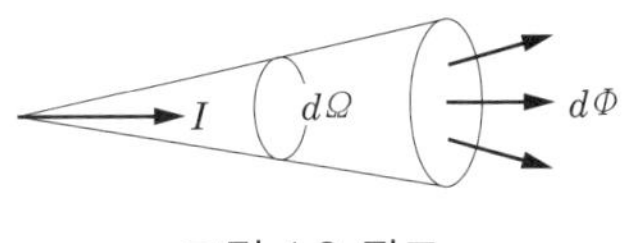

그림 1.3 광도

$$I = \frac{d\Phi}{d\Omega} \tag{1.3}$$

이 된다. 만약, 어느 입체각 Ω 내에서 광속의 분포가 일정하다고 하면, 이 입체각 내의 모든 방향의 광도 I는 다음과 같이 된다.

$$I = \frac{\Phi}{\Omega} \tag{1.4}$$

여기서, **입체각**(立體角)이란 한 점에서 본 어떤 면적에 대한 공간적 넓이의 정도를 나타내며, 기호는 Ω, 단위는 스테라디안[sr]이다. 그림 1.4에 있어서 점 O를 정점으로 하고, 면 S를 저면으로 하는 원추체가 점 O를 중심으로 하는 반지름 r

이 구면과 만날 때, 구면상에 잘려지는 면적을 S'라 하면, 면 S에 대한 입체각 Ω는

$$\Omega = \frac{S'}{r^2} \qquad (1.5)$$

으로 주어진다. 만약 면 S가 점 O를 포위한 폐곡면이라면 $S' = 4\pi r^2$이 되기 때문에 이 때의 입체각은 $4\pi[\text{sr}]$이 되며, 이때 가장 큰 값이 된다.

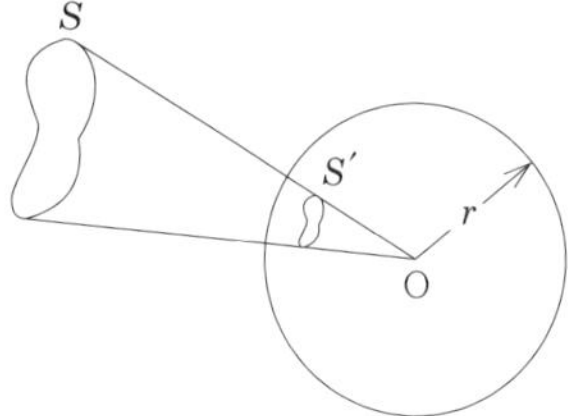

그림 1.4 입체각

1.2.4 조도

조도(照度)는 단위면적당 입사하는 광속(光束)을 말한다. 기호는 E, 단위는 럭스[lx]이다. 즉, 그림 1.5에 있어서, 피조면의 한 점 P 주위의 미소면적 dA에 입사하는 광속을 $d\Phi$로 하면, 점 P의 조도 E는

$$E = \frac{d\Phi}{dA} \qquad (1.6)$$

로 된다. 만약 면적 A에 일정하게 광속 Φ가 입사하고 있다면, 그 면의 조도 E는

$$E = \frac{\Phi}{A} \qquad (1.7)$$

이다.

반지름 r인 구의 중심에, 모든 방향에 대해 광도 I의 점광원을 두었다고 하면 이 광원의 전 광속은 $\Phi = 4\pi I$이며, 광속은 모두 구의 전 내면적 $A = 4\pi r^2$에 입사되기 때문에 구면상의 모든 점의 조도 E는

$$E = \frac{\Phi}{A} = \frac{4\pi I}{4\pi r^2} = \frac{I}{r^2} \qquad (1.8)$$

로 된다. 그러므로 그림 1.6처럼 점광원 L의 어떤 방향에 대한 광도가 I일 때 거리 r에 있어서 빛과 방향에 수직인 면상의 점 P의 조도 E는

$$E = \frac{I}{r^2} \qquad (1.9)$$

로 된다. 즉, 조도는 점광원의 광도에 비례하며, 거리의 2승에 역비례한다. 이것을 **역 2승의 법칙**이라 한다.

또한 그림 1.7에 있어서 면적 A의 평면에 대해서 수직으로 광속 Φ가 입사하고

있다면, 면상의 조도는 $E_n = \Phi/A$이 된다.

여기서, 면을 각도 θ만큼 경사지게 하면 면에 입사하는 광속은 $\Phi\cos\theta$가 되므로 기울어진 면상의 조도 E_θ는

$$E_\theta = \frac{\Phi\cos\theta}{A} = E_n\cos\theta \tag{1.10}$$

로 된다. 즉 어느 면의 조도는 빛의 입사각(면의 법선과 입사광의 방향이 이루는 각도)의 코사인에 비례하므로 **입사각 코사인의 법칙**이라 한다.

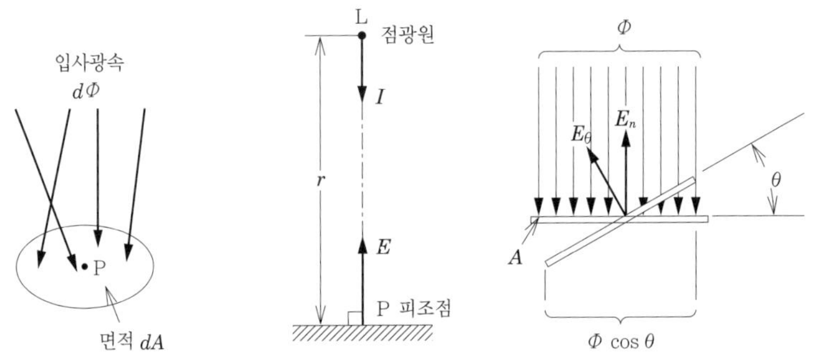

그림 1.5 조도　　　그림 1.6 역 2승의 법칙　　　그림 1.7 입사각 코사인의 법칙

 광속발산도

어떤 면의 밝기는 조도로 나타내는데, 사람의 눈으로 느껴지는 밝기로서 **광속발산도**(光束發散度)가 이용되며, 단위면적에서 발산하는 광속으로 나타낸다. 기호는 M, 단위는 $[\mathrm{lm/m^2}]$이다.

그림 1.8에서, 어느 면에 임의의 점 P의 주위의 미소면적을 dA, 여기로부터 발산하는 광속을 $d\Phi_0$로 하면 그 점의 광속발산도 M은 다음 식으로 된다.

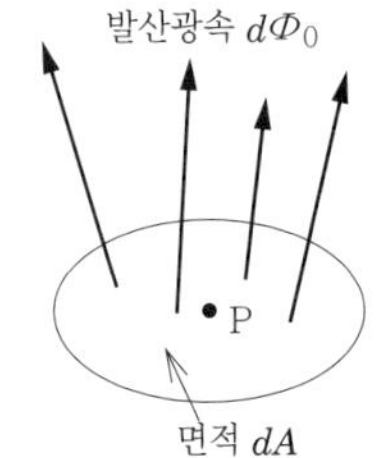

그림 1.8 광속발산도

$$M = \frac{d\Phi_0}{dA} \tag{1.11}$$

만약, 면적 A에서 일정하게 광속 Φ_0가 발산하고 있다면, 그 면의 광속발산도 M은

$$M = \frac{\Phi_0}{A} \tag{1.12}$$

가 된다. 그리고 이 광속발산도는 반사면, 투과면 어느 경우에도 적용된다. 예를 들면, 반사율 ρ, 투과율 τ의 반투명물체에 광속 Φ가 입사하였다면 반사광속 Φ_ρ는 $\rho\Phi$, 투과광속 Φ_τ는 $\tau\Phi$가 되며, 이 물체의 표면적을 A로 한다면 표면의 평균 조도는 $E=\Phi/A$가 되기 때문에 반사면 및 투과면에 있어서의 평균광속발산도 M_ρ, M_τ은 각각

$$M_\rho = \frac{\Phi_\rho}{A} = \frac{\rho\Phi}{A} = \rho E \tag{1.13}$$

$$M_\tau = \frac{\Phi_\tau}{A} = \frac{\tau\Phi}{A} = \tau E \tag{1.14}$$

가 된다.

1.2.6 휘도

광원 등이 빛나는 정도를 나타내는 데 **휘도**(輝度)가 사용되며, 광원면으로부터 어느 방향으로의 광도를 그 방향으로의 광원의 겉보기 면적으로 나눈 값으로 나타낸다. 기호는 L, 단위는 [cd/m^2]이다.

그림 1.9와 같이 광원의 어느 면 dS에 있어서 θ방향의 광도를 dI_θ, 광원의 겉보기 면적을 dS'라고 하면, θ방향의 휘도 L_θ는

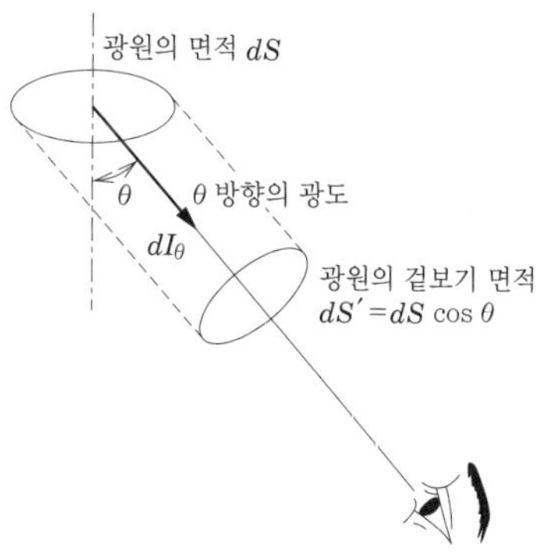

그림 1.9 휘도

$$L_\theta = \frac{dI_\theta}{dS'} = \frac{dI_\theta}{dS \cos \theta} \tag{1.15}$$

로 구해진다.

1.2.7 균등확산면

어느 방향에서 보아도 휘도가 같은 면을 **균등확산면**(均等擴散面 : 반사율이 1인 이상적인 균등확산면을 완전확산면이라 한다.)이라 하며 이때, 법선방향의 광도 dI_n과 θ방향의 광도 dI_θ와의 사이에는

$$dI_\theta = dI_n \cos\theta \qquad (1.16)$$

의 관계가 있으며, 광도의 궤적은 그림 1.10과 같이 원형이 된다. 이것을 **람베르트**(Lambert)의 **코사인 법칙**이라 한다. 바꿔 말하면, 람베르트의 코사인 법칙에 따르는 면은 균등확산면이 된다. 또한 균등확산면에 있어서 휘도 $L[\text{cd/m}^2]$와 광속발산도 $M[\text{lm/m}^2]$의 사이에

$$M = \pi L \qquad (1.17)$$

의 관계가 있다.

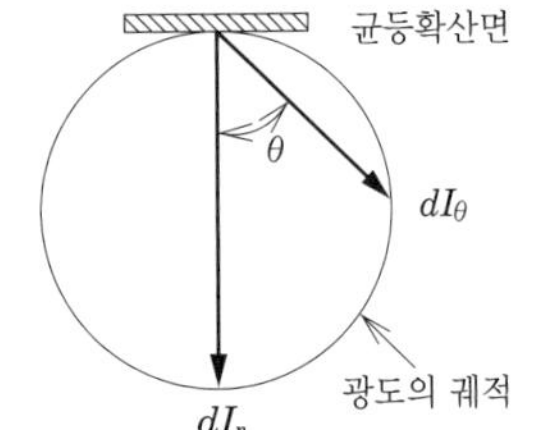

그림 1.10 람베르트의 코사인 법칙

1.2.8 반사율, 투과율, 흡수율

그림 1.11과 같이 어느 면에 입사하는 광속을 Φ, 이 면을 투과하는 광속을 Φ_τ, 이 면에서 반사하는 광속을 Φ_ρ로 하면, 반사율 ρ와 투과율 τ는

$$\rho = \frac{\Phi_\rho}{\Phi} \qquad (1.18)$$

$$\tau = \frac{\Phi_\tau}{\Phi} \qquad (1.19)$$

가 된다. 또한

$$\Phi - \Phi_\rho - \Phi_\tau = \Phi_\alpha \qquad (1.20)$$

이라 하면, Φ_α는 면에 흡수된 광속이이다. 따라서 흡수율 α은

$$\alpha = \frac{\Phi_\alpha}{\Phi} \qquad (1.21)$$

로 된다. 반사율 ρ, 투과율 τ, 흡수율 α의 사이에는

$$\rho + \tau + \alpha = 1 \qquad (1.22)$$

의 관계가 있다.

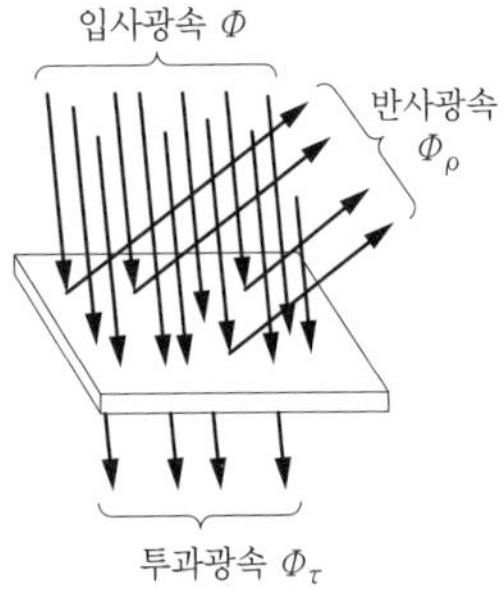

그림 1.11 입사광속, 반사광속, 투과광속

1.2.9 기본적인 측광량의 상호관계

조명공학에 있어서 기본적인 측광량인 광속, 광도, 조도, 광속발산도, 휘도에 대한 상호관계를 그림 1.12에 나타냈다.

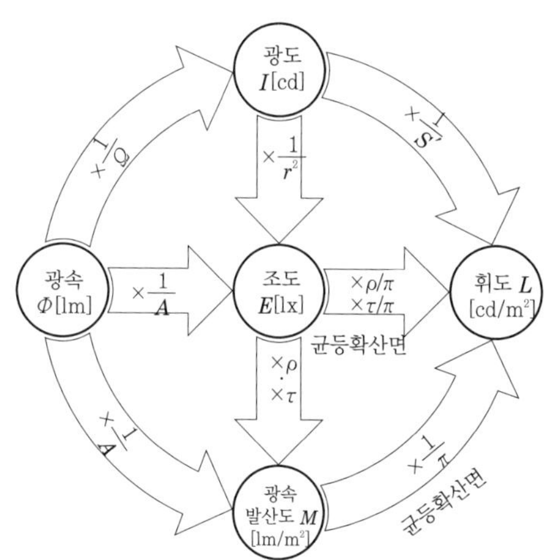

- Ω : 입체각[sr]
- A : 피조면의 면적[m²]
- r : 광원과 피조면 간의 거리[m]
- S' : 광원의 겉보기 면적[m²]
- ρ : 반사율
- τ : 투과율

그림 1.12 기본적인 측광량의 상호관계

눈과 보는 법

1.3.1 눈의 구조

눈은 안구와 시신경으로 이루어져 있으며 그 구조는 그림 1.13과 같다. 안구는 지름 약 21~25mm의 구체로서 카메라와 비교된다. 각막은 안구를 보호하고 자외선방사를 차단한다. 수정체는 단렌즈의 역할을 하며 그 두께를 증감함으로써 자동적으로 목표물에 핀트가 맞춰진다. 이 동작은 수정체를 고리 모양으로 둘러싼 모양체에서 이루어진다. 근육

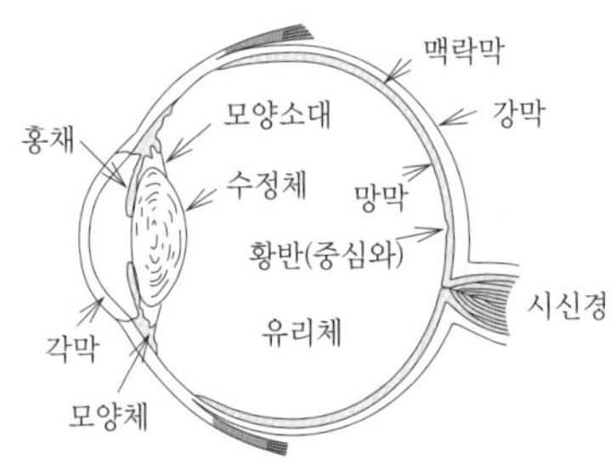

그림 1.13 눈의 구조

이 수축하면 수정체 주위에 둘러싸고 있는 모양소대가 느슨해지고, 수정체는 자신의 탄성으로 둥근 모양을 이루면서 굴절력을 증가시킨다. 반대로 모양체가 느슨해지면 모양소대의 장력이 증가하게 되어 수정체는 편평해지며 굴절력은 감소한다. 홍채는 카메라의 조리개 역할을 하는 것으로 물체의 명암에 의해서 자동적으로 개폐한다. 카메라의 필름면에 상당하는 망막은 두께가 불과 약 0.3mm의 투명한 막으로 되어 있다. 각막·수정체·유리체를 통과한 빛이 망막에 상을 맺는다.

망막에는 간상체(桿狀體)와 추상체(錐狀體) 두 종류의 시세포가 배열되어 있다. 간상체는 어두운 곳에서 작용하는데, 빛에 대한 감도는 높지만 색을 구별하는 능력이 없다. 추상체는 밝은 곳에서 작용하는데, 빛에 대한 감도는 간상체보다 낮지만 색을 구별하는 작용이 가능하다. 간상체만이 작용하고 있는 상태를 **암소시**(暗所視), 추상체만이 작용하고 있는 상태를 **명소시**(明所視), 둘 다 활동하고 있는 상태를 **박명시**(薄明視)라 한다. 이들 작용의 교체는 전부 자동적으로 행해진다.

망막 중심의 오목한 곳(황반 : 중심와)이 가장 감도가 좋으며 추상체의 대부분은 이곳에 밀집되어 있고 바깥 둘레로 갈수록 적어진다. 또한 간상체는 황반(중심부분)의 가까이에는 거의 없고, 바깥 둘레에 많다. 시세포에는 신경섬유가 연결되어 있다. 이것이 모여 시신경을 이뤄 대뇌에 시각정보를 보낸다. 이 모든 신경섬유가 집합한 부분에는 시세포가 없기 때문에 이곳에 도달한 빛은 보이지 않는다. 이 부분을 **맹점**(盲点)이라 한다.

1.3.2 분광시감효율

눈으로 느끼는 파장 380~780nm의 범위 중에서 긴 파장에 대해서는 적색, 짧은 파장에 대해서는 청색과 같이 파장에 따라서 색의 변화를 예민하게 느낄 수 있다. 또한 밝기의 감각도 파장에 의해서 달라지는데, 파장 555nm의 황록색의 부분은 밝게 느끼고, 380nm이나 780nm 부근의 청색이나 적색의 부분은 어둡게 느낀다. 파장 555nm의 밝기를 1로 할 때, 이것과 같은 에너지를 가진 다른 파장의 밝기에 대한 느낌을 비교치로 나타낸 것이 **분광시감효율**(分光視感效率)이다. 분광시감효율에는 개인차가 있으므로, 국제조명위원회(CIE : Commission Internationale de l'Eclairage)에서, 많은 사람들로부터 평균을 구해서 그림 1.14의 실선과 같이 표준분광시감효율(2도 시야, 명소시)을 정하고 있다.

밝은 곳에서는 적색과 청색이 같은 밝기로 보이지만 어두운 곳에서는 청색이 적색보다 밝게 보인다. 이 현상을 **푸르키네 현상**(Purkinje)이라 한다. 이것은 명소시에서는 추상체가, 암소시에서는 간상체가 활동하기 때문이다. 표준분광시감효율은 명소시의 상태를 취하고 있다. 암소시의 분광시감효율은 그림 1.14의 파선과 같이 그 최대가 짧은 파장측으로 이동되어 청색을 밝게 느끼게 된다.

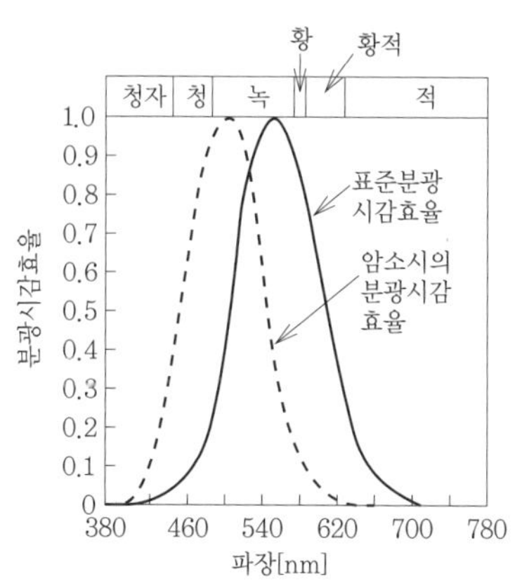

그림 1.14 표준분광시감효율과 암소시의 분광시감효율

시력(視力)이란 눈이 물체의 형상을 얼마나 자세하게 인식할 수 있는가에 대한 능력이다. 2개의 점을 보는 경우 점을 2점으로서 분리해서 볼 수 있는 최소의 시각(視角, 분(分))의 역수로 나타낸다. 예를 들면 그림 1.15와 같은 **랜돌트 환**(Landolt 環)의 끊긴 곳을 얼마나 잘 인지할 수 있는가를 측정한다. 그림의 원환을 5m 떨어진 곳에서 보고 그 끊긴 곳을 인식할 수 있다면 시각(視角)은 1분(分)이 되고 시력은 1.0이 된다. 2.5m의 거리에서 인식하는 경우에는 시각은 2분이 되고 시력은 0.5가 된다.

이와 같이 시력은 랜돌트 환과 같은 시표면(視標面)상의 밝기에 의해 달라지며, 밝을수록 시력은 증대한다. 그림 1.16은 밝기와 시력의 관계를 나타낸 것으로, 낮은 쪽은 간상체에 의한 암소시의 경우이고, 높은 쪽은 추상체에 의한 명소시의 경우이다. 그러나 밝기가 너무 밝아도 시력은 그에 비례해서 증가하지 않고 포화되는 경향을 보인다.

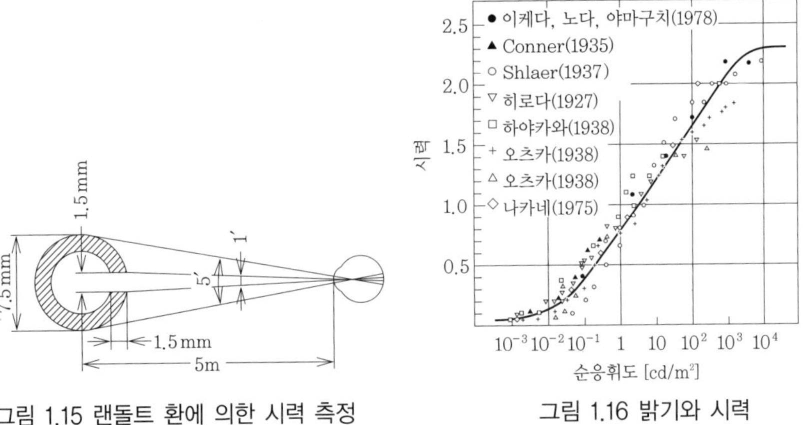

그림 1.15 랜돌트 환에 의한 시력 측정	그림 1.16 밝기와 시력

또한 대상물을 보는 시간이나 대상물의 움직임에 의해서도 시력은 변한다. 즉 보는 시간이 극단적으로 짧거나 대상물의 움직임이 빠르거나 하면 시력은 나쁘게 관찰된다.

1.3.4 대비(對比)

회색 종이에 인쇄된 검은색 문자보다 백색 종이에 인쇄된 쪽이 보기 쉽듯이, 밝기가 충분해도 보는 물체와 배경과의 사이에 휘도 차가 없으면 인식하기 어려워진다. 보는 대상물의 휘도와 그 배경의 휘도와의 차이를 나타내는 데 **휘도대비**(輝度對比) 또는 대비(對比)가 사용되며, 일반적으로 다음 식으로 주어진다.

$$C = \frac{L_1 - L_2}{L_1} \tag{1.23}$$

여기서, C는 휘도대비, L_1은 배경의 휘도, L_2는 보는 대상물의 휘도이다.

1.3.5 순응(順應)

눈이 밝은 곳이나 어두운 곳에서 잘 보이도록 익숙해지는 것을 순응작용이라 한다. 눈이 실제로 경험하는 밝기는 달의 밝기 0.1 lx부터 직사일광 10만 lx에 이르기까지의 $1 : 10^6$ 이상에 달하므로 홍채의 조정만으로는 불충분하다. 그래서 시세포의 추상체와 간상체가 자동적으로 전환됨으로써 망막의 감광도를 수만 배나 변화시켜 보충하고 있다. 밝은 곳에 익숙해지는 것을 **명순응**(明順應), 어두운 곳에 익숙해지는 것을 **암순응**(暗順應)이라 한다. 일반적으로 눈이 완전히 암순응하려면 30분 이상의 시간을 필요로 하지만, 명순응은 1분 이내로 완료한다.

1.3.6 시야

눈에 보이는 범위의 넓이를 **시야**(視野)라 하며, 사람은 보통 좌우로 약 $100°$, 상하로 $50\sim70°$의 시야를 가지고 있다. 그러나 시야 안의 모든 부분이 균등하게 보이는 것은 아니고, 주시점을 둘러싼 $1°$ 정도만 분명할 뿐이고, 주위는 희미하게 보인다. 선명하게 보이는 것은 밝은 곳에서 물체의 형태나 색을 포착하는 시세포의 추상체가 망막의 중심부에 밀집해 있고, 신경섬유 하나를 1개의 시세포가 점유하고 있기 때문이다. 이 특수한 부분은 지름 약 0.3mm의 범위이며, 이것을 시각으로 바꾸면 약 1도밖에 안 된다.

이것을 보완하고 있는 것이 눈의 운동이다. 주시점이 목표물 위에 머물도록 해서 물체가 선명한 영상이 되도록 무의식적으로 작용한다.

　시야 안에 휘도가 매우 높은 물체가 있거나 매우 강한 휘도대비가 있으면 인식의 저하로 불쾌한 느낌을 받는 경우가 있다. 이 현상을 **글레어**(glare, 눈부심)라 하며, 조명의 질을 좌우하는 가장 큰 요인이 된다. 글레어에는 감능 글레어와 불쾌 글레어 2개 타입이 있는데 이들이 각각 일어나는 경우도 있고 동시에 일어나는 경우도 있다.

　감능 글레어(減能 glare) 또는 **불능 글레어**(不能 glare)라 부르는 이것은 시각의 저하를 일으키는 글레어이며, 눈의 생리적 관점에서 평가된다. 예를 들면 직접 태양을 볼 때나 야간에 자동차를 운전 중 마주오는 차의 전조등의 빛이 직접 눈에 들어올 때 등이다. 이때는 눈이 어두워 물체가 잘 보이지 않게 된다.

　불쾌 글레어(不快 glare)는 심리적인 불쾌감을 초래하는 글레어이다. 이것은 시야 내에 순응휘도보다도 현저히 높은 휘도의 물체가 나타나는 경우에 일어난다. 이때 시각 능력은 저하되지 않지만 눈부심을 느끼거나 눈의 피로를 일으킨다.

　글레어가 생기는 원인은 광원의 휘도에 의한 경우가 가장 많다. 글레어가 강해지는 조건으로서는

　　① 주위가 어둡고 눈이 어두움에 익숙해져 있는 경우
　　② 광원의 휘도가 높은 경우
　　③ 광원의 방향이 시선 가까이에 있는 경우
　　④ 광원의 겉보기 면적이 큰 경우

등을 예로 들 수 있다.

　이외에도 **반사 글레어**(反射 glare)가 있다. 이것은 밝은 창이나 광원이 VDT화면이나 광택이 있는 종이면에 비춰질 때 생긴다. 문자 등이 빛나서 읽기 어려워지는 것과 같은 현상을 말하며 화면이나 종이면 상에 광원의 경면반사(鏡面反射)에 의해서 문자 사이의 휘도대비가 감소하기 때문에 일어나는 것으로 **광막반사**(光幕反射)라고도 부른다.

1.3.8 연색성

　수은 램프나 저압 나트륨 램프에 비춰진 물체는 본래 색과는 다르게 보인다. 이와 같이 보이는 물체색을 결정하는 광원의 성질을 **연색성**(演色性)이라 한다.

　보이는 물체색이 달라지는 요인은 두 가지가 있다. 하나는 광원의 분광분포의 변화에 의해 그 물체로부터 반사광의 분광조성이 변하기 때문이고, 또 다른 하나는 조명광이나 주위 전반의 색도에 눈이 익숙해져 그 광색이 백색으로 보이게끔 눈의 감도가 변하는 경우이다. 일반적으로 전자의 경우는 보이는 색이 달라지며, 후자의 경우는 눈이 익숙해져서 색이 원래대로 돌아오게 작용한다. 서로 다르게 보이는 부분이 연색성의 차이로 감지된다.

　광원의 연색성은 평균연색평가수(R_a) 및 특수연색평가수($R_9 \sim R_{15}$)로 나타낸다. 이들은 시료광원으로 조명할 때 보이는 색이 기준광원으로 조명할 때 보이는 색에 얼마만큼 가까운지를 수량적으로 나타낸 것으로 100에 가까울수록 연색성이 좋다고 할 수 있다.

Chapter 01
조명의 기초

1 모든 방향에 대해 200cd의 광도를 가진 점광원이 테이블면 위 2m에 설치되어 있다. 광원 바로 아래의 점 P의 수평면 조도 E_p와 점 P에서 수평방향으로 1m의 거리에 있는 점 Q의 수평면 조도 E_Q를 구하라.

2 모든 방향의 광도가 200cd인 전구 5개가 지름 10m의 원형 방에 점등되고 있다. 전 광속의 50%가 유효하게 사용된다고 하면, 이 방의 평균조도 E는 얼마가 되는가?

3 반지름 0.2m, 투과율 80%의 유백색 유리구 안에 광속 1,520 lm의 광원을 점등했을 때, 유리구 바깥 측의 평균휘도 L을 구하라. 단, 유리구 내에서의 반사는 무시한다.

4 어느 광원에서 4,000 lm의 광속이 크기 $4m^2$의 균등확산면이라 간주되는 유백색 유리를 고르게 비추고 있을 때, 그 안쪽의 휘도가 255cd/m^2라고 한다. 이 유리의 투과율 τ를 계산하라.

〈참고문헌〉

1) 照明学会 (編) : 照明ハンドブック (第 2 版), pp.17〜20, pp.24〜31, pp.33〜35, pp.56〜59, オーム社 (2003)

● 연습문제를 풀어본 후 210쪽 풀이 및 정답을 맞춰보세요.

제**2**장

광원

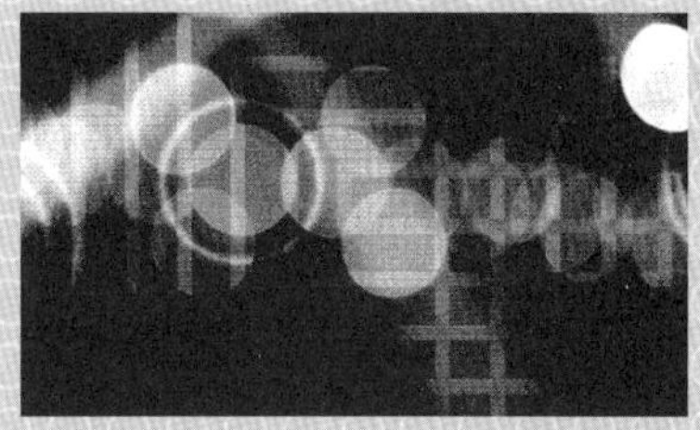

조명에 이용되는 광원의 발광은 열방사와 루미네선스로 분류할 수 있다. 이 장에서는 먼저 열방사와 루미네선스의 기초적인 발광원리를 해설한다. 이어서 열방사를 원리로 하는 백열전구, 그리고 루미네선스를 원리로 하는 저압증기방전에 의한 형광 램프 및 고압증기방전에 의한 HID램프(수은 램프, 메탈 할라이드 램프, 고압 나트륨 램프)의 발광원리·구조·종류·특성 등에 대해서, 방전 램프를 동직시키는 네 필요한 점등회로에 맞춰서 해설한다. 또한 특수방전 램프나 고체 발광을 응용한 조명용 LED 램프와 유기 EL 램프 등에 대해서도 해설한다.

발광의 원리

전자파에 의해서 전달되는 에너지를 **방사**라 한다. 방사는 각각의 파장에 따라서 여러 가지 방법이 있지만, 빛에 의한 방사는 **열방사(온도방사라고도 한다)**와 루미네선스가 있다. 조명용 광원은 이들의 가시광 파장(380~780nm)의 방사를 이용한다.

2.1.1 열방사

열방사는 물체를 가열했을 때 원자·분자·이온 등 물질입자의 열진동에 의해 에너지가 방출되는 현상이다. 저온에서는 적외선이 방사되지만 수백도에 이르면 밝게 느껴지는 가시광이 포함된다. 필라멘트를 사용해서 전기적으로 고온으로 가열하는 백열전구가 여기에 속한다. 이 열방사를 원리적으로 설명하는 데 가장 이상적인 물체로서 가상물체인 **흑체(黑體)**가 있다. 흑체란 입사하는 모든 방사를 완전하게 흡수하는 물체, 즉 흡수율이 1.0인 물체로 **완전방사체(完全放射體)**라고도 부른다. 이 열방사를 특히 **흑체방사(黑體放射)**라 한다. 이것에 대해 어느 특정 파장에 있어서 강한 방사를 하는 것을 **선택방사체(選擇放射體)**라 한다. 방사체의 단위 표면적에서 발산하는 방사속을 **방사발산도(放射發散度)** M_e, 파장 λ에 있어서의 방사속을 **분광방사발산도(分光放射發散度)** $M_e(\lambda)$라 한다.

[1] 플랑크의 방사법칙

절대온도 T, 파장 λ에 있어서의 흑체의 분광방사발산도 $M_e(\lambda, T)$는 식 (2.1)로 주어진다.

$$M_e(\lambda, T) = c_1 \lambda^{-5} \left\{ \exp \frac{c_2}{\lambda T} - 1 \right\}^{-1} \quad [\mathrm{W/(m^2 \cdot nm)}] \tag{2.1}$$

여기서, $c_1 = 2\pi c^2 h = 3.742 \times 10^{20}\,\mathrm{W \cdot nm^4/m^2}$, $c_2 = ch/k = 1.439 \times 10^7\,\mathrm{nm \cdot K}$이다. 단, h는 플랑크 상수(Planck 常數), k는 볼츠만 상수(Boltzmann 常數), c는 진공 중의 빛의 속도이다.

그림 2.1은 온도 T에 있어서 파장에 따른 $M_e(\lambda, T)$의 관계를 나타낸다.

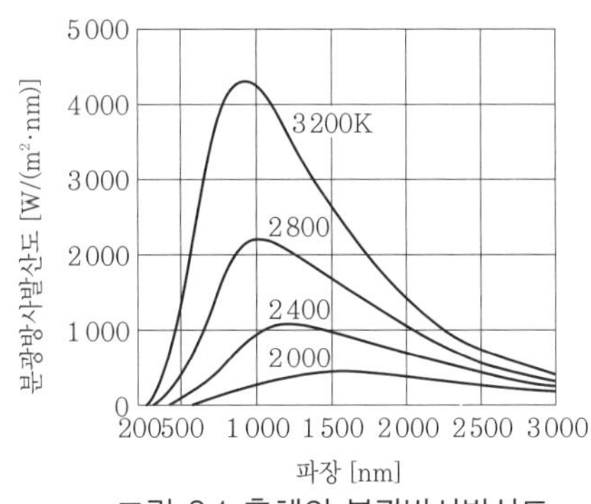

그림 2.1 흑체의 분광방사발산도

[2] 빈의 방사법칙

플랑크에 앞서, 빈(Wien)은 좁은 파장범위에 있어서 근사적으로 다음 식 (2.2)이 성립하는 것을 발견하였다. 식 (2.1)은 λT가 적을 때에 $\exp(c_2/\lambda T) \gg 1$이 되며 다음 식으로 된다.

$$M_e(\lambda, T) = c_1 \lambda^{-5} \exp\left(\frac{-c_2}{\lambda T}\right) \quad [\mathrm{W/(m^2 \cdot nm)}] \tag{2.2}$$

[3] 빈의 변위법칙

식 (2.2)의 $M_e(\lambda, T)$를 파장 λ로 미분해서 미분계수(微分係數)를 0으로 하면 $M_e(\lambda, T)$가 극대가 되는 파장 λ_m이 얻어져, 식 (2.3)이 성립한다.

$$\lambda_m T = 2.898 \times 10^6\,\mathrm{nm \cdot K} \tag{2.3}$$

즉, 온도가 높아짐에 따라서 $M_e(\lambda, T)$의 최대치가 파장이 짧은 쪽으로 이행한다.

[4] 슈테판–볼츠만(Stefan-Boltzmann)의 법칙

식 (2.1)을 이용해서 전 파장에 대한 흑체의 방사발산도 M_e를 구하면 식 (2.4)가 얻어진다.

$$M_e = \int_0^\infty M_e(\lambda,\,T)\,d\lambda = \sigma T^4 \quad [\mathrm{W/m^2}] \qquad (2.4)$$

여기서, σ는 슈테판-볼츠만 상수(Stefan-Blotzmann 常數 $= 5.5670 \times 10^{-8}$ W/($\mathrm{m^2 \cdot K^4}$))라고 한다. 이 식은 "흑체의 방사발산도는 절대온도의 4승에 비례한다."는 것을 보여주고 있다.

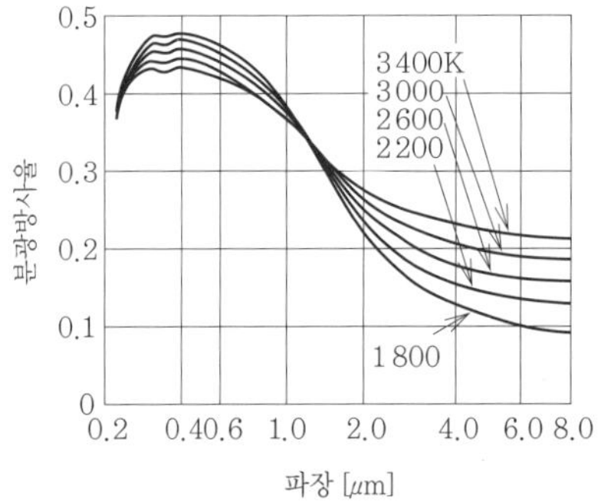

그림 2.2 텅스텐의 분광방사율

표 2.1 각종 광원과 그 색온도

광원	색온도[K]
양초	1,920
일출 30분 후의 태양	2,400~2,650
천정 위의 태양	6,280
담천	7,000
푸른 하늘	12,000
만월	4,125
일반 조명용 전구(57W)	2,850
할로겐 전구(조명용)	3,000
형광 램프(백색)	4,200
형광 램프(주광색)	6,500
형광수은 램프	3,900
메탈 할라이드 램프	3,800~6,000
고압 나트륨 램프	2,050~2,500

[5] 키르히호프(Kirchhoff)의 법칙

물질이 일정한 온도상태의 방사평형상태에 있어서, 방사발산도와 흡수율과의 비는 물질에 관계없이 일정하고, 그 값은 흑체의 완전방사발산도와 같다. 또한 분광방사발산도와 분광흡수율과의 비도 같다.

[6] 분광방사율과 색온도

어느 온도에 있어서, 흑체의 분광방사발산도 $M_e(\lambda)$에 대한 어느 물체의 분광방사발산도 $M_{en}(\lambda)$의 비를 분광방사율 $\varepsilon(\lambda)$이라 한다. 흑체의 $\varepsilon(\lambda)$은 전 파장에 대해서 1이며, 실재의 물체는 선택방사체이므로 1보다 작고, 또한 파장에 의해 변화한다. 파장에 대한 텅스텐의 분광방사율을 그림 2.2에 나타냈다.

어느 방사체의 광색과 같은 광색을 가진 흑체의 온도를 그 방사체의 **색온도**(色溫度)라 한다. 특히 분광분포가 색온도와 비례할 때 **분포온도**(分布溫度)라 한다. 각종 광원과 그 색온도를 표 2.1에 나타냈다.

2.1.2 루미네선스

열방사 이외의 발광을 총칭해서 **루미네선스**(luminescence)라 한다. 루미네선스는 물체가 빛·방사·전자·전계 등의 에너지를 흡수해서 다시 방사 에너지를 방사하는 현상이다. 루미네선스를 발생시키기 위해서는 몇 가지 자극이 필요하다. 전계(電界)에 의해 여기(勵起)되는 일렉트로 루미네선스, 빛에 의해 여기되는 **포토 루미네선스**, 화학반응에 의한 화학 루미네선스, 방사선에 의한 방사선 루미네선스 등이 있다. 조명에서는 주로 기체방전을 이용한 방전 램프나 반도체의 하전 입자 발광을 이용한 고체발광소자 LED나 EL 등을 이용하는데 이들 모두 일렉트로 루미네선스에 해당한다. 그리고 형광 램프의 자외방사에 의한 형광체의 발광은 포토 루미네선스이다.

방전의 원리

2.2.1 기체방전과 방사

원자는 (+) 전하를 가진 원자핵과 그 주위를 도는 몇 개의 (−) 전하를 가진 전자로 구성되어 있다. 전자는 원자핵과 정전인력(쿨롱력)으로 결합되어 있어서, 원자 전체로는 전기적으로 중성을 유지한다. 기체방전은 외부의 전기적 에너지에 의해서 해리된 전자를 잃은 플러스 이온과 전자가 어느 시간 지속됨으로써 일어난다. 이 해리를 **전리**(電離)라 한다. 기체방전 중에서는 외부의 전기적 에너지에 의해 가속된 전자와 원자, 이온과의 충돌 혹은 원자나 이온 각각의 충돌에 의해 원자 내부의 전자가 보다 높은 에너지 상태로 된다. 이러한 현상을 **여기**(勵起)라 하며, 전혀 여기되지 않은 상태를 **기저상태**(基底狀態)라 한다. 높은 에너지 상태를 여기준위라 한다. 전자는 여기준위에서 일정한 확률로 보다 낮은 에너지 상태, 즉 낮은 여기준위 또는 기저상태로 변이한다. 이 확률을 천이확률이라 하며 그 역수가 여기준위로 이르는 시간으로서 10^{-8}s 정도이다. 전자가 높은 준위 E_m에서 낮은 준위 E_n로 천이(遷移)되는 모델을 그림 2.3에 나타냈다. 그 에너지차에 비례한 진동수 ν의 빛(광전자)이 방출된다.

이것을 **방사**(放射)라 한다. 여기(勵起)에 필요한 에너지를 여기에너지 혹은 **여기전압**(단위는 전자볼트 [eV]로 표기한다)이라 한다. 에너지의 방출을 식 (2.5)로 나타냈다.

$$h\nu = E_m - E_n \qquad (2.5)$$

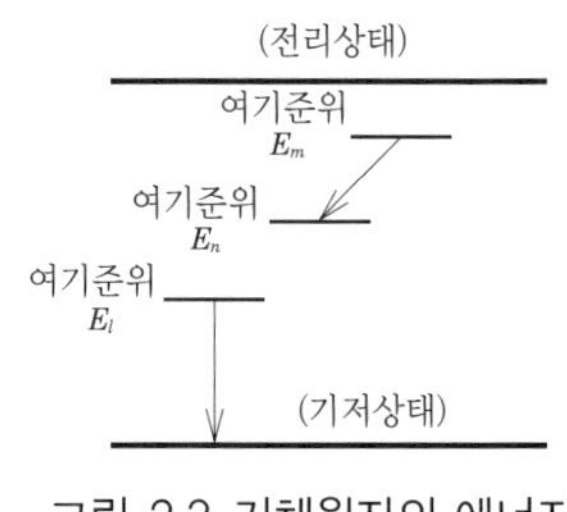

그림 2.3 기체원자의 에너지 천이 모델

단, h는 플랑크 상수, E_m은 상위 준위, E_n은 하위 준위이다.

여기서, $\nu = c/\lambda$, c는 3×10^8m/s(광속도), λ는 파장이므로 스펙트럼선의 파장은 식 (2.6)으로 계산된다.

$$\lambda = hc/(E_m - E_n) = 1,240/(E_m - E_n) \text{ [nm]} \tag{2.6}$$

여기서, 에너지 준위 E_m, E_n은 불연속이므로 파장도 불연속이 되어 선 스펙트럼이 된다. 참고로 그림 2.4에 수은의 에너지 준위와 에너지 천이에 의한 발광 스펙트럼(파장)을 나타냈다.

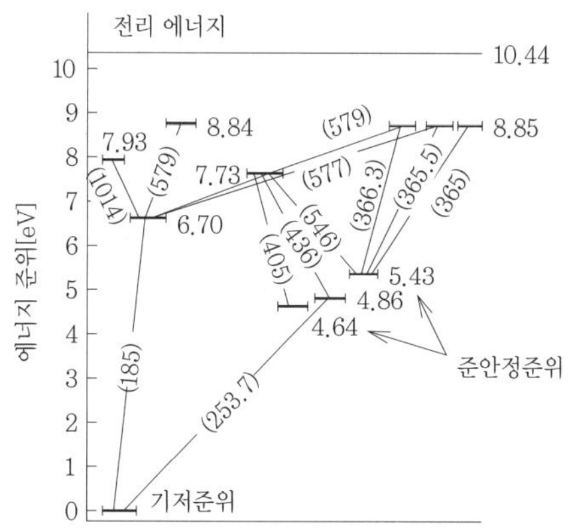

＊에너지를 [eV]로, 발광 스펙트럼[nm]을 ( ) 안에 나타냈다.

그림 2.4 수은의 에너지 준위

2.2.2 저압증기방전과 고압증기방전

방전관 내 압력이 약 1Pa로 작용하는 형광 램프나 저압 나트륨 램프가 저압증기방전에 해당하고, 수기압 정도의 압력으로 작용하는 HID램프가 고압증기방전에 해당된다. 그림 2.5는 수은 증기압과 효율의 관계이다. 수은은 증기압에 따라 발광 스펙트럼 분포가 변한다. 압력이 높아지면, 즉 방전 가스의 밀도가 높아지면 단파장의 자외방사(에너지)가 감소하고 장파장의 가시광이 증가한다.

형광 램프는 파장 253.7nm의 자외방사로 형광체를 여기하는 포토루미네선스이다. 그림 2.6과 같이 점등 시에는 파장 253.7nm의 방사강도가 최대가 되도록 수은 증기압(1Pa 부근이 되도록), 방전관의 온도(40℃ 부근)를 조건으로 설계되어 있다. 그 때문에 램프의 전력이 증가됨에 따라서 램프의 발광장이 증가된다.

그에 비해, 방전에 의한 방사를 주로 이용하는 HID 램프는 방전하는 공간을 고 증기압으로 채워야 하기 때문에 방전관을 수백℃ 이상으로 유지해야 한다. 그러 므로 발광장(發光長)당 전력이 커짐에 따라 단위장당의 광속(光束)이 큰 광원이 된다.

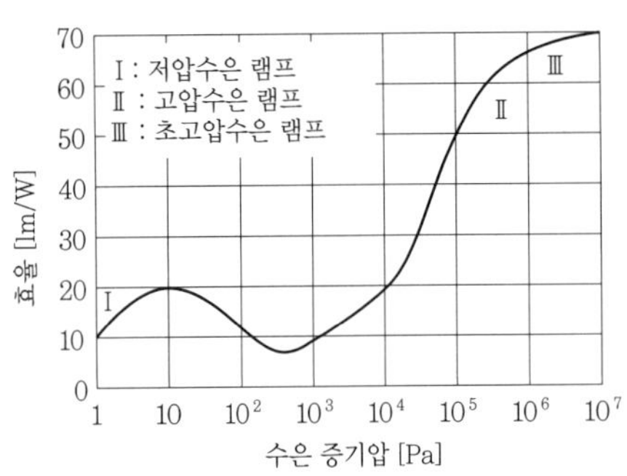

그림 2.5 수은 증기압과 효율의 관계

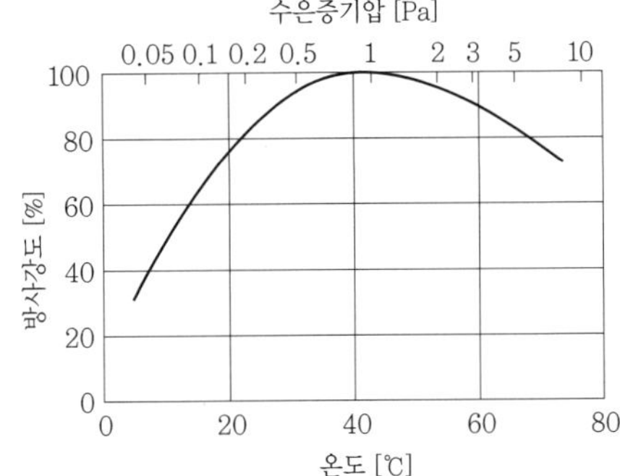

그림 2.6 수은 증기압에 의한
253.7nm의 방사강도변화

백열전구

백열전구(白熱電球)는 1879년에 실용화된 이래 1세기 이상이나 사용되고 있는 가장 역사가 긴 광원이다. 열방사에 의한 발광을 이용하는 것으로 고휘도이면서 구조가 간단하여 방전 램프에 필요한 특별한 점등장치도 필요하지 않다. 근래에 들어 긴 수명·고효율·콤팩트한 할로겐 전구나 크립톤 전구가 널리 사용됨으로써 에너지 절약이라는 시대의 요청에 의해 일반조명용 전구는 제조 중지 방향으로 움직이고 있다. 그러나 백열전구의 기술은 조명공학에 있어서 기초지식에 관계됨은 물론 중요사항을 많이 포함하고 있다.

2.3.1 구조와 원리

[1] 일반조명용 백열전구

일반조명용 백열전구[1](이하 전구라 한다)의 구조를 그림 2.7에 나타냈다. 필라멘트에 흐르는 전류로 고온도로 가열해서 그 열방사를 이용한 광원이다. 꼭지쇠에 설치한 유리구 내에, 스템에 봉착된 도입선과 앵커로 지지된 필라멘트가 불활성 가스와 함께 봉입되어 있다.

유리전구는 일반적으로 연질의 소다 석회 유리가 사용되며, 대용량의 전구나 실외용의 전구는 용도에 따라서 내열성이 높은 경질의 붕규산 유리가 사용된다. 유리구는 무색투명한 것, 백색도장을 한 것, 반사경을 붙인 것, 착색을 한 것 등이 있다. 전구는 백색도장한 것(젖빛)이 주를 이루며, 유리 내에 굴절률이 큰 실리카(SiO_2) 등의 백색분말을 도포해서 빛의 확산성을 좋게 하고 휘도를 낮추고 있다.

꼭지쇠는 소켓에 삽입되어서 전구를 전원에 접속하는 단자부이다. **도입선**(導入線) 중 스템 유리 봉합부의 봉착선은 슈미트선(니켈선에 구리피복)을 이용해서 기밀을 유지한다. 외부도입선 중 1본은 필라멘트 단절 시에 일어나는 아크 방전에 의한 과전류를 방지하기 위한 것으로, 콘스탄탄 등의 퓨즈선을 이용하는 경우가 많다.

필라멘트(filament)는 전구의 발광부로서 고온이 되므로 고융점이면서 적당한 전기저항치를 갖는다. 가시역에서의 분광방사율이 크고 횡선 가공이 가능해야 하며, 기계적 강도가 큰 것이 요구된다. 필라멘트 재료

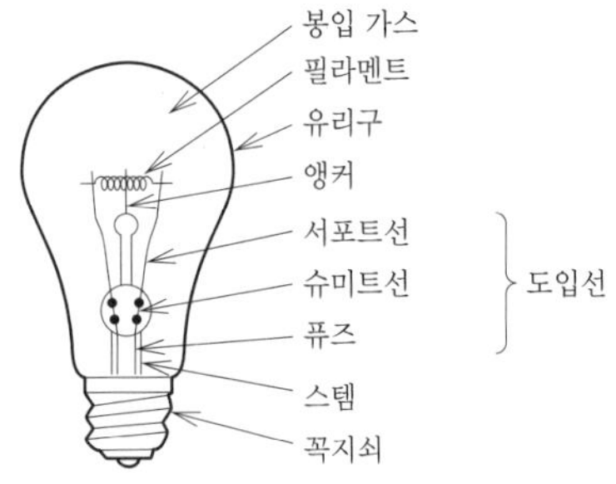

그림 2.7 일반조명용 백열전구의 구조

로서 초기에는 탄소(대나무의 섬유를 탄화시켜서 얻는다) 등이 사용되었지만 현재는 텅스텐이 보통 사용된다. 필라멘트는 요구되는 성능·용도에 따라 단코일 또는 2중 코일이 이용되며 그 형상이나 연결방법 등에 있어 여러 가지 것이 있다. 텅스텐 필라멘트의 온도를 높게 하면, 전구의 효율[lm/W]은 높아지지만 텅스텐의 증발도도 커지므로 수명이 단축된다. 따라서 텅스텐 증발을 억제시키기 위해 불활성 가스를 봉입한다. 불활성 가스에는 질소(N_2), 희(希)가스(아르곤(Ar)이나 크립톤(Kr))의 혼합 가스가 일반적으로 사용된다. 봉입 가스압을 높이면 전구의 효율에 대한 수명은 길어지지만 전구의 점등 중의 안전성을 유지하기 위해서는 점등 시의 내압 10^5Pa(1기압) 부근에서 작동시킬 필요가 있다. 정격전압 100V의 전구에는 용적비로 질소 가스(2~14%)와 아르곤 가스(86~98%)의 혼합 가스가 사용된다. 한편 가스를 봉입하면 그 가스에 의한 전도나 대류에 의한 가스 손실이 생기게 된다. 그림 2.8은 단코일과 2중 코일의 경우 가스 손실을 나타낸 것이다. 필라멘트를 코일 모양으로 하면 가스와의 접촉 면적이 작아지므로 2중 코일의 경우가 손실을 감소시켜 효율을 증대시키는 효과가 있다.

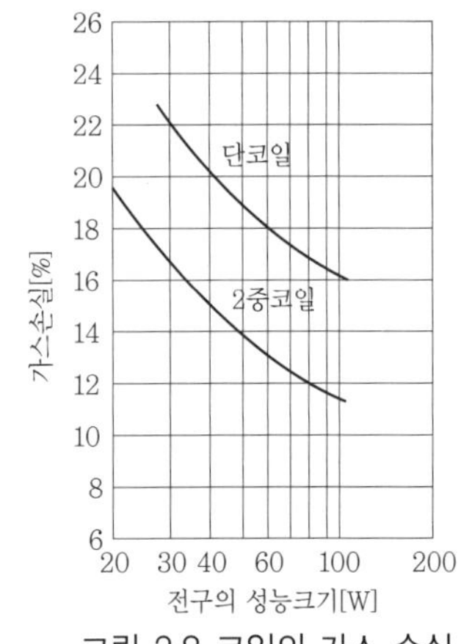

그림 2.8 코일의 가스 손실

[2] 할로겐 전구(halogen 電球)

할로겐 전구[2]의 구조는 한쪽 꼭지쇠형과 양쪽 꼭지쇠형으로 구분되며, 전구의 유리관 표면에 적외반사막을 붙인 것과 없는 것이 있다. 그 구조를 그림 2.9에 나

타냈다. 전구의 유리관 재료는 고내열성의 석영유리가 사용된다. 필라멘트는 코일 모양의 텅스텐이다. 불활성 가스와 함께 미량의 요오드(I), 브롬(Br) 등의 할로겐 물질이 봉입되어 있다. 실제로는 불순물로서 미량의 산소도 존재한다.

점등 중 필라멘트에서 증발되는 텅스텐은 할로겐이나 산소와 결합해서 다수의 텅스텐 화합물이 되어 열화학평형상태로 된다. 특히 약 500℃에 달하는 유리관 내 표면 가까이에는 텅스텐의 할로겐 산화합물(WO_2X_2)이 안전한 기체로 존재한다. 따라서 텅스텐은 관벽에 부착하지 않고 텅스텐 화합물인 채 확산 또는 대류작용에 의해 다시 필라멘트 부근으로 이동한다. 그곳에서 필라멘트의 고온도에 의해 텅스텐과 할로겐으로 해리되고, 텅스텐은 필라멘트에 부착한다. 이 순환작용을 **텅스텐·할로겐·산소 사이클**이라 하며, 일반적으로는 단순하게 **할로겐 사이클**(halogen cycle)이라 한다. 그 모델을 그림 2.10에 나타냈다. 할로겐 물질로서 개발 당시에는 요오드가 사용되었지만 요오드 가스 그 자체가 가시광 방사영역을 흡수하기 때문에 수명에 비해서 효율이 올라가지 않아 현재는 주로 브롬계의 탄화브롬화합물, 브롬수소 등이 이용되고 있다. 브롬은 요오드보다 활성도가 높으

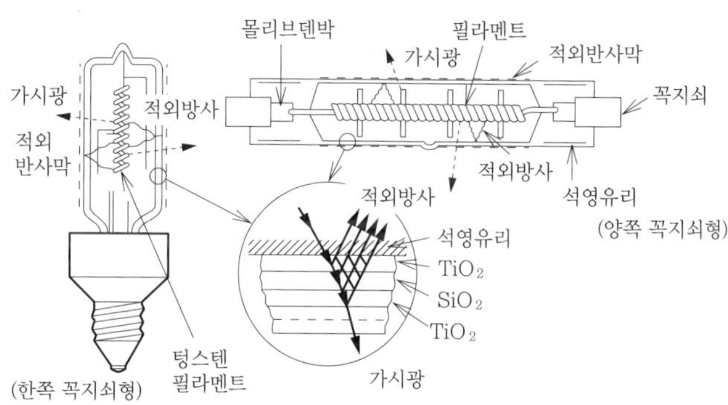

그림 2.9 적외반사막 부착 할로겐 전구

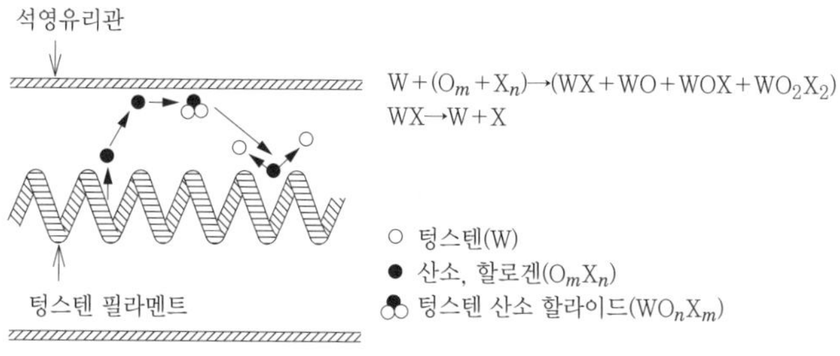

그림 2.10 할로겐 사이클의 모델

므로 할로겐 사이클의 효과에 기여한다. 이 작용으로 할로겐 전구는 텅스텐의 유리관 부착에 따른 흑화현상이 효과적으로 방지되고 있다. 또한 필라멘트의 단선이 일어나기 어려워지므로 수명을 늘리는 것이 가능하다.

수명을 일반조명용 백열전구와 같게 하는 경우 필라멘트 온도를 높게 할 수 있고, 효율은 20% 정도 향상시킬 수 있다. 효율을 같게 하면 수명을 약 2배로 할 수 있다.

석영유리와 도입선의 기밀에는 $20\sim30\mu\mathrm{m}$ 두께의 얇은 몰리브덴박이 석영유리와 용봉착한다. 이른바 핀치 실을 구성한다. 미량으로 포함된 할로겐화 화합물과 불활성 가스는 $1\times10^5\sim4\times10^5\mathrm{Pa}$의 고압으로 봉입되며 점등 중 압력은 1.3~7.0배에 달한다.

일반 조명용, 스튜디오 조명용 등에는 석영유리 외면에 적외반사막을 형성한 것이 많이 사용되고 있다. 내열성의 투광성 적외반사막으로서 굴절률이 큰 산화티탄(TiO_2)과 굴절률이 작은 이산화규소(SiO_2)의 **다층간섭막**이 이용된다. 적외반사막은 필라멘트에서 방사되는 가시광을 투과해서 입력의 70% 이상을 점하고 있는 적외방사를 반사해서 필라멘트에 돌아가게 함으로써 필라멘트의 가열에 재이용할 수 있다. 적외반사막은 효율[lm/W]을 향상시켜서 외부로 방사되는 열의 약 40%를 저감시킨다.

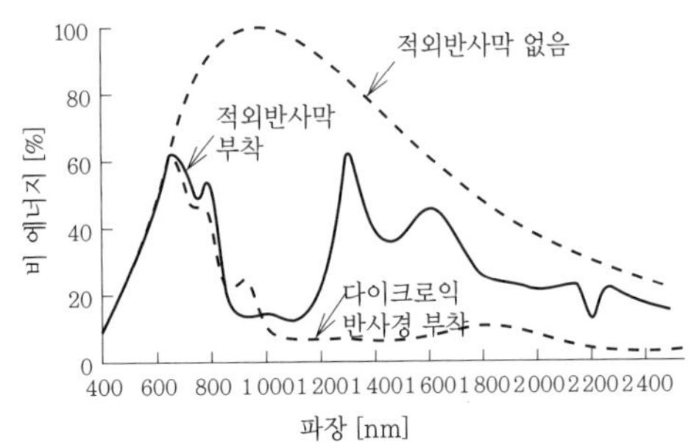

그림 2.11 적외반사막 부착 할로겐 전구의 분광분포

또한, 텅스텐 필라멘트의 방사에는 약간의 근자외방사(장파장 측의 자외방사)가 포함되어 있지만 차폐하는 효과도 있다(㈜ 일반 조명용 백열전구의 연질유리 혹은 경질유리는 자외영역의 투과량은 무시할 수 있지만 석영유리는 자외영역까지 투과한다). 적외반사막 부착 할로겐 전구의 분광분포를 그림 2.11에 나타냈다.

[3] 반사경 부착 할로겐 전구(저전압형, 라인볼트형)

그림 2.12는 할로겐 전구에 다이크로익 반사경을 장착한 전구이다. 이 할로겐 전구는 정격 전압에 따라 저전압형(12V)과 라인볼트형(110V)으로 나뉜다.

다이크로익 반사경(dichroic 反射鏡)은 경질유리 기판에 불화마그네슘(MgF_2)과 황화아연(ZnS) 혹은 이산화규소(SiO_2)와 황화아연(ZnS)을 번갈아서 적층해 **다층간섭박막**을 형성시킨 것이다. 이 간섭막은 적외영역을 투과시켜 가시광을 반사시키는 특성을 갖는다.

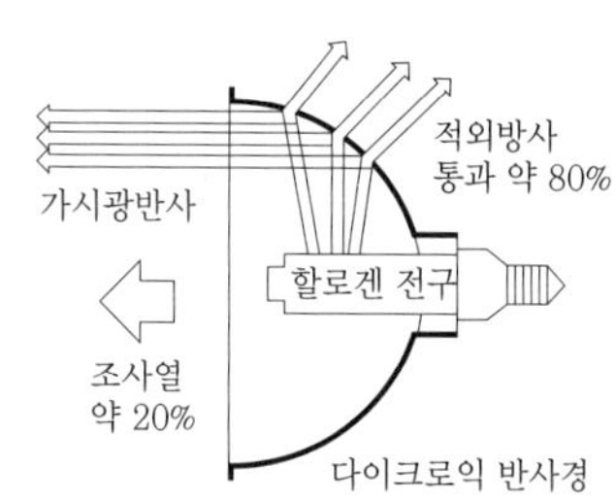

그림 2.12 다이크로익 반사경이 부착된 할로겐 전구의 구조

이 특성에 의해 조사물(照射物)의 방사열을 80% 이상 저감시킨다. 또한 발광부분이 적은 저전압형 할로겐 전구(JR형)는 다이크로익 반사경과 조합시키면 좁은 배광이 얻어지기 때문에 점포조명의 스폿 조명에 적합하다. 라인볼트형 할로겐 전구(JDR형)는 필라멘트의 발광 성능이 좋기 때문에 넓은 배광이 된다.

[4] 크립톤 전구(krypton 電球)

경질유리의 유리구와 불활성 가스로서 크립톤(Kr)과 질소(N_2)의 혼합가스가 사용된다. 크립톤은 아르곤(Ar)보다 열전도도가 약 50%로 낮으므로 일반 백열전구와 할로겐 전구의 중간 정도의 효율과 수명 특성을 갖는다. 유리구를 소형으로 할 수 있으므로, 개방형 조명기구로 사용된다. 일반 전구와 같이 수%의 질소를 혼합하는 것은 필라멘트가 점등 시 단선한 때에 아크 방전이 생기는 것을 피하기 위해서이다.

[5] 반사형 전구

반사형 전구는 그림 2.13에 나타낸 것처럼 유리구 내 꼭지쇠측의 일부에 알루미늄 증착막을 붙여서 반사경을 구성하고 있다. 배광특성에 있어서 광도가 최대광도의 1/2이 되는 조도각도의 넓이를 이루는 각도를 빔각(beam 角)이라 부르며, 그 크기에 따라서 스폿형 혹은 플랫형으로 분류된다.

실드 빔형 전구(PAR형 전구, 그림 2.14)는 용도에 따라 라인볼트형 반사경이 붙은 할로겐 전구(JDR)로 교체되기도 한다.

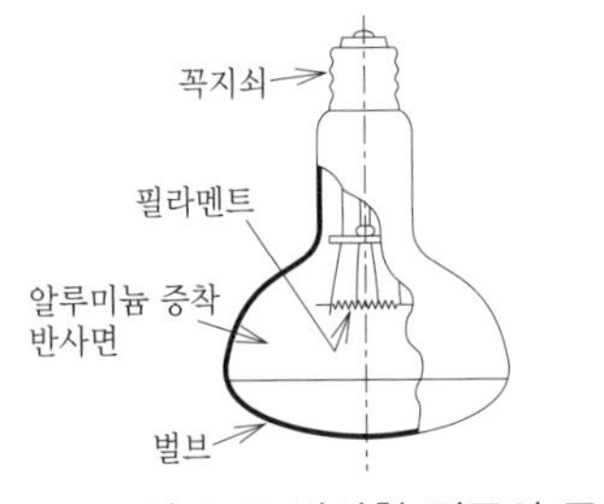

그림 2.13 반사형 전구의 구조

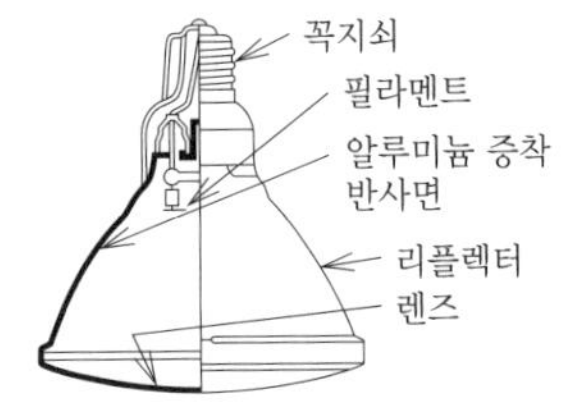

그림 2.14 실드 빔형 전구의 구조

[6] 특수 전구

유리구를 착색해서 색온도를 3,000K 정도로 높인 **주광전구**, 파장 590nm(황색)을 흡수해서 적색과 녹색(보색관계)을 선명하게 나타내는 **네오듐** 전구, 벌레의 유인을 막는 **저유충 전구**, 선박 등에 사용하는 내진전구 등이 있다.

2.3.2 특성

[1] 에너지 변환특성과 분광분포

일반 조명용 백열전구 100형(2중 코일)의 경우, 입력에 대한 가시방사 10%, 적외방사 72%가 되며 그 밖에는 유리나 꼭지쇠에서 흡수되거나 봉입 가스나 단자 등에 의해 소비된다. 필라멘트의 색온도를 높게 하면 가시방사가 증가한다. 분광방사속 분포를 그림 2.15에 나타냈다.

[2] 전기특성

일반 조명용 백열전구의 성능은 텅스텐 온도에 의해 저항이 변화하므로 인가된 전압에 크게 영향을 받는다. 전구의 종류, 필라멘트의 형상에 따라서 특성이 일정

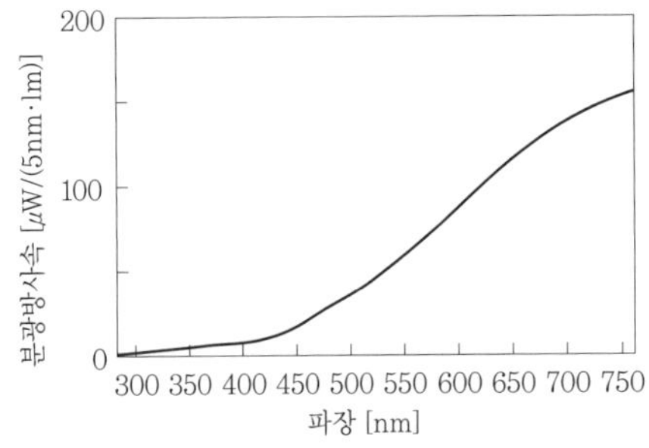
그림 2.15 일반 조명용 백열전구의 분광방사속 분포

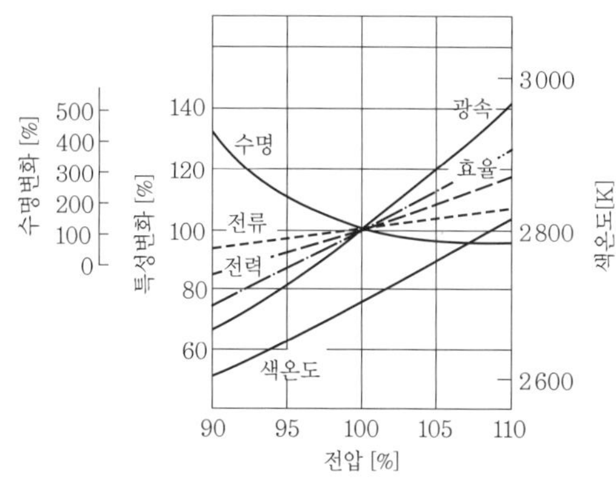

그림 2.16 일반 조명용 백열전구 40형의 전압특성

하지 않다. 그림 2.16에 일반 조명용 백열전구 40형의 전압특성을 나타냈다. 전원전압의 변동에 따라서 제특성변화가 크다. 공급전압이 정격전압보다 5% 높으면 전류는 3%, 전력은 8%, 광속(光束)은 20% 증가하고, 반대로 수명은 1/2로 감소한다.

[3] 수명특성(壽命特性)

일반 조명용 백열전구의 필라멘트는 점등시간과 함께 텅스텐의 증발에 의해 단면적이 감소하고, 저항이 증가해서 전류가 감소한다. 동시에 전력과 필라멘트의 온도가 저하해서 광속이 감소한다. 또한 증발한 텅스텐이 유리구에 부착되어서 광속을 저하시킨다. 특히 유리구 내에 잔류하는 수분은 **워터 사이클**(water cycle)이라 부르는 $H_2O \rightarrow 2H^+ + O^{2-}$가 텅스텐과 산화 $\rightarrow$ 증발 $\rightarrow$ 환원(유리구 내에 부착) 산소방출 $\rightarrow$ 산화의 반응으로 증발을 가속시킨다. 할로겐 전구는 그림 2.10의 할로겐 사이클 모델과 같이 잔류하는 산소는 할로겐화산화물(WO_2X_2)로서 할로겐 사이클에 기어히기 때문에 램프 수명까지 거의 광속서하가 없다. 일반 조명용 백열전구와 할로겐 전구에 공통으로 수명에 영향을 주는 요인으로서 필라멘트, 봉입 가스 등의 전구의 설계, 제조과정의 진동·충격 또는 인가전압 등의 사용조건에 의한 것이 있다.

일반 조명용 백열전구와 할로겐 전구의 필라멘트는 텅스텐의 증발과 함께 점차로 가늘어지는데 실제로는 일정하지 않고, 국부적으로 증발이 촉진되어서 증발부분의 온도가 가속적으로 높아지는, 소위 핫 스폿의 위치에서 절단된다. 이 순간에 방전에 의한 대전류가 흐를 염려가 있으므로 전구의 도입선에 퓨즈를 넣어서 보호하고 있다. 간판조명과 같이 점멸횟수가 많은 경우는 수명이 2~8% 짧아진다. 그 요인은 상온에서는 필라멘트의 저항이 낮으므로 전압인가 시에 순간적으로 정격전류의 7~10배 정도의 전류가 흘러 필라멘트에 열응력이 더해지기 때문이다.

할로겐 전구의 수명 요인의 하나로 석영유리와 몰리브덴박과의 봉착부에 기인되는 경우가 있다. 이 부분의 온도가 높아지면 몰리브덴이 산화를 촉진해서 봉착부가 파손된다. 봉착부의 작동온도는 통상 350℃ 이하지만, 정격수명 100시간 미만의 것은 400℃까지 허용된다. 램프의 입력전압을 극도로 낮춰서 조광하면 유리관벽 온도가 250℃ 이하로 낮아짐으로써 할로겐 사이클이 원활하지 않아 단수명이 된다. 할로겐 램프는 점등 중에 광속저하가 거의 없기 때문에, 할로겐 램프를 여러 개 점등하여 꺼질 때까지 점등하고 있던 시간의 평균치를 평균수명이라 부르며, 그것이 정격수명이다. 정격수명은 50%의 할로겐 램프가 잔존하는 시간이며, 각각의 할로겐 램프의 수명은 아니다[3].

또한 백열전구의 수명이란 전구가 사용할 수 없게 되든가, 또는 규정된 기준에 미달되기까지의 총 점등시간을 말하고, 복수의 전구 각각의 수명을 평균한 것을 평균수명이라 한다. 그리고 장기간에 걸쳐 제조된 동일형식의 전구 수명의 평균치에 기초해서 공표된 시간을 정격수명으로 정의하고 있다.

[4] 백열전구의 형상

그림 2.17에 대표적인 백열전구의 형상을 나타냈다.

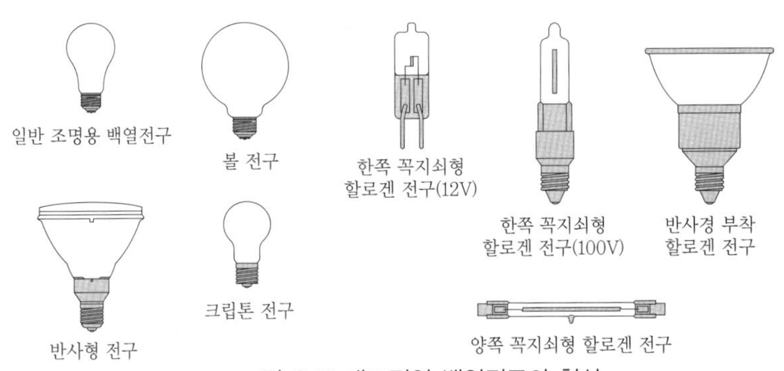

그림 2.17 대표적인 백열전구의 형상

형광 램프

2.4.1 발광원리와 구조

저압수은증기방전 램프의 일종인 형광 램프는 방전에 의해 발생하는 253.7nm을 주체로 하는 수은 스펙트럼 중의 자외방사에 따라 유리관 내벽에 도포된 형광체를 여기(勵起)해서 가시광으로 변환(포토루미네선스)하는 램프이다. 그림 2.18은 형광

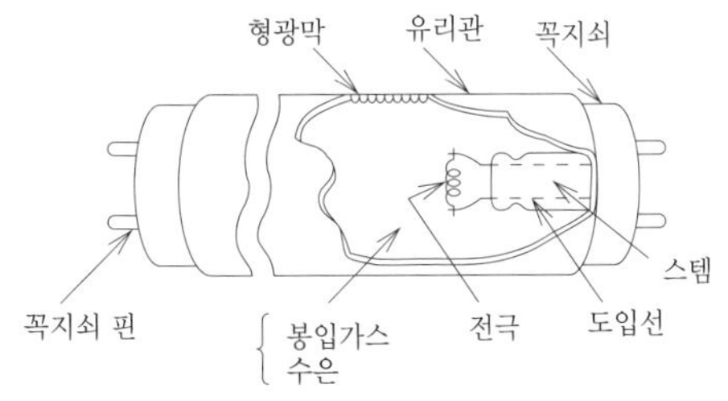

그림 2.18 형광램프의 구조

램프 구조를 나타냈다. 직관형 램프 유리관 양단에 텅스텐의 2중 코일 또는 3중 코일의 전극이 설치되어 있다. 여기서는 증기방전을 유지시키기 위해 전자를 공급하는 알칼리 토류금속(Ba, Ca, Sr)의 산화물과 내열재료의 산화 지르코늄(ZrO_2) 등을 혼합한 전자방사물질이 도포되어 있다. 통상 램프 시동 시에는 필라멘트에 흐르는 전류에 의해 전극이 가열됨으로써 열전자방사를 한다. 전자가 전계에 의해서 가속되어 수은원자와 충돌해서 방전이 일어난다. 양단의 전극 사이에는 교류전압이 인가되기 때문에 각 전극은 교류의 반 사이클마다 음극(캐소드)과 양극(애노드)이 바뀌게 된다.

전극의 음극동작 시에는 휘점에 의한 고온으로 전자방사가 크게 집중해서 방전을 안정하게 한다. 점등전류가 큰 경우에는 전극을 에워싸는 니켈 리본 모양의 링을 설치한다. 램프시동 시에 생기는 전자방사물질에 대한 이온 충격이나 점등 중의 전자충격을 완화시켜서 전극을 보호한다. 또한 가열에 따른 비산증발로 인해 생기는 관벽의 흑화를 저감시키는 작용을 하고 있다. 전자방사물질이 모두 소모

될 때까지의 시간을 램프의 **음극수명**(陰極壽命)이라 한다.

유리관은 연질유리(소다석회유리)가 이용되며, 유리관 내에는 통상 상온압력에서 수백 Pa의 아르곤(Ar)이나 혼합 희(希)가스와 소량의 수은이 봉입되어 있다. 형광 램프의 양단에 있는 꼭지쇠의 급전단자에 전압이 인가되면 전극에서 방사된 열전자가 가속되어 수은이나 희가스의 기체원자와 충돌하여 여기나 전리가 일어나 방전으로 이행한다. 희가스의 봉입량(압력)은 방전개시에 관계될 뿐만 아니라 음극수명이나 램프 효율에도 관계된다. 수은의 증기압은 그림 2.6과 같이 파장 253.7nm의 방사강도가 최대가 되도록 0.7~1.3Pa로 유지하고, 잉여수은이 유지되는 관벽의 최냉부온도는 40℃ 부근으로 한다. 관벽 작동온도가 고온으로 되는 콤팩트형이나 전구형 형광 램프는 최적수은증기압(약 1Pa)으로 제어하기 위해 인듐(In)이나 비스무트(Bi) 등과의 아말감(수은과의 합금)이 사용된다. 이 253.7nm의 방사가 유리관 내면의 형광체를 여기해서 가시광으로 변환한다. 형광 램프는 관내벽에 도포하는 형광체의 종류나 그 조합에 의해서 여러 가지 광원색을 얻을 수 있다. 표 2.2에 주된 형광체와 그 특성을 나타냈다.

표 2.2 형광 램프용 형광체

형광체의 종류	개략 화학식	발광색	주 피크 파장 [nm]
할로인산칼슘	$3Ca_3(PO_4)_2CaFCl : Sb, Mn$	백색	580
YOK	$Y_2O_3 : Eu^{3+}$	적색	611
LAP	$LaPO_4 : Ce^{3+}, Tb^{3+}$	녹색	543
BAM	$BaMgAl_{10}O_{17} : Eu^{2+}$	청색	450
SCA	$(Sr, Ca)_{10}(PO_4)_6Cl_2 : Eu^{2+}$	청색	452

2.4.2 종류

형광 램프의 종류는 점등방식·형상·램프 전력·광원색에 의해서 분류할 수 있다. 형식표시가 (형상·시동·점등방식, 예 : FLR)+(형식구분전력, 예 : 40)+(관지름, 예 : S)+(광원색과 색온도, 예 : EX-N)+(시동보조방식, 예 : /M)+(램프 전력, 예 : /36)의 표기에 의해 이루어져 형식 분류된다.

다음 각각에 대해서 형식표기를 부가해서 설명한다.

[1] 점등방식에 의한 분류

방전을 이용하는 형광 램프는 정격상태에서 작동시키기 위한 안정기를 필요로 한다. 그림 2.19에 2종류의 기본적인 점등방식을 나타냈다.

스타터(시동기)형 형광 램프(FL, FCL)는 전극을 충분히 예열한 후 방전을 행하는 것으로, 글로 스타터(점등관) 방식 및 전자 스타터 방식이 있다. 그림 2.19(a)의 글로 스타터 방식은 전원 스위치를 넣으면 글로 스타터 내부에서 방전이 발생한다. 글로 스타터의 전극은 한쪽이 열응동(熱應動, 바이메탈) 전극으로 되어 있고, 다른 한쪽의 전극은 고정전극으로 구성되어 있다. 방전에 의해서 발생하는 열로 열응동 전극이 가열되어 고정전극에 접촉하면 방전이 정지한다. 동시에 램프의 양쪽 전극에는 안정기(安定器) 코일이 연결되어 있어서 글로 스타터가 단락되면 양쪽 전극이 가열되어 열전자가 방사된다.

그래서 방전정지 상태에 있던 글로 스타터의 열응동 전극이 냉각되어 고정전극에서 분리된다. 그 순간, 안정기의 코일에서 유기된 고전압(킥 전압)이 램프의 양단 전극에 인가된다. 이와 같은 작동을 2~3초 간에 몇 회 반복하여 램프는 시동된다. 램프 작동 중에 램프의 양전극 간에 발생하는 전압(램프 전압이라 부르며, 인가전압의 약 55%의 전압)으로 글로 스타터의 양 전극 간에 방전이 발생하지 않도록 가스의 종류, 압력, 전극 간 거리 등이 연구되고 있다. 이와 같은 일련의 기계적 작동과 램프의 전기특성을 가미해서 전자회로를 구성한 것이 **전자 스타터 방식**이며, 1초 이내에 램프가 시동한다.

래피드 스타트형 형광 램프(FLR)는 방전개시전압을 저하시키기 위한 시동보조장치가 설치되어 있다. 전극은 굵직한 텅스텐 코일(1차 코일) 위에 가는 텅스텐

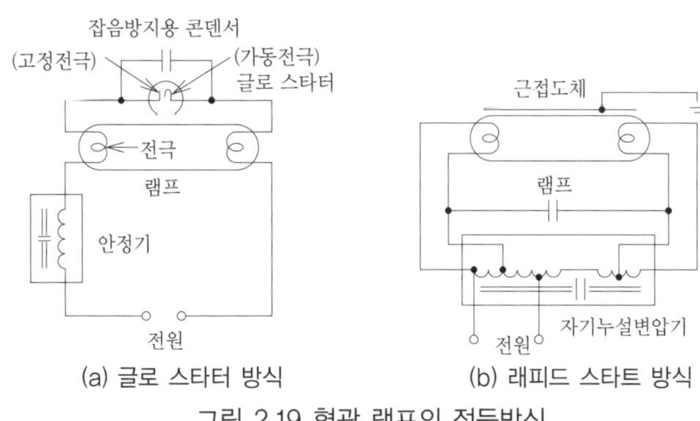

(a) 글로 스타터 방식   (b) 래피드 스타트 방식

그림 2.19 형광 램프의 점등방식

선을 느슨하게 말아서 3중 코일의 공극에 전자방사물질로 견고하게 부착시켜서 급속하게 예열되도록 하는 구조로 되어 있다. 시동보조장치의 구조를 표 2.3에 나타냈다. 전원을 넣으면 전극이 가열되고, 양 전극 간에 약 230V 정도의 유기전압이 인가됨과 동시에, 한편의 전극에 연결된 시동보조장치를 통해서 다른 전극에 미소한 전류가 흐른다. 이 작용에 의해 방전공간에서 가스의 전리를 높여 시동시킨다. 점등회로를 그림 2.19(b)에 나타냈다.

고주파 점등전용 형광 램프(FHF)는 40~80kHz의 고주파 점등회로(인버터) 전용으로 점등하는 램프로서, 효율이 가장 높고 깜박임이 적다는 특징이 있다.

1개의 형식으로 정격출력과 고출력의 특성이 규정되어 있다. 그 일례를 표 2.4에 나타냈다.

[2] 형상에 의한 분류

직관형광 램프(FL, FLR, FHF)에는 여러 종류가 있으며, 램프의 입력전력에 따라서 관길이 및 관지름이 다르다.

표 2.3 래피드 스타트형 형광 램프의 종류

시동방식	방식의 기호	구조약도	구조내용
내면도전피막방식	/M(MX)	투명도전피막	유리관 내면에 투명한 도전성 막을 도포한다. 기구에는 시동보조장치는 필요로 하지 않는다.
외면실리콘방식	/A	근접도체 또는 밀착도체 / 실리콘 피막	유리 외면에는 폐수처리(실리콘 도포)를 실시한다. 램프는 기구에 근접 또는 밀착도체를 필요로 한다.

표 2.4 고주파 점등 전용 형광 램프의 특성[5]

품번		정격 램프 전력[W]	램프 전류[A]	전 광속[lm]	정격수명[h]
FHF32EX-N	정격출력	32	0.255	3,520	12,000
	고출력	45	0.425	4,950	

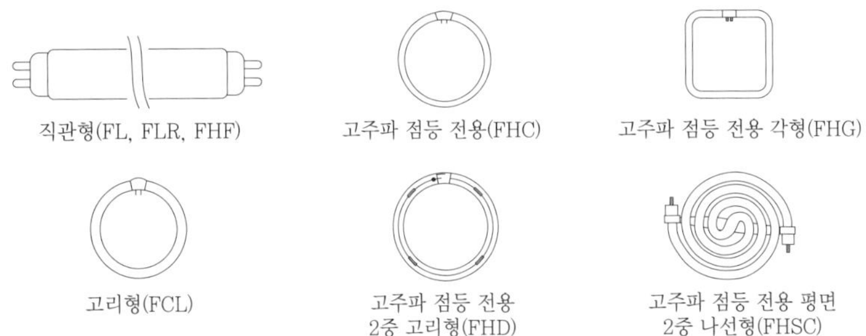

그림 2.20 직관 및 고리형 형광 램프의 형상

고리형 형광 램프(FCL, FHC, FHD, FHG, FHW, FHSC)는 직관형을 변형해 고리형 혹은 4각형으로 한 것으로 형상이 규격화되어 있다(그림 2.20).

콤팩트형 형광 램프(FPL, FDL, FML, FHP, FHT, FHSD)는 그림 2.21과 같이 발광관을 가늘게 해서 2개 또는 4개의 방전로를 연결해 한쪽 꼭지쇠 구조로 만든 콤팩트한 구조의 램프이다.

전구형(안정기 내장형) 형광 램프(EFA, EFG, EFD, EFR)는 발광관, 전자식 시동기 및 점등회로를 발광부분과 꼭지쇠 부분 사이에 내장한 전구 꼭지쇠(E26) 부착 램프이다. 형상은 그림 2.22와 같이 백열전구(40형, 60형, 100형)의 형상과 유사하다. 발광관은 머리핀 형상을 한 것으로, 꺾어 구부린 더블U 형상의 것이나 나선모양의 것으로 구성된다. 빛을 확산시키는 유백색의 플라스틱으로 피복시킨 외구(外球)를 가진 것도 있다.

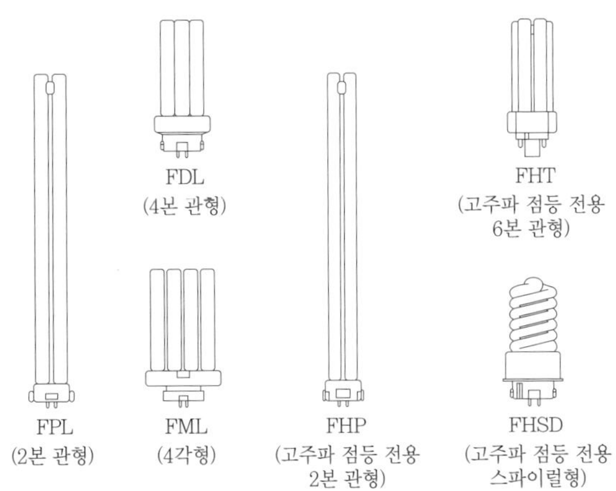

그림 2.21 콤팩트형 형광 램프의 형상

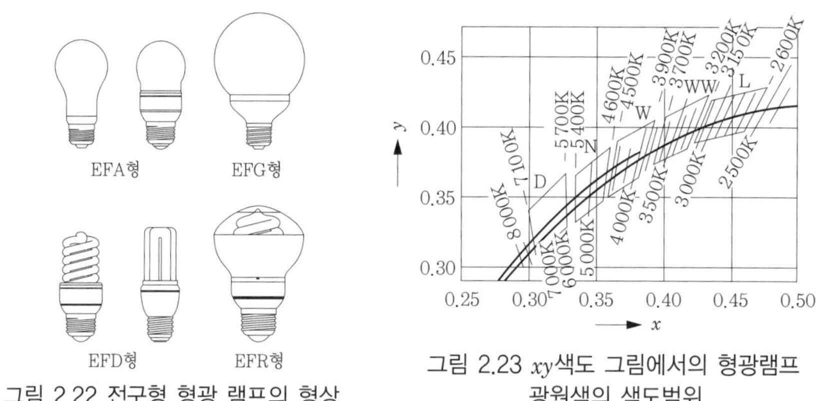

그림 2.22 전구형 형광 램프의 형상

그림 2.23 xy색도 그림에서의 형광램프
광원색의 색도범위

[3] 광원색 및 연색성에 의한 분류

형광 램프는 형광체를 선택함으로써 여러 가지 분광분포를 가진 램프를 만들수 있으며 분광분포에서 광원색을 구별하는 색온도 및 색도나 연색평가수를 구할수 있다. 광원색은 상관색온도에 의해 약 6,500K의 주광색(D), 약 5,000K의 주백색(N), 약 4,200K의 백색(W), 약 3,500K의 온백색(WW) 및 약 2,800K의 전구색(L)으로 분류되며(그림 2.23), xy색도 그림에서 형광 램프의 광원색의 색도범위로 나타낸다[4]. 할로인산칼슘의 형광체를 사용한 형광 램프는 적·녹·청 등에발광색을 가진 형광체를 부가혼합함으로써 연색성을 좋게 한 램프이다. 연색성이좋은 순서대로 AAA, AA, A로 구분된다. 이들 램프의 효율은 보급형보다20~30% 낮다. 보급의 중심이 되고 있는 3파장(역발광)형 형광 램프(EX)는 협대역 발광을 갖고 있으며, 적·녹·청의 형광체를 조합시켜서 연색성과 효율을 우수하게 하였다.

표 2.5 연색성과 분광분포에 의한 분류[3]

분류	기호	평균연색 평가수(R_a)	분광분포(주백색)
일반형 형광 램프(할로인 산칼슘)	D	74	
	N	70	
	W	61	
	WW	60	

3파장형 형광 램프	EX-D	84~88	
	EX-N	84~88	
	EX-W	84~88	
	EX-WW	84	
	EX-L	84	
고연색형 형광 램프 (AAA)	D-EDL	98	
	N-EDL	99	
	L-EDL	95	
고연색형 형광 램프 (AA)	N-SDL	90	
	L-SDL	90	

연색성과 분광분포를 표 2.5에 나타냈다.

[4] 전력에 의한 분류

일반 조명용 형광 램프는 주위온도 25℃에서 발광관의 최냉부가 약 40℃가 되도록 관 지름과 관 길이가 선택된다. 램프 입력전력을 발광부를 둘러싼 표면적으로 나눈 관벽부하는 표준형에서 약 $0.3W/cm^2$, 고출력 형광 램프에서 약 $0.5W/cm^2$, 초고출력 형광 램프에서 약 $1.5W/cm^2$이다. 전력 절약형으로 설계된 일반 조명용 형광 램프는 점등회로를 바꾸지 않고도 같은 광속에서 램프 전력이 5~10% 저감된다.

형식표시에 있어서, 예를 들면 FLR40SEX-N/M/36의 경우, "40"은 크기구분의 수치로 40형의 램프를 나타내며, 끝의 "36"은 실제 정격 램프의 전력이 36W인 것을 나타내고 있다. 이 램프는 전력 절약 타입이다.

2.4.3 특성

[1] 에너지 변환특성

형광 램프는 저압수은증기방전에 의한 전기 에너지를 자외방사로 바꾸어, 형광체에 의해 가시광으로 변환하는 포토루미네선스에 의한 발광을 이용한다. 그림 2.24는 40형 백색형광 램프의 에너지 배분에 대해서 나타냈다. 입력에 대해서 외부에 방사되는 가시방사가 25%, 적외방사 30%, 자외방사는 0.5% 이하이며 나머지는 방전 및 전극에 의한 손실이다.

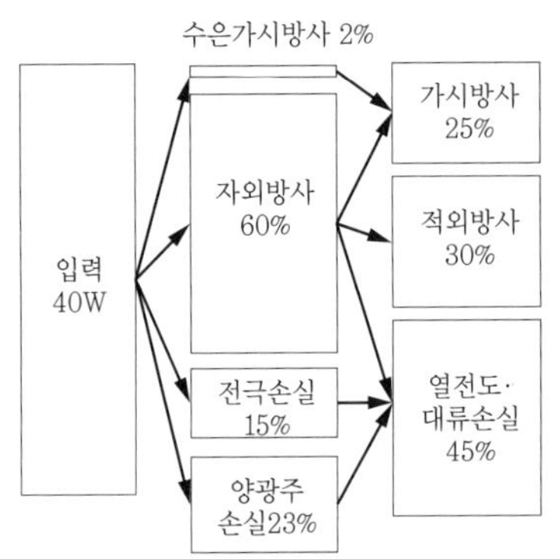

그림 2.24 40형 백색형광램프의 에너지 배분

[2] 온도특성

형광 램프의 특성은 수은증기압에 의해서 좌우되기 때문에 주위온도의 영향을 받는다. 또한 시동전압을 저하시키기 위한 소위 **페닝 효과**(Pening effect)[*]도 온도에 의존한다. 일반 조명용 형광 램프는 주위온도 5~40℃에서 사용하도록 설계되어 있다. 순수 은을 사용하는 직관형 및 고리형 형광 램프는 그림 2.6과 같이 램프 효율은 253.7nm의 수은 공명선이 최고가 되는 관벽온도 35~45℃(수은증기압 0.7~1.3Pa)일 때 최대가 된다. 그림 2.25에 40형 직관 형광 램프의 전류 일정에 있어서 관벽온도와 비광속(比光束)의 관계를 나타냈다. 그림 2.26에 40형 직관 형광 램프의 주위온도와 램프의 시동전압의 관계를 나타냈다.

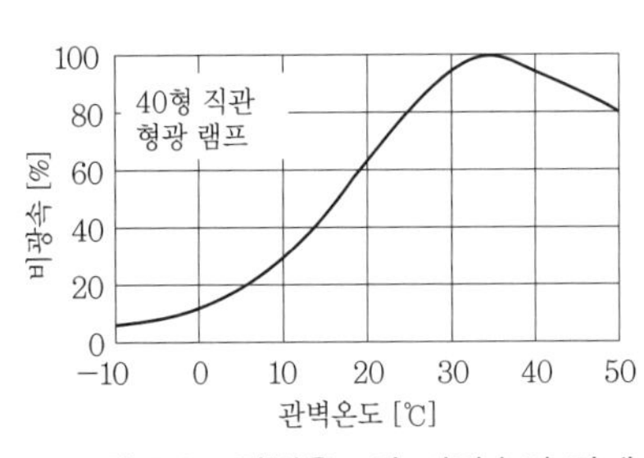

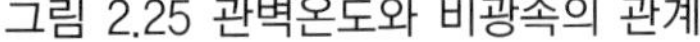

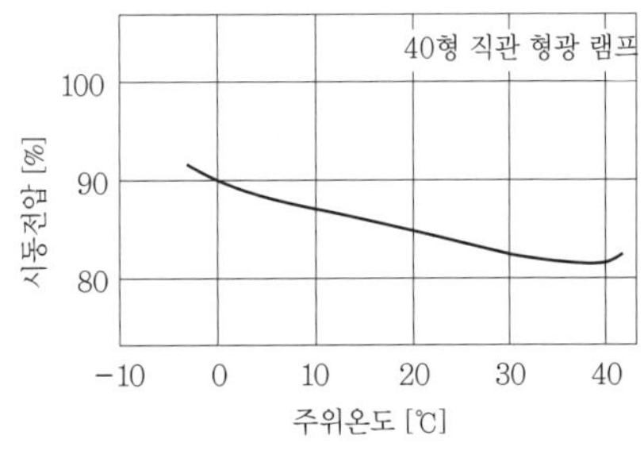

그림 2.25 관벽온도와 비광속의 관계   그림 2.26 주위온도와 시동전압의 관계

---

[*] 방전관에 2종류의 기체를 봉입해서 방전시키면, 단독의 기체만의 경우보다도 낮은 전압으로 방전이 일어난다. 이것이 페닝 효과이다. 형광 램프의 경우 아르곤 가스에 소량의 수은증기를 가해서, 점등에 필요한 방전전압을 낮게 하고 있는 것은 이 효과를 응용한 것이다.

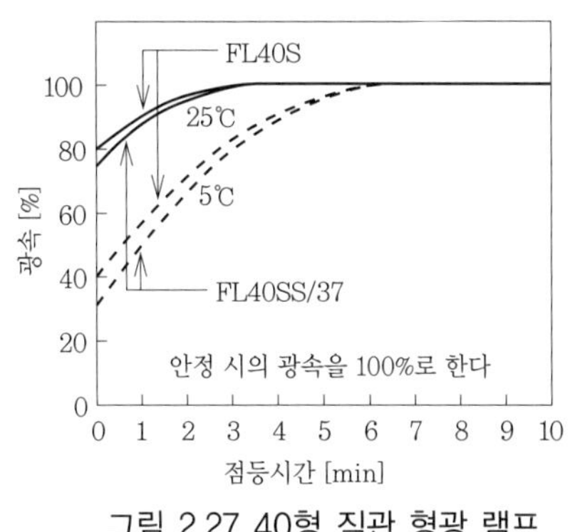

그림 2.27 40형 직관 형광 램프
(FL40)의 상승 특성[5]

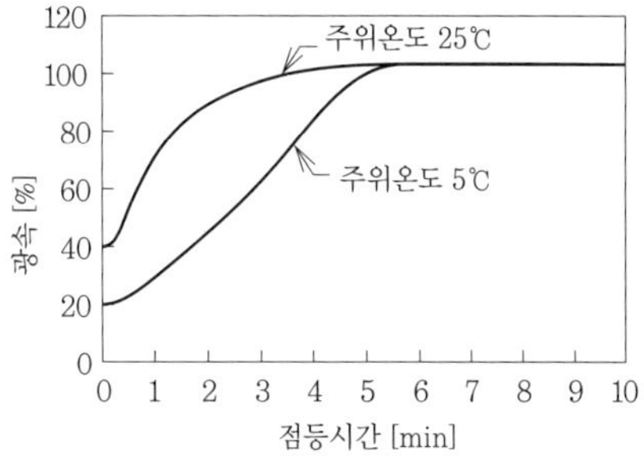

그림 2.28 콤팩트형 형광 램프
(FHP 32)의 상승 특성[5]

광속상승특성, 소위 시동특성은 주위온도의 영향을 받는다. 일반적으로 콤팩트형 형광 램프나 전구형 형광 램프는 봉입금속으로 아말감(수은과의 합금)을 사용하면 시동시간이 길어진다. 일례로서 직관 형광 램프(FL40)의 광속상승특성을 그림 2.27에, 콤팩트형 FHP32의 특성을 그림 2.28에 나타냈다.

[3] 수명

형광 램프의 수명은 광속유지율이 70%(고연색형과 콤팩트형은 60%)로 저하되는 시간과 램프가 점등하지 않게 되는 시간 중 짧은 쪽으로 결정된다. 수명의 원인은 전극에 도포되어 있는 전자방사물질의 시동 시 비산이나 증발에 의한 소모가 주를 이룬다. 수명에 영향을 주는 요인으로서 안정기나 시동기(스타터)의 성능, 전원전압의 변동(그림 2.29), 램프의 점멸주기(그림 2.30), 주위온도(그림 2.31) 등을 들 수 있다. 광속유지율 곡선을 그림 2.32에, 잔존율 곡선을 그림 2.33에 나타냈다.

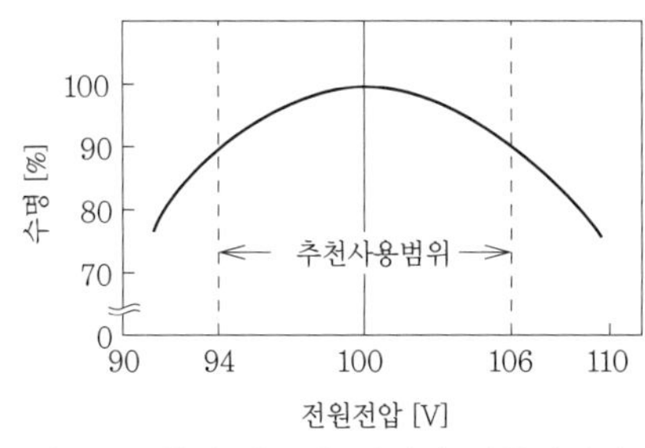

그림 2.29 형광 램프에 있어서 전원전압과 수명[5]

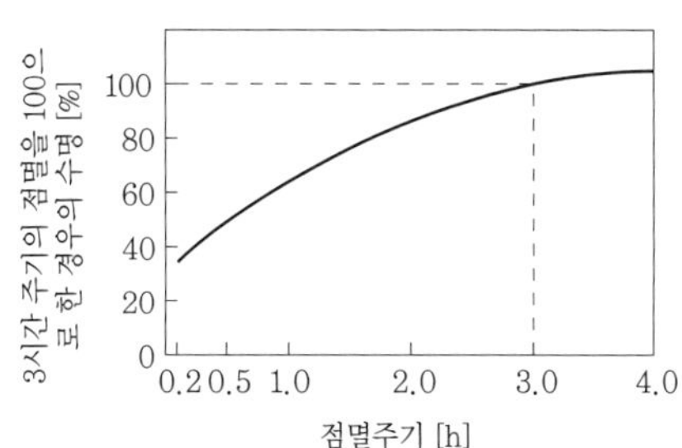

그림 2.30 형광 램프의 점멸주기와 수명[5]

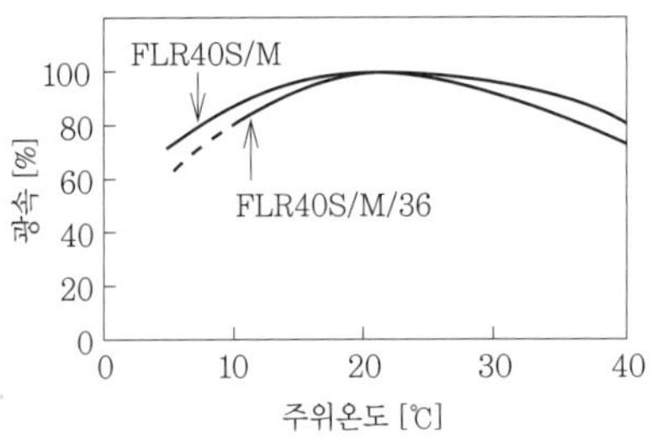

그림 2.31 형광 램프의 주위온도와 수명[5]

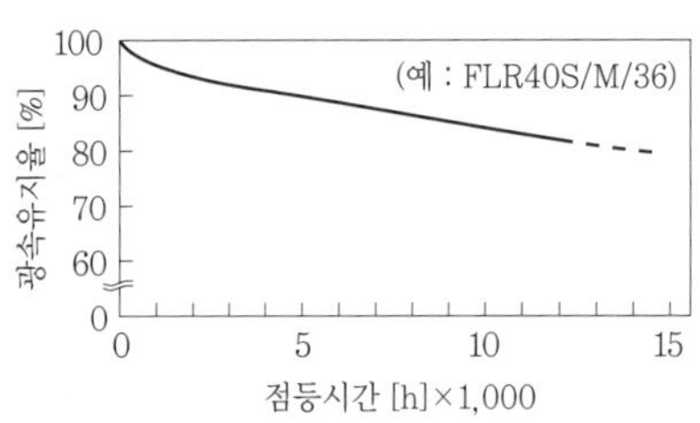

그림 2.32 형광 램프의 광속유지율 곡선[5]

[4] 효율

형광 램프는 점등방식, 관지름, 형광체의 차이에 따라 효율 등의 특성에 영향을 미친다.

직관 형광 램프에 있어서 스타터형(FL), 래피드 스타트형(FLR) 램프의 관지름은 당초의 38mm(T12)에서 32mm

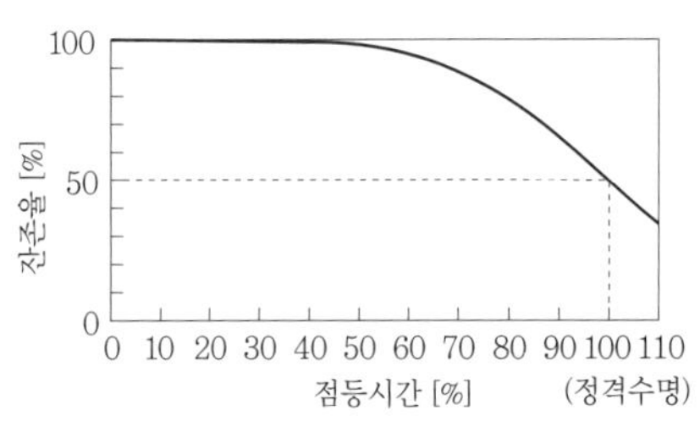

그림 2.33 형광 램프의 잔존율곡선[5]

(T10)와 28mm(T9)로 변천하여 효율의 향상을 도모함과 동시에 기구의 박형화를 실현해왔다. 고주파 점등 전용형(FHF)은 26mm(T8) 및 16mm(T5)로 가늘게 하여, 고주파 점등회로와 조합시킴으로써 효율의 향상과 기구의 박형화를 도모하고 있다. FL 및 FLR은 자기식(磁氣式) 안정기를 대응한 것이고, FHF는 고주파 점등전용형 형광 램프이다(표 2.6).

표 2.6 품종과 효율의 관계[6]

크기 \ 램프 지름	T12 φ38mm	T10 φ32mm	T9 φ28mm	T8 φ26mm	T5 φ16mm
4~8형					FL4~8 33~58 lm/W
15형				FL15 68 lm/W	
20형		FL20S	FL20SS/18 82 lm/W	FHF16 92 lm/W	FHF24S 87 lm/W
40형		FL40S FLR40S/36 86~96 lm/W	FL40SS/37 96 lm/W	FHF32 110 lm/W	FHF54S 93 lm/W
110형	FLR110H FLR110H/100 84~92 lm/W			FHF86 110 lm/W	

또한, 할로인산칼슘 형광체를 3파장 형광체(EX)로 대체하면 연색성 및 램프 효율이 향상된다.

고리형 형광 램프에 있어서 관지름 29mm 및 31mm의 것은 자기식 및 전자식 안정기 양용(FCL)이며, 관지름 16~20mm는 고주파 점등 전용형(FHC)이다. 고주파 점등 전용형에는 고리형(FHC) 외에 2중 고리형(FHD), 각형(FHG), 2중 각형(FHW), 2중 나선형(FHSC) 등 여러 가지 형상의 것이 있다. 특성으로는 FCL은 효율 84 lm/W, 수명이 15,000시간이다. FHC, FHD, FHG, FHW 및 FHSC는 효율이 95~106 lm/W, 수명이 15,000~20,000시간이다[5].

콤팩트형 형광 램프의 형식표시인 FPL, FDL, FML은 자기식 안정기 대응용이고, FHP, FHT, FHSD는 고주파 점등 전용이다. 전자의 램프 효율은 57~81 lm /W, 수명 5,000~9,000시간이지만, 후자의 램프는 램프 효율 75~91 lm/W, 수명 10,000~12,000시간이다.

표 2.2의 희토류에 의한 3파장형의 형광체(YOK, LAP, BAM, SCA) 개발로 고효율의 고연색성 램프가 가능해졌다. 봉입금속을 순수 은에서 아말감(수은과의 합금)으로 바꾸게 되면 최적 수은증기압이 되는 관벽온도를 40℃ 부근에서, 100℃로 높이는 것이 가능하다.

따라서 램프 형상이 콤팩트하게 된다. 그리고 고주파로 점등하는 전자식 안정기와의 조합에 의해서 램프 효율의 향상 및 안정기를 포함한 총합효율이 향상되고, 시인성(視認性)에 관한 깜박임도 감소한다. 단, 순수 은을 아말감으로 사용하기 때문에 전원투입 후 소정의 광속에 달하는 시간(**시동시간**)이 길어진다. 저온에서 사용할 때는 이 특성을 고려할 필요가 있다.

[5] 그 외

전극 근처에서 발생하는 음극진동 현상에 의한 고주파 잡음 발생의 문제나 눈의 깜박임을 느끼게 하는 플리커(flicker)의 문제는 안정기가 자기식에서 전자식으로 바뀜으로써, 안정기는 실용 및 규격상 문제가 되지 않고 있다.

2.4.4 점등회로

방전을 이용하는 형광 램프는 **전기적 부특성**(電氣的負特性)을 가지고 있기 때문에 **안정기**가 필요하다. 안정기는 크게 분류해서 코일과 철심 코어로 구성된 **자기식**

안정기(磁氣式安定器)와 전자회로에 의한 **전자식 안정기**(電子式安定器)가 있다. 자기식은 램프 전류를 규정치의 범위 내로 제한되며 그 전류와 램프의 양 전극 간에 발생하는 전압(램프 전압)과 역률의 곱이 램프 전력이 된다. 전자식을 **인버터**(inverter)라고도 한다.

[1] 지상회로(遲相回路)

스타터형 형광 램프에 적용하는 회로이다. 글로 스타터에 의한 자기회로의 개폐로 피크 전압이 1,200V 정도가 되도록 펄스 전압을 발생시켜서 램프를 시동시킨다. 그림 2.34에 나타낸 **초크 코일형** 및 그림 2.35에 나타낸 **자기누설 변압기형**은 전원전압에 대해서 램프 전압, 전류의 위상이 늦으며 역률은 55~65%이다. 역률개선을 위해 전원측 또는 2차측에 콘덴서를 병렬로 넣는다.

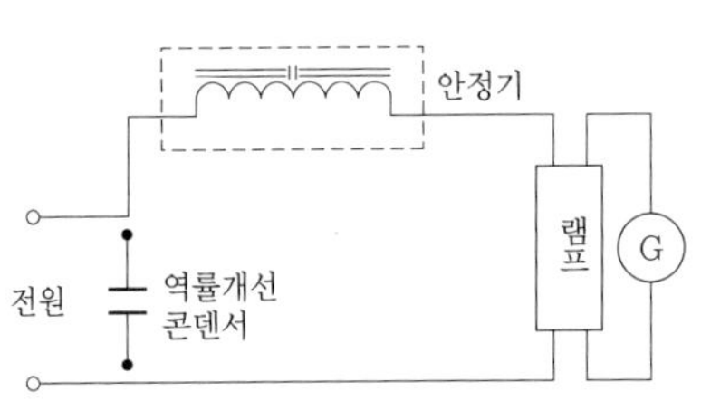

그림 2.34 초크 코일형 점등회로

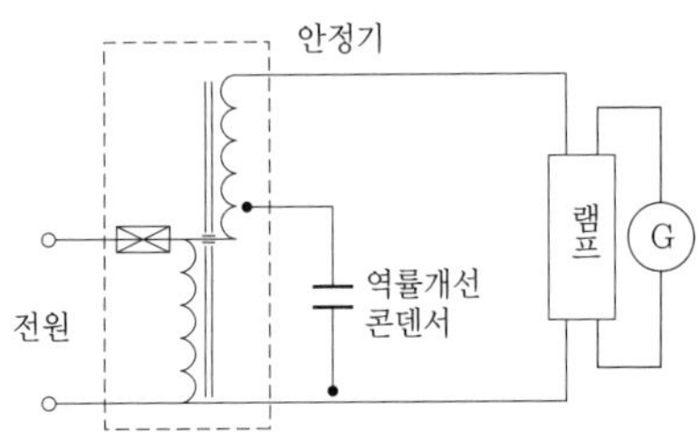

그림 2.35 자기누설 변압기형 점등회로

[2] 진상회로(進相回路)

래피드 스타트형 형광 램프에 적용하는 **1등용 점등회로**를 그림 2.36에 나타냈다. 2차 코일과 직렬로 접속된 진상 콘덴서 C_m을 끼워서 램프의 양 전극 간에 약 230V의 전압을 인가함과 아울러, 양 전극의 필라멘트는 안정기에서의 전압으로 상시가열된 상태에서 램프는 시동한다. C_z는 2차 개방전압의 최대위상을 부여하

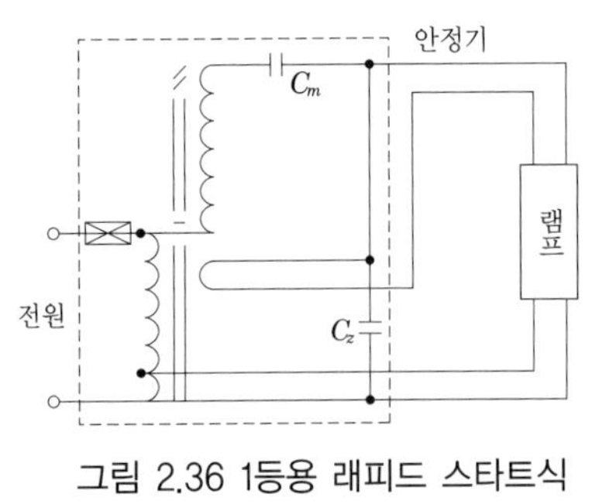

그림 2.36 1등용 래피드 스타트식
점등회로

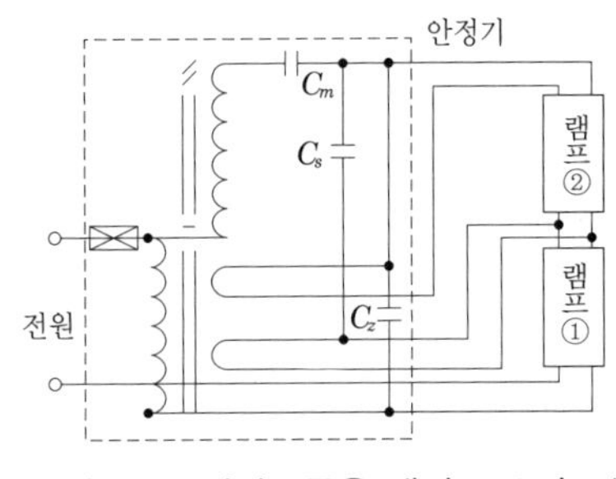

그림 2.37 직렬 2등용 래피드 스타트식
점등회로

는 시동용 콘덴서이다. **직렬 2등용 점등회로**를 그림 2.37에 나타냈다. 2차 코일과 직렬로 연결된 진상 콘덴서 C_m을 끼워서 램프 ①과 ②의 직렬연결의 양측 전극에 2차 개방전압을 인가한다.

램프 ①과 ②의 전극 필라멘트는 안정기의 전압으로 가열된다. 시동용 콘덴서 C_s에 시동전류가 흐름으로써 램프 ①의 양 전극에 전압이 인가되어 미약한 방전이 시작된다. 다음으로 램프 ②의 양 전극에 전압이 인가되어 미약방전이 시작되는 순간에 램프 ①과 ②는 시동한다. 각 램프 전극의 텅스텐 필라멘트는 상시 안정기의 가열회로에서 통전되고 있다. 시동용 콘덴서 C_s 혹은 C_z와 직렬로 연결된 한쪽 램프가 시동하면, 다른 쪽의 램프가 시동하는 **순차점등**을 구성한다. 그러므로 한쪽 램프가 점등이 유지되지 않으면, 다른 쪽의 램프도 부점등이 되는 결점도 있지만, 그림 2.36에 나타낸 1등용에 비해서 변압기의 2차 개방전압이 1등당 2/3 정도로 되기 때문에 경제적이다.

[3] 그 외의 회로

전자식 안정기(인버터)의 기본원리를 그림 2.38에 나타냈다. 평활화한 직류를 인버터로 고주파(40~80kHz)로 변환해서 점등시키는 회로의 예를 그림 2.39 및 그림 2.40에 나타냈다. 램프의 전극이나 점등회로의 전력손실이 적고, 전자회로화가 가능하므로 소형 경량이다. 또한 순시(약 1초)점등이 가능하며, 플리커가 경감된다. 그 외 램프 수명에 영향을 주지 않고 전류를 늘려서 점등할 수 있는 고조도 회로, 전류를 변화시키는 조광회로, 2등의 전류위상을 옮긴 플리커리스 회로 등이 있다.

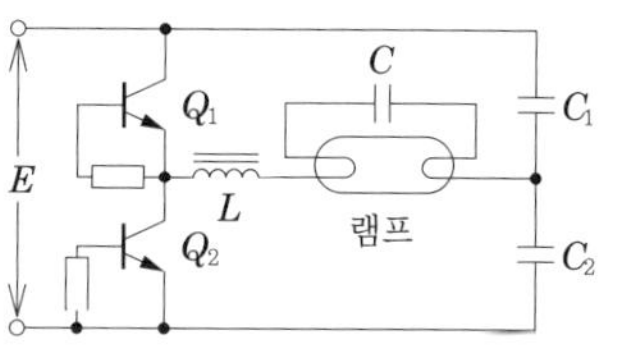

그림 2.39 인버터 회로의 예
(하프 브리지형)

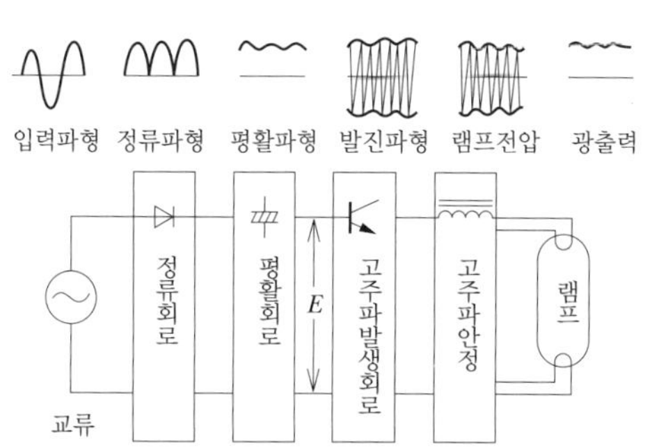

그림 2.38 전자식 안정기(인버터)의 기본원리

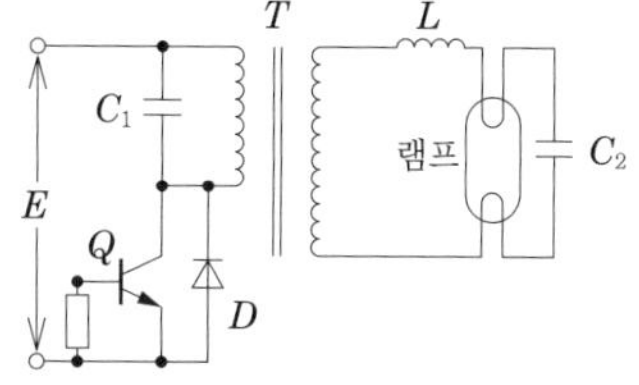

그림 2.40 인버터 회로의 예

HID 램프

HID(High Intensity Discharge) 램프는 고압수은 램프, 메탈 할라이드 램프 및 고압 나트륨 램프의 총칭이며, **고휘도방전 램프**라고도 부른다. HID 램프는 발광장(發光長)당 효율[lm/W]이 높고, 고전력이 가능하며 소형·고출력·고효율·긴 수명이 특징이다.

2.5.1 고압수은 램프

[1] 발광원리와 구조

고압수은 램프(high pressure mercury vapor lamp)는 간단하게 수은 램프라고도 부르며, 100~1,000kPa의 수은증기압 중의 방전에 의한 방사를 이용한 것이다. 저압수은증기압의 방전은 자외방사의 에너지가 대부분을 차지하며, 증기압의 상승과 함께 자외방사의 스펙트럼이 감소하고, 장파장의 스펙트럼 방사로 변이해서 가시광의 휘선 스펙트럼, 404.7, 435.8, 546.1, 577~579.1nm이 방사된다. 그리고 자외방사 스펙트럼인 365nm의 방사가 외관의 내면에 도포된 활바나듐산이트륨(Y(P.V)O$_4$: Eu) 형광체를 여기(勵起)해서 620nm 부근의 대역에서 발광한다.

이와 같이 고압수은증기압에서 방사되는 청백광의 방사에 형광체로부터의 적색방사가 혼색되어 연색성과 효율이 개선된다(평균연색평가수 R_a : 40, 효율 : 50~60 lm/W, 상관색온도 T_c : 3,900K). 또한 투명형 수은 램프는 형광형 수은 램프에 비해서 평균연색평가수와 효율이 낮기 때문에 특수용도 이외에 일반 조명에는 사용되지 않고 있다. 그림 2.41에 구조를 나타냈다.

발광관(내관)은 투명석영유리가 사용되며 관내의 1~3kPa의 아르곤 가스는 점등 중의 발광관 온도에서 모두 기체로 된다. 즉 불포화증기압 상태로 될 만한 양의 수은이 봉입되어 있다. 발광관의 양단의 주 전극은 텅스텐 로드에 텅스텐선을 코일 모양으로 삽입해서, 그 코일의 공극에 알칼리 토류금속 산화물 혹은 텅스텐산염이나 이트륨산염 등을 혼합한 전자방사물질을 충전한 것으로 구성된다.

또한 한쪽의 단부에는 시동보조전극이 배치되며 그 회로에 30kΩ 정도의 시동저항을 넣어서 다른 쪽의 단부에 있는 주전극에 접속된다. 램프에 전압이 인가되면 그 보조전극과 근처의 주전극 간에 글로 방전이 발생됨으로써 전리된 기체가 주전극 사이로 이동해 주전극 간의 아크 방전으로 이행한다.

이와 같이 보조전극은 주전극 간의 방전개시전압을 저하시키기 위한 시동보조장치로 작용한다. 발광관의 내부와 외관의 기밀을 취하는 방법은 할로겐 전구와 같은 방법으로, 석영유리관이 연화되기까지 가열(~2,300℃)한 상태에서 30μm 정도 두께의 양측 날을 가진 몰리브덴박을 용융압착에 의해서 핀치 실을 형성함으로써 기밀을 유지하도록 한다.

외관(외구)은 40W만 연질유리가 사용되며, 이보다 큰 와트수의 것에는 내열성의 경질유리가 사용된다. 외관 내에 수만 Pa 정도의 질소 가스가 봉입된다. 질소 가스의 대류에 의한 열전도를 이용해서 작동 중 발광관 내의 수은증기압이 불포화 상태가 되도록 발광관의 표면온도를 수백℃로 유지시킨다. 또한 질소 가스는 외관 내 금속재료의 산화를 막는다.

외관에 도포된 형광체는 발광관에서 방사되는 자외방사로 여기되어 그림 2.42의 점선으로 나타난 스펙트럼의 적색광으로 변환된다. 또한 램프에서 외부로 외관유리를 통해 자외방사가 투과되는 것을 차폐한다.

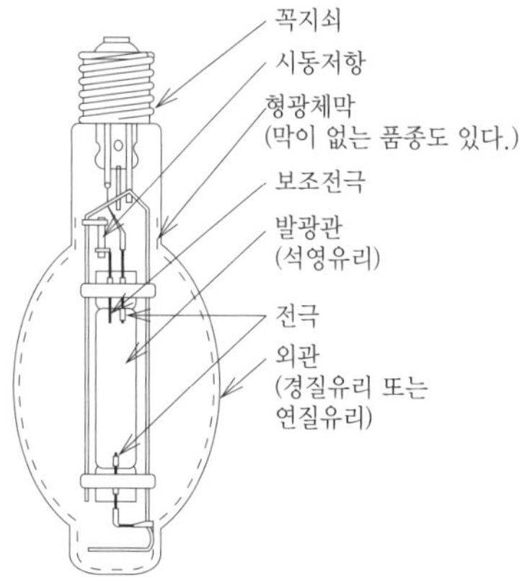

그림 2.41 고압수은 램프의 구조

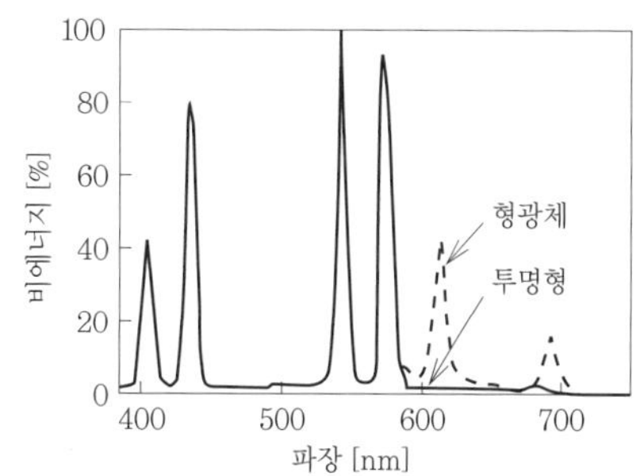

그림 2.42 고압수은 램프의 분광분포

[2] 종류

활바나듐산이트륨 형광체를 외관의 내면에 도포한 (HF-X형)형태가 40~
1,000W까지 표준화되어 있다. 그리고 청록색 발광형광체를 더해서 색온도를 높
여 효율을 증가시킨 (HF-XW형)이 있다. 외관 내면에 알루미늄 증착반사막을 부
착한 빔 각이 45도 이하의 (HR형) 협각형과 그 반사면에 형광체를 도포한
(HRF-X형)광각형이 있다. 외관 내에 발광관과 직렬로 필라멘트를 연결해서 안
정기의 역할을 대신하는 **셀프 밸러스트 수은 램프**(SBML)가 있다. 이것은 적색
광이 증가되어 연색성(R_a : 58)은 좋아지지만, 효율은 11~16 lm/W, 수명은
6,000h로써, HF형·HR/HRF형보다 나쁘써. 그러나 백열전구처럼 직접 전원에
꽂을 수 있는 외부 안정기가 필요없는 편리함이 있다.

2.5.2 메탈 할라이드 램프

메탈 할라이드 램프(metal halide lamp)에는 석영유리형 메탈 할라이드 램프
와 세라믹형 메탈 할라이드 램프가 있다. 형식명칭은 발광관에 사용되는 봉체재
료를 가리킨다.

[1] 석영유리 발광관형의 원리와 구조

발광관은 봉체로써 수은 램프와 같은 투명석영유리이지만, 특별히 수분의 함유
가 적은 것을 사용한다. 이것은 적외영역의 파장 $2.7\mu m$의 (-OH기) 투과흡수량
으로 특정된다. 발광관 내의 발광물질로서 **할로겐화 금속**(주로 요오드화 금속),
시동가스로서 **희가스**(주로 아르곤), 전기특성 및 최적온도의 아크 방전을 유지하
기 위한 완충 가스로서 수은이 봉입된다.

상온에서 가스 상태인 아르곤 가스는 수은 램프와 같이 시동 가스로서 작동하
고, 램프가 점등하면 수은이 증발해서 수은발광이 나타난다. 발광관의 온도가 상
승하면 **할로겐화 금속**이 증발하고, 고온 가스 안에서 금속원자와 할로겐 원자가
해리하여 금속원자는 여기되어 발광한다. 수은의 여기 에너지가 다른 봉입금속의
여기 에너지보다 크면 수은의 발광은 억제된다. 발광관의 관벽 부근으로 이동한
금속원자는 할로겐 원자와 재결합해서 할로겐화 금속으로 돌아간다. 이 사이클
현상을 반복함으로써 램프는 계속해서 점등된다.

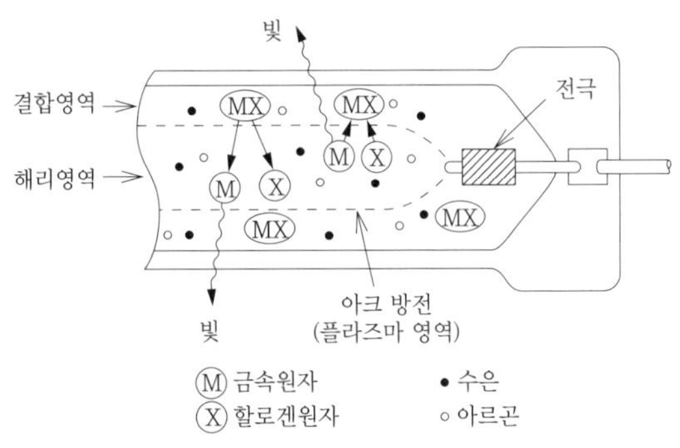

그림 2.43 메탈 할라이드 램프의 발광원리

이 모델을 그림 2.43에 나타냈다. 할로겐화 금속(일반적으로 요오드화 금속)을 봉입하는 것은 온도에 대한 증기압이 금속 단체보다 훨씬 높기 때문이다. 또한 할로겐화 금속을 봉입하면 램프 작동온도 상태에서 금속 단체보다 석영유리와의 화학반응이 낮아진다. 발광관의 구조는 관지름, 관길이, 전극의 치수를 제외하고는 그림 2.41의 수은 램프와 같다.

따라서 석영유리 소재 차이 외에, 전극으로 순 텅스텐 혹은 산화세륨을 혼합한 텅스텐 등을 사용해서 순 텅스텐 코일을 장착시킨다.

전자방사물질로서 수은 램프 혹은 고압 나트륨 램프에 사용되는 알칼리 토류산화물계의 전자방사능력이 높은 재료는 봉입되어 있는 할로겐화 금속과 화학반응을 일으키기 때문에 사용할 수 없다. 그 때문에 발광에 기여하는 할로겐화 금속과 같은 금속의 산화물, 예를 들면 산화스칸듐(Sc_2O_3) 혹은 그 밖의 희토류 산화물을 그 코일의 간극부분에 충전시킨다. 그림 2.44와 같이 발광관의 외면 한쪽의 단부 혹은 양단부에 열선반사를 시키는 산화지르코늄(ZrO_2) 등으로 구성되는 **보온막**이 붙어 있다. 이것은 램프의 동작 중 최냉온도가 되는 부분에 체류하는 액상의 할로겐화 금속의 온도를 높여서 증기압을 올리기 위함이다. 따라서 램프의 점등방향 즉, 꼭지쇠 상방 혹은 하방을 지정하는 램프에서, 그 점등방향으로 광속이 최대 효율이 되도록 설계된 램프에는 어느 쪽이든지 간에 최냉온도부가 되는 단부에만 보온막이 붙여진다. 그러므로 점등방향의 지정이 없

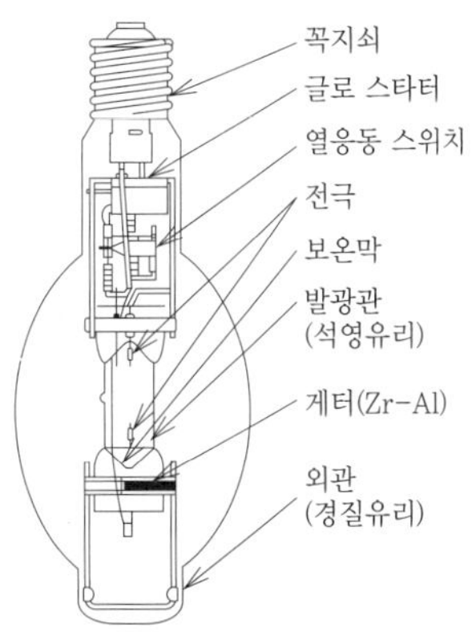

그림 2.44 메탈 할라이드 램프의 구조

는 램프 혹은 수평점등지정의 램프에는 양단부에 보온막이 붙여진다.

일반적인 램프의 발광관에는 수은 램프의 발광관과 같이 한쪽의 전극봉착단부에 시동보조전극이 부착되어 있다. 점등 중 주전극과 시동보조전극과의 전위차에 의해 할로겐화 물질이 **전해작용**을 일으킨다. 봉지부가 부식해 파손되는 것을 방지하기 위해 점등 중에 시동보조전극을 회로에서 분리시키기 위해 **열응동 스위치**(바이메탈 조각)를 외관 안에 설치한다(그림 2.44). 수은 램프 혹은 고압나트륨 램프에 있어서는 발광관에서 사용되는 알칼리 토류산화물계와 같은 전자방사물질은 점등 중에 비산해서 발광관 내의 잔류수분을 흡착하는 소위 게터 작용이 있지만 메탈 할라이드 발광관에는 그 작용이 없다. 그러므로 잔류수분(H_2O)이 방전공간에서 H^+와 O^{2-}로 해리됨으로써, O^{2-}는 텅스텐 W와 반응으로 W_xO_y가 되어 증발비산해서 관벽에 부착된다.

W_xO_y는 해리된 H^+와 반응해서 W와 H_2O가 발생한다. 이것을 **워터 사이클**이라 한다. 이 텅스텐 W는 관벽 흑화의 원인이 되어 광속을 저하시키거나, 그것에 의한 온도상승으로 각 할로겐화 물질의 증기압의 균형이 붕괴되어 광원색의 변화나 연색성의 저하를 생기게 함으로써, 최후에는 발광관의 파손에 이르는 경우도 있다. 또한 발광관 내의 수소는 방전을 저해해서 시동불량이나 시동시간 중에 장애를 일으킨다.

수소의 원자반지름이 작기 때문에 점등 중 온도에 따라서 석영유리관벽을 투과하는 작용이 있다. 그러므로 수소를 흡착시키기 위해 외관 내의 흡착에 최적 온도가 되는 장소에 **지르코늄-알루미늄(Zr-Al)합금 게터**를 설치한다(그림 2.44 참조). 이 게터는 외관 내의 잔류수분을 자외방사로 분해해서 발생하는 수소, 산소를 흡착한다.

외관은 내부에 수은 램프와 같이 수만 Pa 정도의 질소 가스가 봉입된다. 또한 내부의 리드선을 가늘게 해서 발광관에서 가능한 한 이격시킨다. 그러기 위해서 발광관을 지지하는 유지기구는 그림 2.44에 나타난 것처럼 양단부로 나눠진 구조(세퍼레이트 마운트)를 취한다. 이것은 발광관에서 자외방사를 일으키고 광전효과에 의한 광전자의 발생을 억제시킨다.

이 광전자 e(−)는 발광관의 외벽에 부착해서 관내의 금속 이온(+)을 끌어당긴다. 특히 표 2.7에 나타낸 석영유리형 램프의 발광물질 Na를 조합시킨 램프에 있어서는 나트륨의 원자반지름이 작기 때문에 석영유리관벽을 쉽게 투과한다. 이것을 **나트륨 로스**(natrium loss)라 한다.

이와 같은 대책을 취해도 수명말기가 되면 발광관이 흑화를 일으켜 방전양광 주가 만곡해져 석영관에 접근하는 경우가 생긴다. 또한 한쪽 전극의 손모가 커지고 교류전류의 균형이 무너져 소위 정류현상에 의한 과전류가 흐르는 경우가 있다.

이들 현상에 의해 발광관이 파손하는 경우가 있기 때문에 외관에 **테플론 보호막**을 설치해서 외관유리 비산 방지에 대비를 한 것도 있다.

[2] 세라믹 발광관형의 원리와 구조

세라믹 메탈 할라이드 램프의 구조를 그림 2.45에 나타냈다. 발광관 봉체의 재료는 **투광성 다결정 알루미나**(translucent poly crystalline alumina : PCA)로 구성된다. 이것은 석영유리에 비해서 내열성이 높기 때문에 발광관의 관벽온도를 높게 설정할 수 있다. 따라서 같은 전력의 석영유리 발광관보다 콤팩트하게 된다. 즉, 관벽부하를 높일 수 있다. 이는 발광관의 최냉부의 온도를 높일 수 있으므로 봉입되어 있는 희토류 할로겐화물의 증기압을 높게 함으로써 고연색, 고효율의 램프가 된다. 그러나 PCA 다결정 알루미나에는 석영유리와 같이 가열에 의한 핀치 실을 형성하는 가공온도범위가 없기 때문에 전극으로부터의 통전부분은 유리 플리트 실로 기밀성을 취한다. 이 통전부분은 **니오브(Nb) 로드** 또는 **서멧 로드**(cermet rod)로 구성되며, 봉착제에는 내 할로겐성 플리트재를 사용한다.

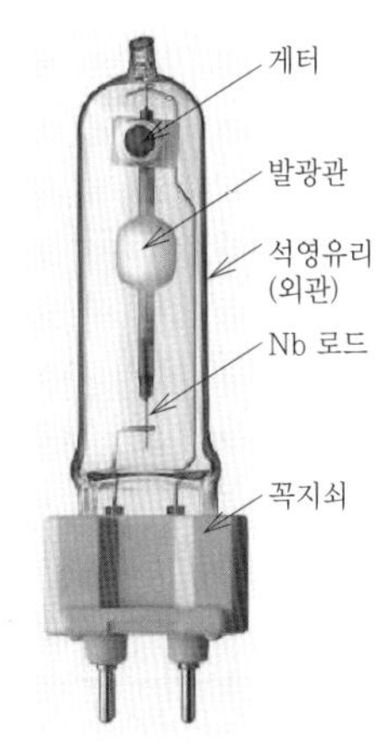

그림 2.45 세라믹 메탈 할라이드 램프의 구조

그 위에 용융하는 할로겐화물과의 접촉부분을 줄이는 구조로 해서 램프의 동작 반응이 진행되지 않는 온도영역에서 봉칙한다. 외관 안은 발광관 온노를 고온으로 유지하기 위해서 주로 **진공**으로 한다. 나아가 외관 안의 재료에서 작동 중에 발생하는 가스를 흡착하기 위해 **지르코늄-알루미늄(Zr-Al) 게터**를 설치한다. 램프를 시동시키기 위한 고전압 펄스의 내 펄스 전압을 고려한 세라믹 제의 꼭지쇠(G12)가 이용된다. 70W 이하의 외관에는 석영유리가 사용된다. 대응하는 조명기구의 전면에 램프가 파손될 때에 파편이 튀지 않도록 **프로텍터**(전면 유리)를 필요로 한다.

이 전면 유리가 필요 없는 램프도 있으며, 발광관과 외관의 사이에 슬리브 모양

표 2.7 발광물질의 조합과 광학특성

발광물질	효율 [lm/W]	색온도 [K]	평균연색평가수 R_a	분광분포
Na-Tl-In계 (석영유리형)	75~80	5,000~5,800	65~70	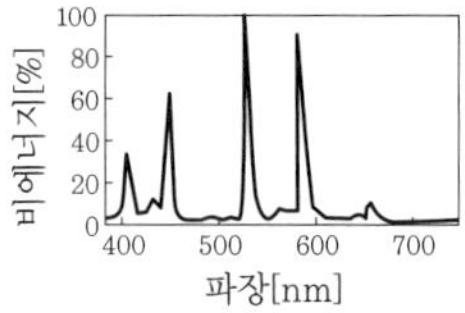
Sc-Na계 (석영유리형)	90~100	3,800~4,000	65~70	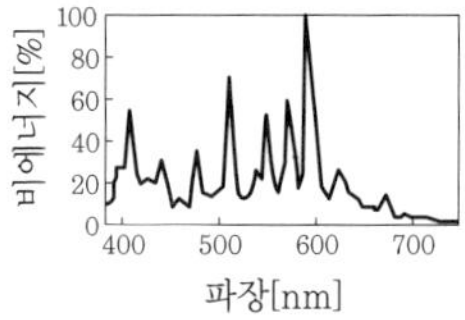
Dy-Tl-In계 (석영유리형)	75~80	4,500~6,500	85~90	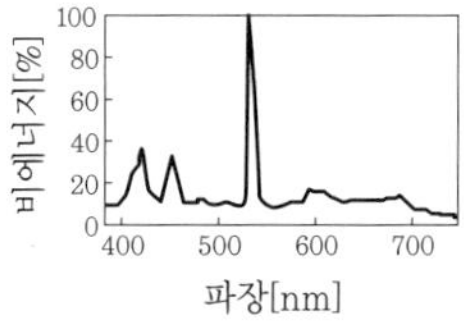
Dy-Tl-Cs계 (석영유리형)	75~80	4,500~5,000	95	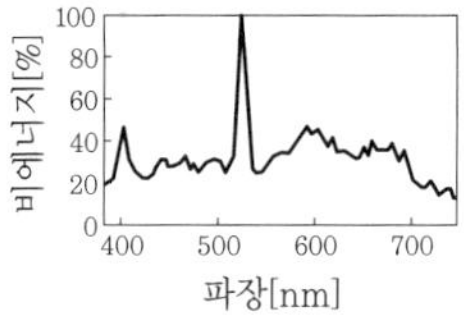
Dy-Ho-Tl-Na계 (세라믹형)	90~100	4,100	90~	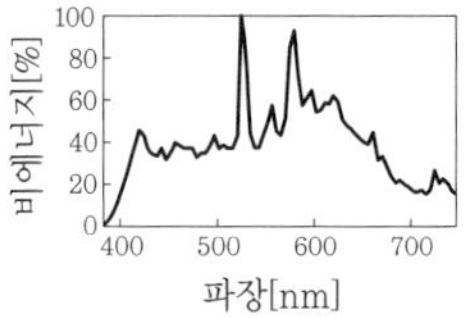
Dy-Tm-Tl-Na계 (세라믹형)	100~115	4,100	80~85	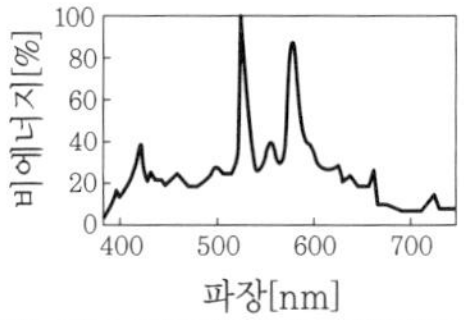
Tm-Ce-Tl-Na계 (세라믹형)	110~125	4,100	75~80	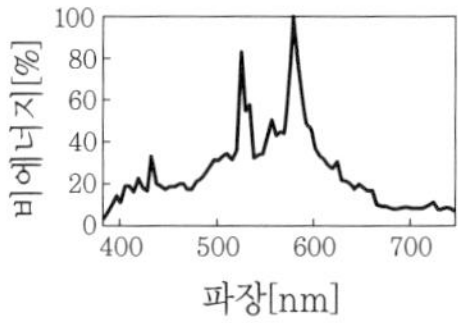

의 슈라우드를 설치해서 비산을 방지한다. 외관은 경질유리가 사용된다. 그리고 오용을 막기 위해 꼭지쇠를 EU10으로 규격화하고 있다.

[3] 발광물질의 조합에 의한 광학특성

표 2.7은 석영유리형 램프와 세라믹형 램프에 있어서 발광물질의 조합에 의한 광학특성을 나타냈다.

(1) 석영유리형 메탈 할라이드 램프

표 2.7에 보인 **발광물질**은 할로겐화 금속 형태로 봉입되어 있다. 최초로 개발된 Na-Tl-In계는 Na(589nm, 등색), Tl(535nm, 녹색), In(411nm, 451nm, 청색)으로서, 발광색이 강한 3개의 스펙트럼을 조합시킨 것이다. 온도에 대해서 이 3종의 요오드화 금속의 증기압이 크게 다르기 때문에 장시간 점등 중에 발광관 내부의 흑화 등에 의해 증기압의 균형이 무너져 광원색의 변화가 생기기 쉽다. 가장 많이 이용되고 있는 Sc-Na계는 양자의 요오드화물의 증기압이 거의 같은 조합이 되기 때문에 광원색의 변화를 개선할 수 있다.

Sc의 여러 스펙트럼선과 Na 발광에 의해 고효율로 되지만 연색성은 낮다. 고연색성을 중시한 Dy-Tl-In계는 Dy 가시전역의 연속 스펙트럼과, Tl 발광과 In 발광을 조합시켜서 평균연색평가수 90을 얻을 수 있지만, 색온도는 6,000K로 높아지며 효율은 낮아진다. Dy-Tl-In계에 589nm의 발광 스펙트럼을 가진 Na을 더해서 색온도를 4,500K로 낮춘 평균연색평가수 80의 것이 있다. 고연색성과 백색의 색온도를 양립시킨 Dy-Tl-In계는 요오드화 Dy의 증기압을 높임으로써, 특히 적색부의 연속 스펙트럼을 증가시켜 색온도 4,500K와 평균연색평가수 95를 실현하고 있다. 일반 조명용 램프로서 35W~2kW(외국에서는 3.5kW)가 있다.

(2) 세라믹형 메탈 할라이드 램프

표 2.7의 **발광물질**(할로겐화 금속)의 조합과 같이 Dy, Ho, Tm, Cs의 희토류는 가시광의 파장영역에 많은 발광 스펙트럼을 갖고, 발광관 내의 온도를 석영유리보다 고온으로 유지할 수 있으며 증기압을 높일 수 있는 특성에서, 전체적으로 고연색성과 고효율이 달성된다.

Dy-Ho-Tl-Na계의 램프는 고연색성을 중시한 것이다. Tm-Ce-Tl-Na계의 램프는 효율을 중시한 것으로, 다음에 해설하는 일반형 고압 나트륨 램프의 효율과 같은 정도가 된다. Dy-Tm-Tl-Na계 램프는 연색성과 효율이 앞의 두 램프의 중간이 된다.

일반 조명용에서는 20~400W의 것이 있지만, 고전력화가 진행되고 있다.

 ### 고압 나트륨 램프

고압 나트륨 램프(high pressure sodium lamp)는 비교적 고압(13~65kPa)의 나트륨 증기압 발광 스펙트럼을 이용한다. 나트륨 증기압이 0.1~0.5Pa과 같이 저증기압에 있어서의 발광은 D선이라 부르는 589nm의 선스펙트럼뿐이지만, 이 증기압을 높여가면 그 D선에 자기흡수가 일어나 양측에 연속 스펙트럼이 발생한다. 발광관은 95% 정도의 확산투과율을 가지며, **투광성 다결정 알루미나 관(PCA)**으로 구성된다. 이것은 램프 작동 중에 고온이 되는 발광관 중앙부(약 1,100℃)는 나트륨과의 화학반응에 있어서 안전하다. 발광관의 단부구조를 그림 2.46에 나타냈다.

전극은 수은 램프와 같이 텅스텐 로드에 코일을 장착하고, 그 코일의 공극에 알칼리 토류금속산화물 혹은 텅스텐산염과 이트륨산염 등을 혼합한 전자방사물질을 충전해서 구성된다. 봉입물질로서 중량비로 약 10~25%의 나트륨을 포함한 수은과의 합금(아말감)을 쓰며 시동 가스로서는 주로 30~40kPa압의 크세논 가스를 사용한다. 압력을 높이면 열전도 손실을 저감할 수 있어 효율[lm/W]을 높일 수 있지만 시동전압이 높아진다. 통상의 램프는 아말감 양을 작동에 필요량 이상으로 봉입해서 **포화증기압**에서 작동한다. 일부에서는 그 필요량만 봉입하는 **불포화증기압**의 램프도 있으며 이는 내진성에 우수하다. 장시간의 점등 중에 나트륨이 관벽이나 봉착부분에 들러붙는 소위 **나트륨 로스**를 방지하기 위해 잉여 나트륨을 넣은 **포화증기압형**의 경우는 수명이 길지만 내진성은 나쁘다. PCA 다결정 알루미나 관은 석영유리관과 같은 용융봉착에 의한 핀치 실이 불가능하기 때문에 전극에서 외측으로의 통전은 금속 **니오브(Nb)관** 혹은 **로드**를 이용한다.

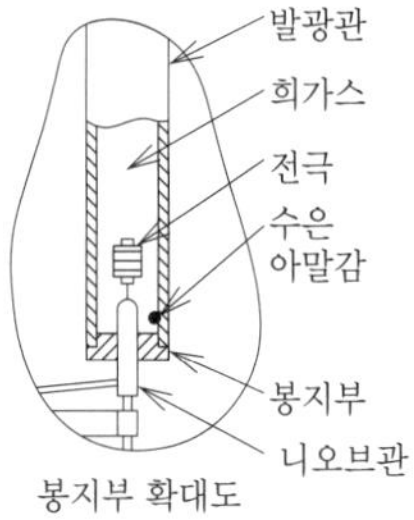

PCA와의 봉착에는 $Al_2O_3-CaO-MgO$ 등으로 구성된 유리 분말을 가열로에서 녹여 용착하는 허메틱 실을 행한다. 그림 2.46에 보인 단부의 니오브관이 점등 중 발광관의 최냉온도부가 되도록 그 안에 아말감을 삽입시킨다. 그 구조를 **리자바형**이라 부르며, 온도에 의해 증기압의 나트륨 스펙트럼 발광을 한다. 또한,

발광관
희가스
전극
수은
아말감
봉지부
니오브관

봉지부 확대도

그림 2.46 발광관 단부의 구조

리자바가 없는 구조에서 최냉부를 발광관 내의 단부에 두는 것도 있다.

이것을 **논리자바형**이라 한다. 충격에 의해서 잉여의 아말감이 방전공간에 비산됨으로써 순간적으로 램프 전압이 상승해서 꺼지는 문제에 대한 내진성에는 리자바형이 유리하다고 여겨지지만, 제조의 용이성에서 볼 때는 논리자바형이 유리하다고 볼 수 있다.

크세논 가스압을 20~40kPa로 높이면 효율이 10% 정도 높아지지만 재점호전압(再点弧電壓)*)이 낮아지게 되어 램프 전압을 높게 설정할 수 있고, 시동 펄스 전압이 높아진다. 램프의 구조를 그림 2.47에 나타냈다. 외관의 넥 내면에 **바륨(Ba)피막**의 **플래시 게터**를 설치해서 외관 내를 **고진공**으로 유지함으로써 열의 대류나 전도에

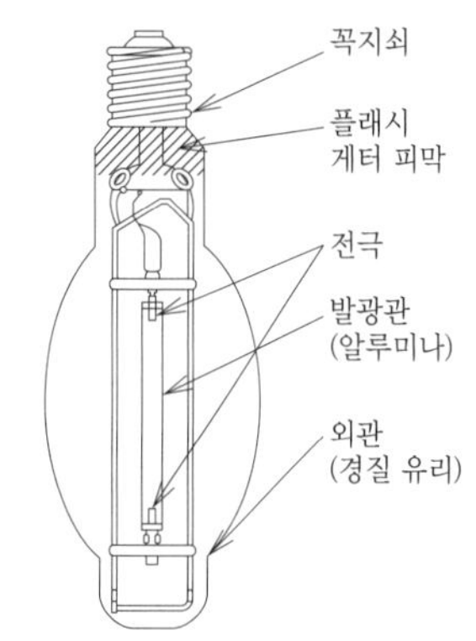

그림 2.47 고압 나트륨 램프의 구조

표 2.8 고압 나트륨 램프의 증기압에 의한 광학특성

종류 (Na 증기압)	표준연색 평가수(R_a)	색온도 [K]	효율 [lm/W]	분광분포
일반형 (약 13kPa)	25	2,150	130	
연색개선형 (약 30kPa)	60	2,200	90	
고연색형 (약 65kPa)	85	2,500	45	

*) 재점호 전압이란 램프 전압의 각 반 사이클의 초동의 피크 전압을 가리킨다.

의한 손실을 억제하여 발광관 내의 나트륨을 고증기압으로 유지한다. 시동전압을 낮추기 위해서 발광관 외면에 텅스텐선이나 몰리브덴선의 고융점 금속을 접합시키거나 혹은 시동보조장치를 설치한다. 나트륨 증기압을 변화시키면 램프의 광학특성이 크게 바뀐다.

표 2.8은 나트륨 증기압의 차이에 의한 광학특성을 보인 것이다. 나트륨 증기압의 상승과 함께 Na의 공명 D선이 흡수되므로 에너지가 양측으로 넓어진다. 그 결과로서, 색온도와 연색성이 올라가고 효율이 낮아진다.

2.5.4 HID 램프의 특성과 방식

HID의 동작 중 발광관의 방사 에너지 배분을 표 2.9에 나타냈다. 파장이 짧은 유해성분의 자외방사는 외관의 유리구에 흡수되기 때문에 램프의 밖으로 방사되지 않으므로 일반적으로 사용에 문제는 없다. HID 램프는 램프 시동 후 특성이 안정되기까지 시간이 걸리는 전기적 특성이 있다. 이 시간을 **시동시간** 혹은 **안정시간**이라 한다. 또한 안정점등상태에서 소등한 경우, 재점등하려 해도 즉시 점등하지 않는다. 소등 후 발광관이 냉각되서 재점등하기까지의 시간을 **재시동시간**이라 한다. 시동시간은 램프의 종류나 형식에 따라 달라지며, 재시동시간은 램프의 사용환경, 즉 주위온도나 사용기구에 의해서도 달라진다. 수은 램프는 AC 200V의 인가전압으로 시동하지만 메탈 할라이드 램프와 고압 나트륨 램프는 고전압의 펄스 전압을 교류전압으로 바꾸어서 시동한다. HID 램프는 점등하기 위한 **안정기**가 필요하며 표 2.10에 보인 점등회로의 조합에 의해 시동시간과 재시동시간이 변화한다.

표 2.9 HID 램프의 방사 에너지 배분[7] (단위 : %)

구 분	자외방사	가시광	적외방사	열전도·대류 로스
수은 램프	4	16.5	15	64.5
메탈 할라이드 램프	1.5	24	24.5	50
고압 나트륨 램프	0.5	31	25	43.5

[1] 수은 램프

수은 램프의 일반특성은 일본공업규격[4]에 규정되어 있다. 일례로서 400W 수은 램프(HF 400X)의 시동특성을 그림 2.48 (a)에, 전원전압변동의 특성을 그림

표 2.10 HID 램프의 점등회로구성

종류	적응 램프	회로구성	특징
지상형 안정기 초크 코일형	수은 램프 L-타입 : 메탈 할라이드 램프 L-타입 : 고압 나트륨 램프	AC 200V 전원 / 콘덴서 / 역률개선 / 램프	역률개선 콘덴서를 부가하는 것으로 시동 시 전류를 안정 시 전류의 1.2~1.3배 정도로 한다.
지상형 안정기 누설 변압기형	수은 램프 L-타입 : 메탈 할라이드 램프 L-타입 : 고압 나트륨 램프	AC 100V 전원 / 램프	전원전압을 최적 2차 무부하 전압까지 승압하는 변압기와 초크 코일의 양자의 역할을 가진다.
진상형 안정기 정전력형	수은 램프	AC 100V 또는 AC 200V 전원 / 램프	전원전압변동을 가포화변압기로 2차측 전압을 일정하게 유지한다. 전원의 고조파의 영향을 받기 어렵다. 시동 시 및 무부하 시 1차측 전류는 안정 시 전류보다 적다. 1차측 전압 10% 변동에 대해서 램프 전력은 3~5%의 변동이 있다.
지상형 안정기 초크 코일형	S-타입 : 메탈 할라이드 램프 S-타입 : 고압 나트륨 램프	초크 코일 / AC 200V 전원 / 펄스 발생장치 / 램프	임펄스형 시동기형으로 초크 코일과 램프의 결선길이를 길게 잡을 수 있다. 안정기의 별도설치에 적합하다.
지상형 안정기 초크 코일형	S-타입 : 메탈 할라이드 램프 S-타입 : 고압 나트륨 램프	초크 코일 / AC 200V 전원 / 펄스발생장치 / 램프	슈퍼 임포즈형 시동기로 수백 kHz의 펄스를 위해서 시동기를 램프에 근접시킨다. 안정기 내장기구에 적합하다.
지상형 안정기 누설 변압기형	S-타입 : 메탈 할라이드 램프 S-타입 : 고압 나트륨 램프	AC 100V 전원 / 펄스 발생장치 / 램프	임펄스형 시동기형으로 초크 코일과 램프의 결선길이를 길게 잡을 수 있다. 안정기의 별도설치에 적합하다.
진상형 안정기 리드 피크형	S-타입 : 메탈 할라이드 램프	AC 100V 또는 AC 200V 전원 / 램프	2차 코일 내의 철심에 브리지 갭(공극구혈(空隙溝穴))을 설치해서, 2차측 전압에 피크 전압을 유도시키며 그 전압으로 시동시킨다. 1차측 전압 10% 변동에 대해서 램프 전력 변화는 7~10%의 변동이 있다.

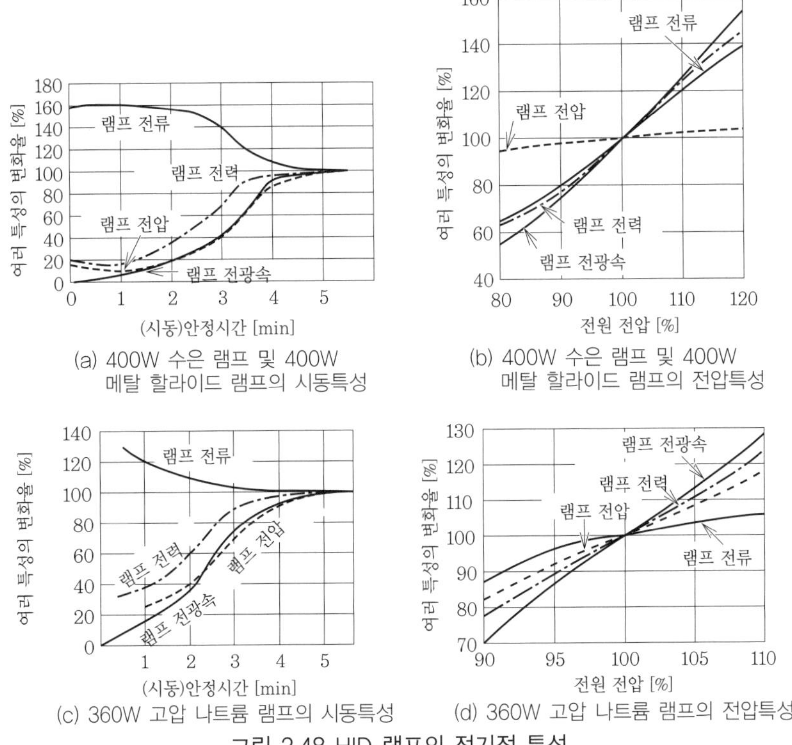

그림 2.48 HID 램프의 전기적 특성

2.48 (b)에 나타냈다. 이것은 표 2.10 최상단에 보인 지상형 안정기와 초크 코일 형과의 조합에 의한다.

그림 2.48 (b)의 그래프에서 전원전압의 상승에 따라서 램프 전력도 상승하지만, 램프전압이 변화하지 않는 것이 **불포화증기압** 램프의 특징이다.

[2] 메탈 할라이드 램프

메탈 할라이드 램프의 일반특성이 일본공업규격[5]에 규정되어 있다. 석영유리형 메탈 할라이드 램프 400W(MF400)는 고압수은 램프(HF400X)와 같이 그림 2.48 (a) 시동특성과 그림 (b) 전원전압의 변동특성을 보인다.

램프를 시동시키기 위해 1.5~4.5kV의 펄스 전압을 인가할 필요가 있다. 고전압 펄스 발생기를 **시동기**라 하며, 램프의 외관내부에 설치한 것과 외부에 설치한 것이 있다. 전자를 **내부시동형**(L-타입) 램프 혹은 **저시동 전압형** 램프라 부르며, 후자를 **외부시동형**(S-타입) 램프 혹은 **전용안정기형** 램프라 부른다. 150W 이하의 램프는 외부시동형 램프가 주류이며, 특히 뒤에 해설하는 전자식 안정기와 조합할 수 있다. 일반적으로 250W와 400W는 내부시동형 램프가 주류이며, 700W 이상의 램프는 양자가 동등하다.

[3] 고압 나트륨 램프

고압 나트륨 램프의 일반특성이 일본공업규격[6]에 규정되어 있다. 일반형 고압 나트륨 램프 360W(NH360L)의 시동특성을 그림 2.48 (c)에 그리고 전원전압변동의 특성을 그림 (d)에 나타냈다. 이것은 표 2.10 최상단에 보인 지상형 안정기 초크 코일형과의 조합에 의한다.

그림 2.48 (d)의 그래프에서 전원전압이 상승함에 따라 램프 전력과 램프 전압이 상승하는 특성은 **포화증기압** 램프의 특징이다. 따라서 주위온도에서 램프전압이 상승하기 때문에 조명기구 내에서 램프 전압상승의 **최대허용전압**을 각 램프형식별로 10~15V로 하도록 일본공업규격[6]에서 규정하고 있다. 램프를 시동시키기 위해 펄스폭(에너지)의 크기에 따라 1~4.5kV의 펄스 전압을 인가할 필요가 있다. 메탈 할라이드 램프와 같이 램프의 외관 내부에 설치되어 있는 것과 외부에 설치되어 있는 것이 있다.

전자를 **내부시동형(L-타입)** 램프 혹은 **저시동 전압형** 램프라 부르고, 후자를 **외부시동형(S-타입)** 램프 혹은 **전용안정기형** 램프라 부른다. 일반형 램프의 주류는 50~940W로써 내부시동형 램프이다. 외국의 경우 일반형 램프의 주류는 35~1,000W로써 외부시동형 램프이다. 연색성 개선형 램프의 주류는 180~360W로써 내부시동형 램프이다. 고연색형 램프의 50~150W는 외부시동형 램프로써 뒤에 해설하는 전자안정기와 조합시킨다.

[4] HID 램프의 동정

그림 2.49 (a), (b)는 HID 램프의 잔존율과 광속유지율을 나타낸 것이다. HID 램프의 정격수명은 잔존율이 약 50%가 되는 시간으로서 정해져 있다. 고압 나트륨 램프의 정격수명은 9,000~24,000시간으로 긴 수명이다. 수은 램프의 정격수명은 6,000~12,000시간이다. 그림에 나타낸 메탈 할라이드 램프는 석영유리형으로 6,000~12,000시간이다.

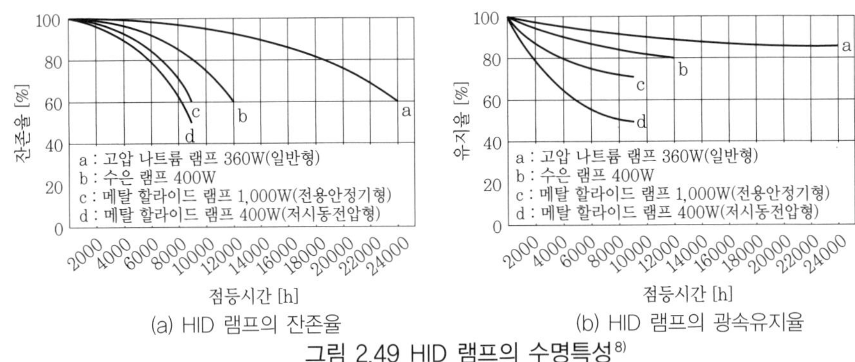

(a) HID 램프의 잔존율   (b) HID 램프의 광속유지율

그림 2.49 HID 램프의 수명특성[8]

또한 그림에는 없지만, 세라믹형은 6,000~16,000시간이다. 광속유지율에 관해서도 고압 나트륨 램프, 메탈 할라이드 램프(석영유리형)의 순서로 되어 있다. 또한 세라믹 메탈 할라이드 램프의 광속유지율은 정격수명과 같고, 석영유리형보다 높다.

2.5.5 HID 램프의 점등장치

HID 램프를 점등하기 위해서는 형광 램프를 점등시키는 것과 같이 전원과 램프 간에 안정기(ballast)를 배치한다. 이 안정기는 형광 램프와 같이 **자기식 안정기와 전자식 안정기(인버터)**로 크게 나뉜다. 자기식이 가장 일반적이며, 전원전압에 대해서 램프에 흐르는 전류를 억제한다. 램프 전류와 램프 양단자 간의 램프 전압 및 램프 역률의 곱이 램프 전력이 된다.

자기식 안정기는 전원주파수가 50Hz지역과 60Hz지역으로 대별되며, 또한 안정기 출력측 전압(2차 무부하 전압)에 대해서 램프 전류의 위상이 지연되는 **지상형**과 빠른 위상이 되는 **진상형**으로 나뉜다. 이들의 대표적인 종류와 각각의 특징을 표 2.10에 정리하였다.

전자식 안정기는 전원주파수에 관계없이 정해진 램프 전압의 범위에 대해서 램프 전류를 제어하는 정전력형으로 작동한다. 일반적으로 램프에 100~400Hz의 구형파 전압이 인가된다. 또한 램프 역률은 거의 100%이기 때문에 램프 수명은 자기식에 비해서 길다.

전자식 안정기(인버터)의 회로구성을 그림 2.50에 나타냈다.

수은 램프를 제외하고 메탈 할라이드 램프와 고압 나트륨 램프를 시동시키기

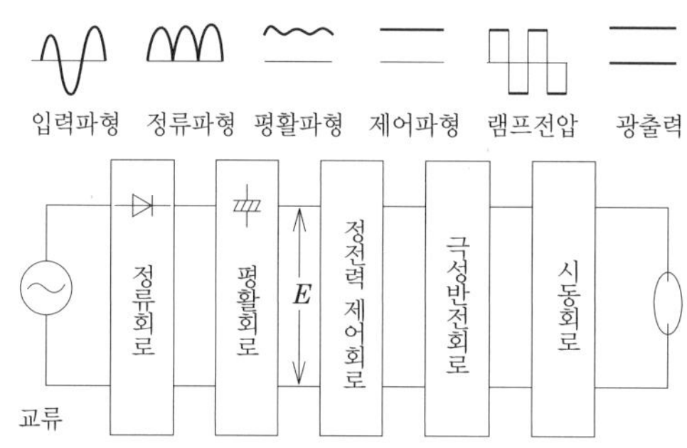

그림 2.50 HID 램프의 전자식 안정기(인버터)의 회로구성

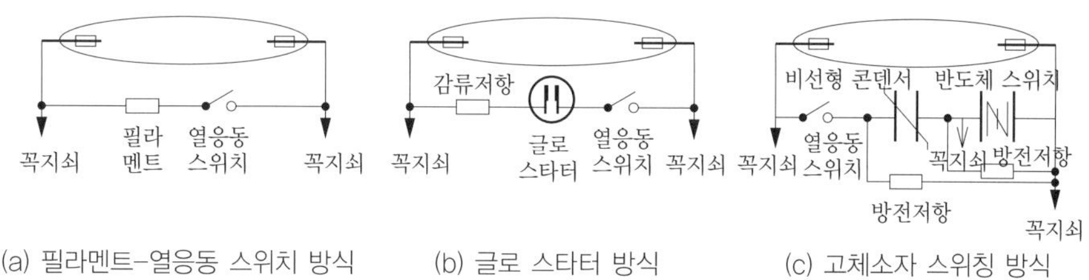

(a) 필라멘트–열응동 스위치 방식   (b) 글로 스타터 방식   (c) 고체소자 스위칭 방식

그림 2.51 HID 램프의 내부 시동기

위해서는 고전압 펄스를 발생하는 시동기가 필요하다.

그림 2.51은 내부 시동기를 나타낸 것이다. 그림 (a)는 필라멘트와 열응동 스위치(바이메탈 조각)로 구성되며, 필라멘트의 열방사로 열응동 스위치가 개폐됨으로써 전류의 on-off로 안정기의 인덕턴스(L)에 의해 고전압이 유기된다. 램프가 안정적으로 작동하면 그 발광관으로부터의 열방사로 열응동 스위치는 "열린" 상태를 유지한다. 외관은 **진공상태**이어야 한다. 같은 그림 (b)는 필라멘트와 열응동 스위치의 부분을 글로 스타터로 대체한 것으로, 직렬저항은 단락전류를 억제한다. 외관은 **진공**이면서 **불활성 가스가 봉입**된다. 그림 (c)는 비선형 콘덴서와 반도체 스위치의 직렬회로이다.

이 외관은 **진공 및 불활성 가스 봉입** 상태이다. 비선형 콘덴서는 강유전성의 유전체로 되어 있어 인가전압에 대해서 콘덴서 내부의 전계와 분극 관계로 인해 히스테리시스가 생긴다. 히스테리시스 특성은 구형 특성과 비슷하므로 어느 인가전압(포화전압)까지는 충전되지만 이상을 넘으면 충전되지 않는 특성을 나타낸다. 이것은 회로에서 보면 전류가 흐르고, 멈추는 스위칭 작용인 것이다.

즉, 이 포화전압이 스위칭 전압이다. 그것과 직렬로 접속된 반도체 스위치(꼭지쇠 내에 배치되는) 브레이크 오버 전압을 가산한 전압과 시동기에 인가되는 교류전압이 어느 위상의 전압과 일치할 때 고전압 펄스가 발생한다. 그러므로 전자의 두 예의 시동기와의 차이는 펄스 전압이 인가교류전압에 대해서 위상제어가 이루어지는 외부시동기와 같은 작동이 된다. 직렬로 접속된 열응동 스위치는 램프가 안정적으로 작동하면 발광관의 열방사로 인해서 "열림"이 되므로 시동기는 전원에서 개방된다.

2.5.6 HID 램프의 대표적 형상

그림 2.52 (a)에 나타낸 형상의 수은 램프와 석영유리 메탈 할라이드 램프의 외관 도포막에는 형광체가 사용되고, 고압 나트륨 램프에는 산화마그네슘(MgO) 혹은 이산화규소(SiO_2) 등의 확산막이 사용된다. 그림 (b)에 나타낸 양 꼭지쇠형의 석영유리형 램프(70~250W)는 효율이 높고 수명이 길기 때문에 같은 모양의 연색성과 같은 형상치수인 양 꼭지쇠형 세라믹형 램프로 바뀌고 있다.

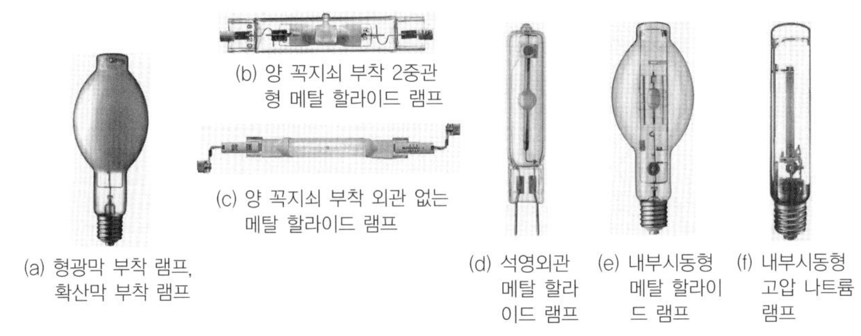

그림 2.52 HID 램프의 외관형상

그림 (c)의 석영유리형의 외관이 없는 2kW 양 꼭지쇠형 램프를 조명기구에 맞게 설치함으로써 기구를 콤팩트하게 해서 배광성능을 높이고 있다. 그림 (d)에 나타낸 램프는 70W 이하의 가장 일반적인 세라믹형 메탈 할라이드 램프의 형상이다. 그림 (e)에 나타낸 램프는 기존의 조명설비에 램프를 교환함으로써 광학성능을 높이거나 에너지 절약용으로 적합하다. 그림 (f)는 일반적인 투명형 고압 나트륨 램프이다.

2.6 고체발광 광원

2.6.1 발광 다이오드(LED)

[1] LED의 발광원리와 분광특성

발광 다이오드(Light Emitting Diode : LED)는 다이오드의 pn접합부에 주입된 전자(電子)와 정공(正孔)의 재결합에 의해서 발광하는 주입형의 고체발광소자이다. 주로 Ⅲ족과 Ⅴ족의 화합물 반도체를 사용하며, pn접합을 통해서 순방향으로 전류를 흐르게 하면, n형 영역에 있는 전자는 p형 영역의 정공과 재결합하는 때에 빛이 발생한다. 발광의 원리와 LED 구성의 개념도를 그림 2.53에 나

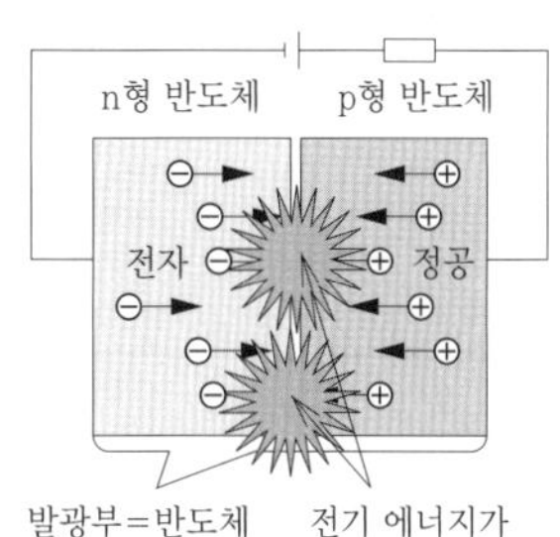

그림 2.53 발광 원리와 구성[1]

타냈다. LED가 발명된 1968년경에는 적외발광만이었으며 그것이 적색영역까지 넓어져서 1995년경보다 고휘도 LED의 개발이 진행되고 발광색도 녹색에서 청색이 얻어짐으로써 표시용, 광고선전이나 스타디움 등의 대형 디스플레이가 널리 보급되었다. 그리고 적·녹·청의 혼색이나 청과 형광체(등색) 발광을 조합시켜서 백색광으로 하는 조명용 백색 LED도 개발되었다.

LED의 발광파장은 식 (2.7)로 구할 수 있다.

$$\lambda = 1,240/E_g \tag{2.7}$$

여기서, λ는 LED의 발광파장 [nm], E_g는 반도체 재료의 금제대폭(禁制帶幅) [eV]이다.

식 (2.7)은 양자 에너지의 식으로부터 나온다.

$$h\nu = \Delta E = E_g = hc/\lambda \tag{2.8}$$

여기서, h는 플랑크 상수(4.136×10^{-15}eV·s$=6.626 \times 10^{-34}$J·s), ν는 빛의 진동수($=c/\lambda$), ΔE는 캐리어 재결합 전후의 에너지의 차[eV], E_g는 반도체 재료의 금제대폭 [eV], c는 광속 (2.998×10^8m/s), λ는 LED의 발광파장[nm]이다.

식 (2.8)에 의하면 가시광($\lambda=380 \sim 780$nm)을 발광하는 금제대폭(밴드 갭) E_g는 1.63~3.26eV이며, 그것을 가능하게 한 것이 Ga(갈륨)과 As(비소)의 화합물 반도체이다. GaAs 기판 상에 pn접합을 만들어 전류를 흐르게 하면 적색발광이 얻어지고 Ga과 P(인)의 화합물(GaP)에서 황색의 발광, 그리고 GaN(질화갈륨)에서 청색발광이 얻어진다.

이와 같이 LED는 적외부터 적·황·녹·청과 단파장에서 실용화가 진행되었다. 대표적인 발광색과 재료구성을 표 2.11에 나타냈다.

표 2.11 대표적 LED의 발광색과 재료구성

발광색	피크 발광파장[nm]	대표적 재료구성
적외	918	GaAs
적색	660	$Ga_{0.65}Al_{0.35}As$
등색	610~650	AlInGaP
등색	610	$GaAs_{0.25}P_{0.75}$
황색	595	AlInGaP
황색	590	$GaAs_{0.15}P_{0.85}$
녹색	555	GaP
녹색	520	InGaN
청색	450~475	InGaN
자외	365~400	InGaN

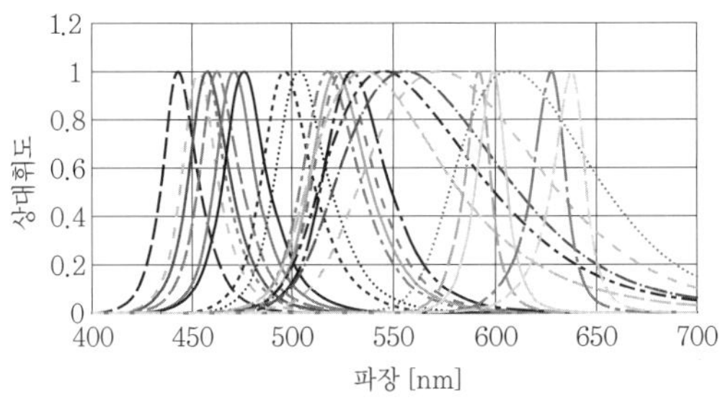

그림 2.54 LED 발광 스펙트럼의 예(22종)

이 외에도 많은 종류(발광 스펙트럼)의 LED가 있다(그림 2.54).

[2] 조명용 백색 LED

조명용 백색 LED의 실용은 먼저 청색발광(B)＋등색발광 형광체(YAG) 구조(그림 2.55)에서 시작되었다. 그 외에도 적(R), 녹(G), 청(B)의 단색 LED를 혼색해서 백색광으로 하는 타입(RGB 타입, 그림 2.56), 형광 램프와 같이 RGB 형광체를 LED로부터의 자외방사(UV)로 발광시켜 백색광으로 하는 타입(UV＋RGB 타입, 그림 2.57)도 실용화가 도모되고 있다[19].

지금까지 광원은 조명기구에 설치해서 사용하는 것이었다. 그러나 LED 광원의

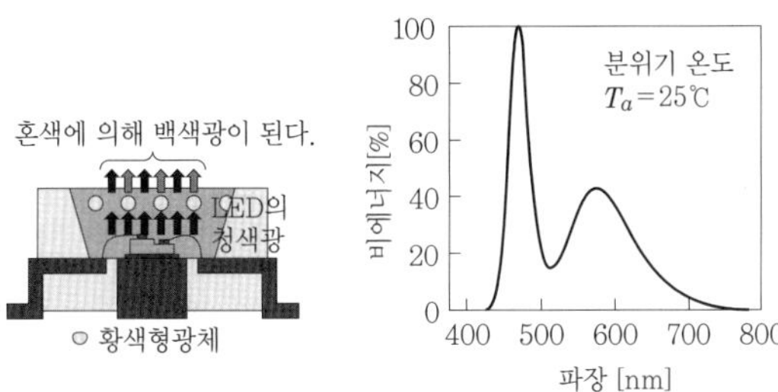

그림 2.55 B+YAG타입의 구성과 발광분광분포

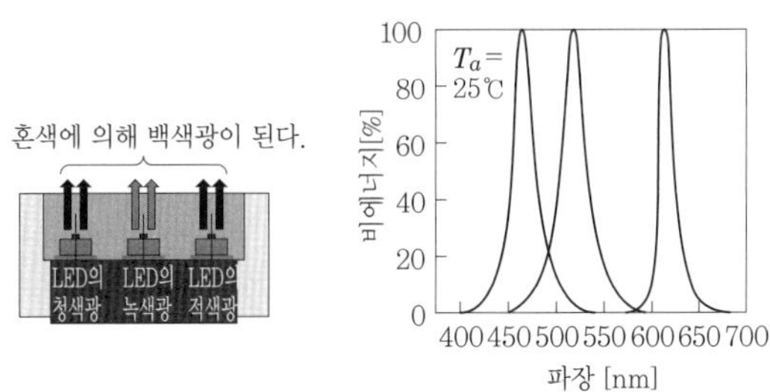

그림 2.56 RGB 타입의 구성과 발광분광분포

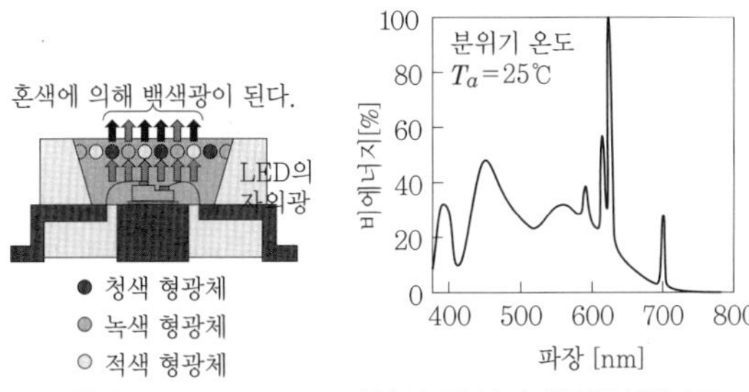

그림 2.57 UV＋RGB 타입의 구성과 발광분광분포

경우는 LED 단체가 매우 작기 때문에 배열에 의해 형상 및 크기에 많은 변화를 줄 수 있다. 즉 전구형상, 형광 램프 형상 등 종래의 광원형상에 덧붙여서 조명기구와 유사한 형태까지 LED 광원에 포함된다. 종래의 램프에 상당하는 LED광원으로서 직관형광 램프에 상당하는 제품, 전구류의 꼭지쇠를 갖춘 제품 등이 2010년경부터 많이 제품화되고 있다. 2000년에 20~30 lm/W로서 백열전구를 넘을 정도였던 효율이 2010년 시점에서는 100 lm/W에 달하는 상황이 되었다. 이 기술적 배경에는 웨이퍼 크기의 대형화에 의한 생산성의 향상(가격저하), 형광체 및 봉지수지의 관련 재료개발과 고밀도 실장 및 방열기술의 진전이 있었다. 이와 같이 조명용 백색 LED의 진보에 맞춰서 보다 우수한 성능·특징을 갖춘 제품, 또 기존의 광원에는 없는 소형·경량이라는 발광소자의 특징을 살린 신제품의 개발이 빠른 속도로 진화될 것이 예상된다.

2.6.2 일렉트로 루미네선스

일렉트로 루미네선스(이하 EL)는 전계로 발광하는 진성 EL과 전류로 발광하는 주입형 EL(발광 다이오드, 반도체 레이저)이 있으며, 진성 EL을 일반적으로 EL이라 불리고 있다. EL 램프는 EL 발광을 이용한 면광원(面光源)이다. EL의 발광은 원자 내의 전자가 형광체에 인가된 전계에 의한 여기 또는 전계에 의한 가속된 전자의 충돌에 의해 여기된 전자의 재결합에 의한 것이다.

EL의 종류는 분산형과 박막형이 있고, 분산형은 무기형(법랑형)과 유기형(필름형)으로 나뉜다. 투명도전막이 붙은 필름 모양의 전극에 형광체와 유전체 결착제를 섞은 것을 수십 μm의 두께로 도포한 다음, 그 위에 금속박막전극을 붙이고 방습성 필름으로 덮는다. 발광색은 형광체에 의존된다. 주로 청록색의 황화아연($ZnS : Cu, Cl$)이 사용된다. 청록색 이외 형광체의 조합과 형광안료를 섞은 청색, 등색, 적색, 백색 등의 것도 있다. 계기반의 조명용, 액정표시용 백 라이트(배면조명) 등에 사용된다.

박막형은 2중 절연구조방식으로서 투명도전막이 부착된 유리기판 위에 절연층, 발광층, 배면전극 등의 박막을 적층한다. 발광층 재료로서 황등색의 망간부활황화아연($ZnS : Mn$), 녹색의 불화 테르븀부 활황화아연($ZnS : TbF_3$) 등이 사용되고 있다. 분산형보다 효율이 좋으므로 계측기 등의 디스플레이 소자 등에 사용되고 있다.

유기 EL은 발광층 재료로서 유기물질에 전계를 인가해서 발광시킨다. LED와 같이, 주입된 전자와 정공의 재결합에 의해서 발광하며, 주입전류가 효율·수명 등의 특성에 크게 영향을 미치는 것으로서 유기 LED(Organic Light Emitting Diode : OLED)라 한다. 보통 OLED보다 유기 EL이라 부르는 경우가 많다. 조명 레벨의 고휘도 발광으로서 일본 야마가타 대학의 키도 교수진에 의해 발표된 "멀티 포톤 발광구조소자(MPE)"가 있다.

멀티 포톤 발광구조는 캐리어 수송층 및 발광층으로 구성되는 OLED 소자 전체를 2단, 3단이라는 스텍 구조로 하여 전류에 대한 휘도의 크기를 2배, 3배로 증가시킬 수 있다[20](그림 2.58). 통상 고전류 영역에서 발광효율 및 수명이 저하하지만 멀티 포톤 발광구조로 하면 1/2, 1/3의 전류밀도에서 동일 휘도를 얻을 수 있기 때문에 수명을 대폭 늘릴 수 있다.

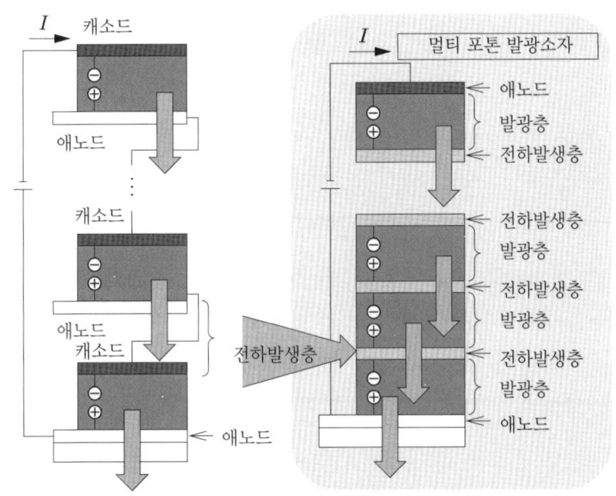

그림 2.58 멀티 포톤 발광소자의 구조

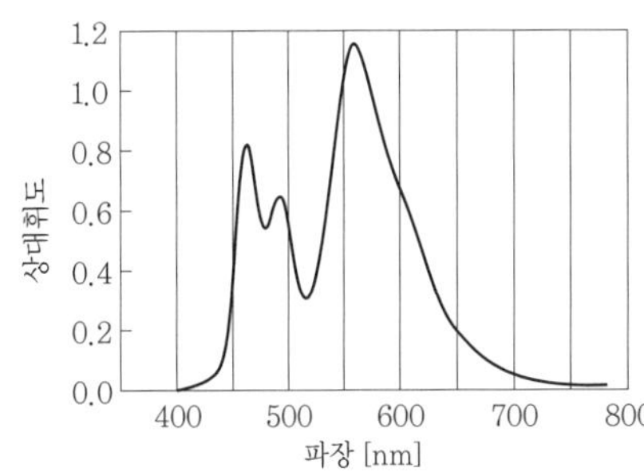

그림 2.59 청-황 2색소형 소자의 스펙트럼 예

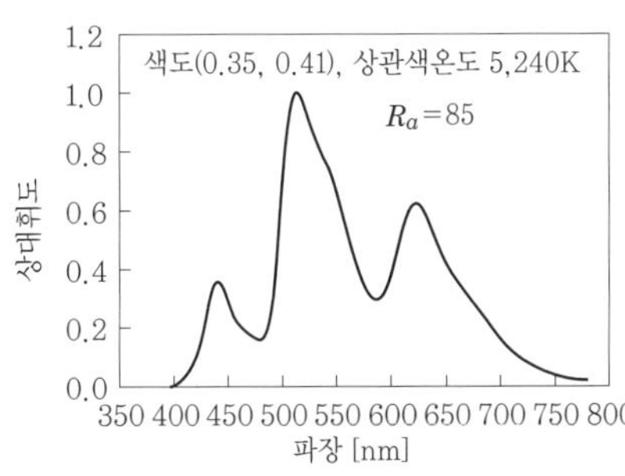

그림 2.60 3색소형(고연색) 소자의 스펙트럼 예

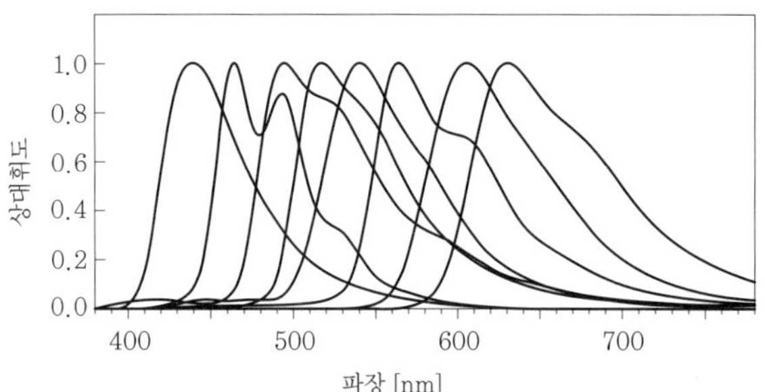

그림 2.61 각종 발광 불순물에 의한 OLED스펙트럼 예

　조명용 백색 OLED는 LED와 같이 2색소형 소자(그림 2.59), 3색소형 소자(그림 2.60)가 있다[21]. 그림 2.61과 같은 발광 스펙트럼 색소를 가지며, 다층구조의 조합이 가능하다[21].

　2007년에 5,000cd/m² 이상으로서 30,000시간, 20 lm/W에 이르는 소자가 얻어졌다. 2011년 1월에 세계에서 최초로 대량생산 타입의 OLED 광원의 제품출하를 시작으로 조명제품이 발매되었다[22]. 이 시점에서 효율적으로는 겨우 백열전구를 넘은 수준이지만, 이 분야에서 기술의 진보·발전의 속도가 빠르기 때문에 앞으로 고효율의 신제품이 출현하게 될 날이 멀지 않을 것이다.

2.7 그 외의 광원

2.7.1 저압 나트륨 램프

저압 나트륨 램프는 약 0.5Pa의 나트륨 증기압에서 아크 방전시 발생하는 선스펙트럼 D선(589.0nm, 589.6nm)을 이용한 램프이다. 구조를 그림 2.62에 나타냈다. U자형 내나트륨성의 특수유리관 내에 나트륨 금속 외에 평형 가스로서 네온과 소량의 아르곤 혼합 가스가 봉입되어 있다. 외관 내부는 보온을 좋게 하기 위해 고진공으로 하고, 외관내벽에는 투광성의 **적외반사막**(산화 주석 도프 산화인듐)을 증착하여 적외방사를 발광관에 돌려보내 최대효율이 되도록 발광관 온도를 약 260℃로 설계하고 있다.

효율은 실용방전광원 중에서 가장 높은 140~200 lm/W이지만 황등색의 단색광이므로 피조사물의 색식별이 불가능하다. 점등회로는 시동전압이 높으므로 철심의 포화와 콘덴서에 의한 공진을 이용한 리드 피크형이 주로 이용된다. 용도는 터널 조명이나 특정장소로 한정되어 있다.

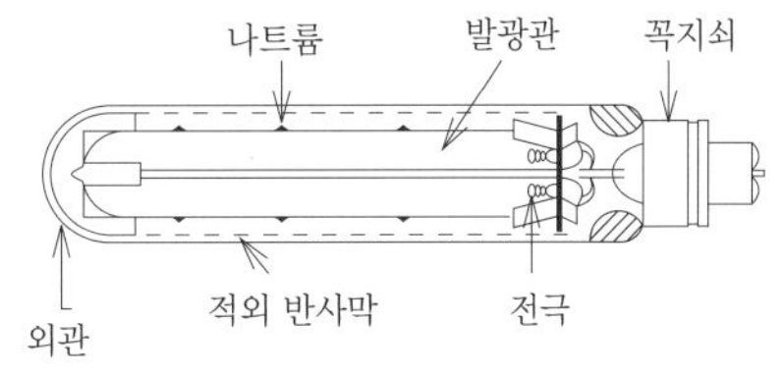

그림 2.62 저압 나트륨 램프의 구조

2.7.2 크세논 램프

크세논 램프(xenon lamp)는 크세논 가스 중 아크 방전에 의한 발광을 이용한 램프이다. 분광분포는 그림 2.63과 같이 자외영역에서 가시영역까지 연속 스펙트럼으로 되어 있으며, 색온도는 약 6,000K로서 가시영역부의 방사광은 자연주광

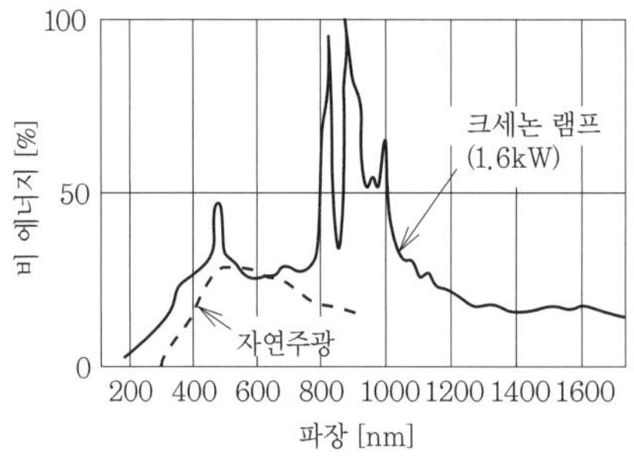

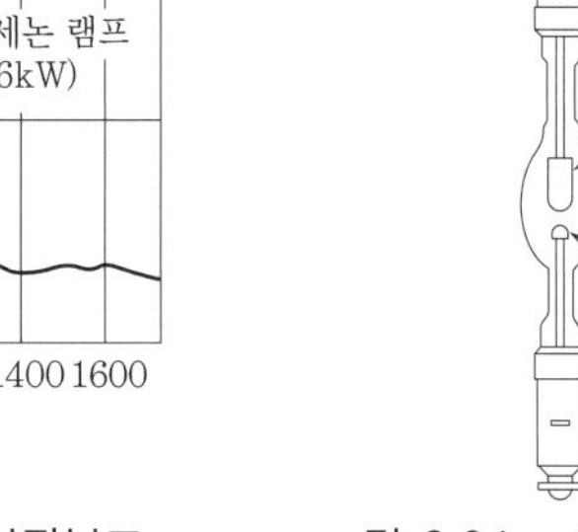

<table>
<tr><td>그림 2.63 크세논 램프의 분광분포</td><td>그림 2.64 크세논 램프의 구조</td></tr>
</table>

(태양광)에 접근하고 있다.

그림 2.64는 **크세논 램프**의 구조를 나타낸 것이다. 발광부 내부는 구모양의 석영유리관에 수 mm의 간격으로 전극이 봉착·설치되어 있다. 양극으로 텅스텐과 음극으로 토륨텅스텐이 구성되며, 보통 직류로 점등된다. 자연주광(태양광)에 가까운 분광분포이기 때문에 표준백색광원, 영사용, 퇴색시험용, 솔라 시뮬레이터 등에 사용되고 있다.

크세논 플래시 램프는 석영관 또는 고 실리카 유리관의 양단에 전극을 봉착한 구조로서 전극 간에 고펄스 전압을 인가해서 순간적으로 발광시킨다. 용도는 사진촬영용 등이다.

2.7.3 초고압 수은 램프

작은 발광관에 큰 전력을 가해서 점등하는 **초고압 수은 램프**는 증기압이 1~20MPa에 달하며, 발광 스펙트럼은 자외역·가시역은 물론 연속 스펙트럼도 다수 포함된다. 휘도는 $2\times10^7 \sim 2\times10^9 \mathrm{cd/m^2}$로 매우 높으며 고휘도 점광원, 자외 방사원으로서 현미경·투영기의 광원이나 IC 등의 반도체 프로세스의 포토에칭 노광용에 이용된다. 종류는 둥근 형태의 쇼트 아크형과 가늘고 긴 봉 모양의 모세관형이 있으며, 후자는 수냉 또는 강제로 공냉해서 사용한다.

가늘고 긴 유리관의 양 끝에 원통형 전극을 봉하고, 네온 등 수 10^3Pa의 불활성 가스나 수은을 봉입한 냉음극방전관이다. 봉입 가스나 유리관의 색, 투명유리관 내면에 설치한 형광체막의 종류를 바꿈으로써 여러 가지 광색이 얻어지는 광원이다.

보통 누설 변압기를 이용하는 경우가 많고, 관의 형상에 따라서 선정할 필요가 있지만 전기설비기술기준에 의해 2차 부하전압은 15,000V 이하, 단락전류는 50mA 이하로 정해져 있다. 최근에는 전자회로화도 진행되고 있다.

용도는 광고용이 주를 이루고, 네온 사인이라고 부르고 있다.

2.7.5　네온(글로) 램프

유리구 내에 봉(棒) 모양·원판 모양 등의 전극을 약 1mm의 간극으로 봉하고 수 10^3~수 10^4Pa의 네온(일반적으로 미량의 아르곤을 혼입)을 봉입하여 부(−) 글로의 발광을 이용한다. 광색은 네온 가스의 발광인 적등색이 주를 이루며, 형광체를 유리관에 도포한 녹색도 있다. 소비전력이 적고 긴 수명이며 꼭지쇠 내에 수 $k\Omega$의 저항을 직렬로 넣어서 전원에 직접 연결하여 점등회로로서 사용할 수 있기 때문에 배전반이나 제어반 등의 표시등에 이용된다.

2.7.6　무전극 방전 램프

고주파 무전극 방전 램프는 방전 공간 내에 전극이 없는 방전 램프이다. 형태에 따라 정전 결합 방전, 전자유도 결합 방전, 마이크로파 방전 및 표면파 방전으로 분류된다. 조명용 광원으로서는 전자유도 결합 방전에 의한 무전극 형광 램프가 실용화되고 있다. 코일의 전자유도에 의해서 관내 가스가 2차 코일의 역할로 전자결합하여 폐루프 방전을 형성한다.

1~100MHz의 주파수가 되면 전력을 충분히 공급할 수 있다. 방전시동은 코일 간의 전압에 의해 정전전계에서 발생하는 적은 플라즈마를 증폭해서 램프 전체로 확산시키는 유도방전에 의한다.

유리관 내에는 아르곤 가스와 수은이 봉입되어 있어서 자외선 발생으로 저압수은 증기방전이 형성된다. 관 내벽에는 형광 램프와 같은 형광체가 도포되어 있기 때문에 일반 조명용 형광 램프와 동일한 발광의 광원이다. 또한 전자방사 노이즈를 방지하기 위하여 유리관에 투명도전막을 설치한 것과 금속 메시로 램프 전체를 덮고 있는 것도 있다. 전극이 없으므로 부점등 수명은 논하지 않고 밝기의 저하(광속유지율)로 수명이 정해지기 때문에 일반 형광 램프에 비해 수 배 이상 길다. 램프 교환이 불편한 빌딩의 외곽조명, 가로등 등에 주로 사용되고 있다.

제품화되어 있는 점등방식에는 다음 4가지가 있다.

① 방전관 주위에 유도 코일을 감아 점등한다.

② 구 모양 방전관에 움푹 패인 곳을 만들어 유도 코일용 코어를 꽂아 넣어 점등한다.

③ 루프 모양의 방전관에 토로이덜의 유도 코일을 감아 점등한다.

④ 구 모양의 방전관 내에 유도 코일을 설치해서 점등한다.

램프 구조의 대표적인 예를 그림 2.65에 나타냈다.

이 외에, 마이크로파 방전에 의한 무전극 메탈 할라이드 램프나 무전극 수은 램프가 공업용으로 실용화되어 있다.

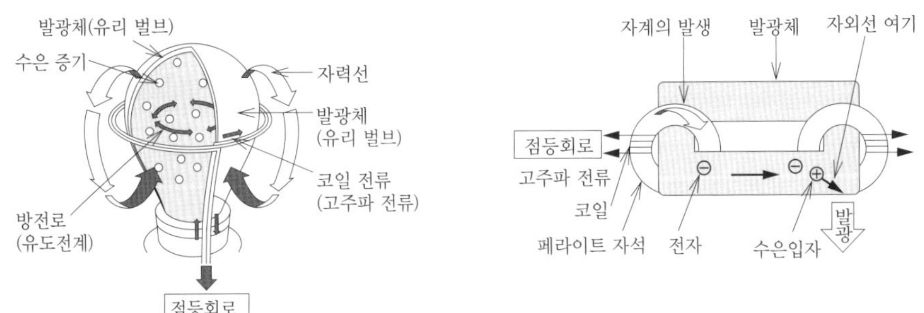

(a) 구 모양 발광관＋외주 코일 형태   (b) 루프 모양 방전관＋토로이덜 코일 형태

그림 2.65 무전극 방전 램프의 구조 예[1]

2.7.7 레이저

레이저(LASER)는 Light Amplification by Stimulated-Emission of Radiation의 약자로서 원자 또는 분자에 의한 방사의 유도방출을 이용한 광증폭 또는 발광장치를 말한다.

레이저의 발광은, 레이저 재료에 인가된 에너지에 의해 여기된 고에너지 준위에 있는 원자의 밀도가 저에너지 준위에 있는 원자의 밀도보다 큰 상태(반전분포 또는 부(−)온도의 상태)에서 일어난다. 고에너지 준위에 있는 여기원자가 저에너지 준위로 이동할 때 유도방출이 일어난다. 이것이 빛의 흡수보다 크게 되면 시간적·공간적으로 위상이 일치된 코히런트한 빛으로 증폭이나 발광이 일어난다.

레이저 재료를 여기시켜 반전분포의 상태를 계속 유지시키는 것을 펌핑이라 한다. 펌핑용 여기원으로서 빛(크세논 램프, 크립톤 방전 램프 등), 전자 빔, 방전(플라즈마), 화학반응, 주입전류 등이 이용된다.

그림 2.66에 레이저의 기본구조를 나타냈다. 레이저 재료로 증폭된 빛의 빔을 정귀환해서 레이저 발광을 지속시키기 위해 한쌍의 반사경을 이용한다. 발진제어소자는 발광파장이나 출력파형 등을 제어한다. 레이저는 연속된 코히런트한 빛으로서 간섭성이 좋고, 주파수의 변동폭이 작으며, 단색성·지향성·에너지 밀도 등에서 우수하다. 레이저 빛의 파장은 100mm 부근의 진공자외로부터 자외·가시·적외·원적외, 그리고 밀리미터 파에 미친다. 용도로서 계측·통신·레이더·홀로그래피·수술용 레이저 메스·레이저 가공(절단, 용접 등)·광 프린터·바코드 판독·광 비디오디스크·콤팩트 디스크(CD)·디스플레이 등 넓은 분야에서 응용되고 있다.

레이저의 종류에는 레이저 재료, 동작원리 등에 의해 기체 레이저·액체 레이저·고체 레이저·반도체 레이저·색소 레이저·엑시머 레이저 등이 있다.

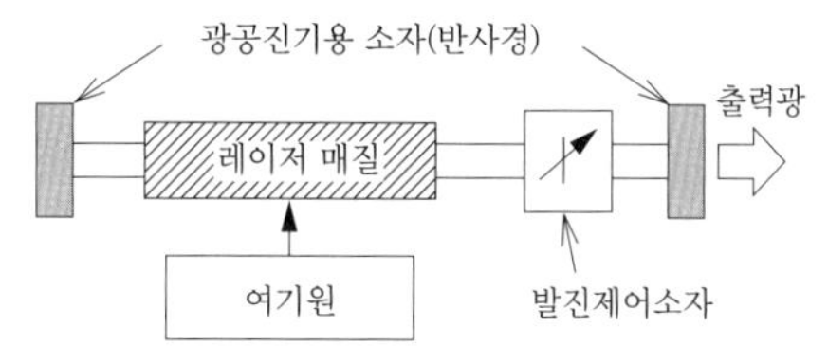

그림 2.66 레이저의 기본구조

1 열방사와 루미네선스의 발광원리를 설명하고, 이것들의 현상을 이용한 램프의 예를 각각 2개씩 들어라.

2 할로겐 전구는 일반 조명용 전구보다 수명을 길게 할 수 있는 이유를 서술하라.

3 형광 램프의 광원색은 상관색온도에 따라서 구분되고 있다. 다음 상관색온도의 광원색 명칭을 적어라.
① 2,800K ② 3,500K ③ 4,200K ④ 5,000K ⑤ 6,700K

4 고주파 전용 형광 램프의 특징을 2가지 기술하라.

5 메탈 할라이드 램프에 있어서 석영유리형에 대한 세라믹형의 성능의 특징을 2가지 기술하라.

6 자기식 안정기와 전자식 안정기(인버터)의 구성상 차이를 기술하고, 그 전자식 안정기의 우위성을 기술하라.

● 연습문제를 풀어본 후 211쪽 풀이 및 정답을 맞춰보세요.

〈참고문헌〉

1)　日本工業標準調査会：JIS C 7501，一般照明用白熱電球，日本規格協会（2011）

2)　日本工業標準調査会 JIS C 7527，ハロゲン電球（自動車用を除く）―性能仕様，日本規格協会

3)　日本電球工業会：一般照明用ハロゲン電球ガイドブック，日本電球工業会（2006）

4)　日本工業標準調査会：JIS Z 9112 蛍光ランプの光源色及び演色性による区分，日本規格協会（2004）

5)　日本電球工業会（編）：蛍光ランプガイドブック，日本電球工業会（2011）

6)　日本電球工業会（編）：光源の技術開発動向（LED 照明を除く），日本電球工業会（2011）

7)　日本工業標準調査会：JIS C 7601，蛍光ランプ（一般照明用），日本規格協会（2010）

8)　日本工業標準調査会：JIS C 7617，直管蛍光ランプ―第 1 部：安全仕様，第 2 部：性能使用，日本規格協会，第 1 部（2008），第 2 部（2009）

9)　日本工業標準調査会：JIS C 7618，片口金蛍光ランプ―第 1 部：安全仕様，第 2 部：性能使用，日本規格協会，第 1 部（2008），第 2 部（2009）

10)　日本工業標準調査会：JIS C 7620，一般照明用電球形蛍光ランプ―第 1 部：安全仕様，第 2 部：性能使用，日本規格協会，第 1 部（2010），第 2 部（2010）

11)　日本工業標準調査会：JIS C 7651，一般照明用電球形蛍光ランプ，日本規格協会（2010）

12)　日本電球工業会（編）：JEL 210 蛍光ランプ（一般照明用），日本電球工業会（1991）

13)　日本工業標準調査会：JIS C 7604，高圧水銀ランプ，性能規定、日本規格協会（2006）

14)　日本工業標準調査会：JIS C 7623，メタルハライドランプ―性能規定，日本規格協会（2011）

15)　日本工業標準調査会：JIS C 7621，高圧ナトリウムランプ―性能規定，日本規格協会（2011）

16)　照明学会(編)：照明基礎講座テキスト(第 30 期)，pp. 2〜21，照明学会 (2009)

17)　日本電球工業会(編)：HID ランプガイドブック，日本電球工業会(2007)

18)　照明学会：新・照明教室 光源(改訂版)，照明学会 普及部，pp. 100〜104(2004)

19)　LED 推進協議会：LED 照明ハンドブック 改訂版，pp. 29〜31，オーム社 (2011)

20)　日本電球工業会：電球工業会報 493 号，p. 48(2008)

21)　日本電球工業会：電球工業会報 497 号，pp. 43〜44(2008)

22)　ルミオテック株式会社：平成 22 年 11 月 10 日広報発表

23)　電気学会(編)：電気工学ハンドブック(第 6 版)，オーム社(2001)

24)　照明学会(編)：照明ハンドブック(第 2 版)，オーム社(2003)

25)　安藤幸司：光と光の記録-光編，産業開発機構(2003)

조명기구

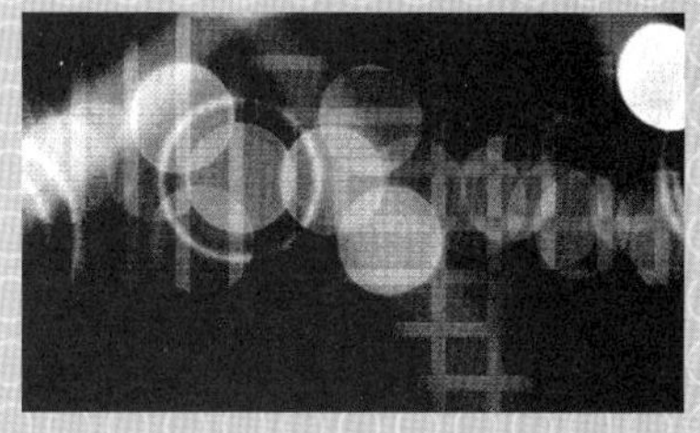

조명기구는 적절한 밝기가 필요할 때, 필요한 장소에, 필요한 양을 제공하기 위해서 목적에 따라 배치하는 것이 중요하다. 또한 높은 의장성이 요구되거나, 장식적인 효과가 필요한 경우가 많다. 이 장에서는 이들을 염두에 두면서, 조명기구의 광학과 조명기구의 구조와 종류에 대해서 기술한다.

조명기구의 광학

3.1.1 평면에 있어서의 반사와 굴절

조명기구의 빛을 제어하는 예로서, 렌즈·프리즘이나 반사경 또는 투광재 커버 등을 이용해서 반사나 굴절에 의해 적절하게 제어하는 방법이 있지만, 빛의 직진성을 논하는 경우는 다음 3가지 기본적인 법칙이 있다.

① 빛은 균질·등방(等方)의 매질 안에서는 직진한다.

② 다른 매질의 경계에서 빛은 방향을 바꾼다. 이것이 반사와 굴절이다. 이때 입사광·입사점·굴절광 및 반사광은 동일평면상에 있다. 이 평면을 입사면이라 한다.

③ 그림 3.1과 같이 빛의 입사점에 법선을 세우고, 이것을 중심으로 해서 입사각 i_1, 반사각 $i_1{'}$ 및 굴절각 i_2로 하면, 식 (3.1)의 관계가 성립한다. 이

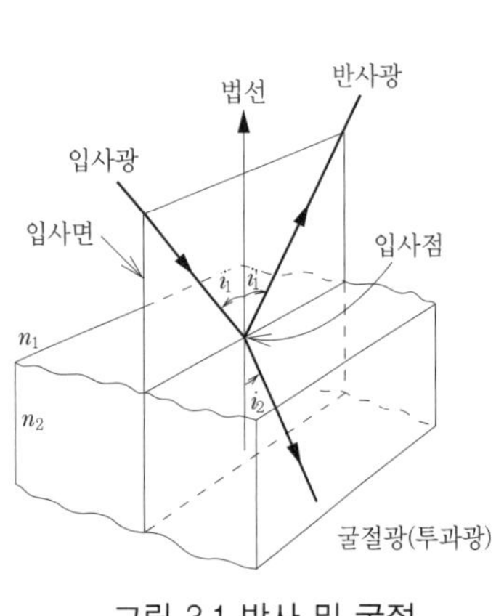

그림 3.1 반사 및 굴절

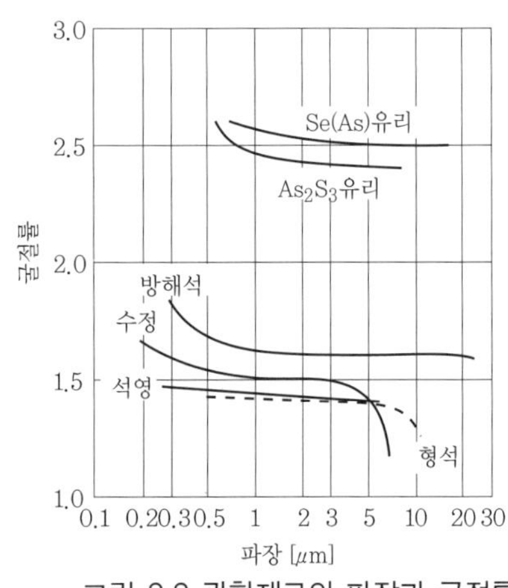

그림 3.2 광학재료의 파장과 굴절률

것을 스넬(Snell)의 법칙이라 한다.

$$\left.\begin{array}{l} n_1 \sin i_1 = n_2 \sin i_2 \\ i_1{}' = i_1 \end{array}\right\} \tag{3.1}$$

굴절률 n은 매질고유의 상수로서 파장에 관계된다. 파장이 짧을수록 굴절률이 커진다. 광학재료의 파장과 굴절률의 관계를 그림 3.2에 나타냈다.

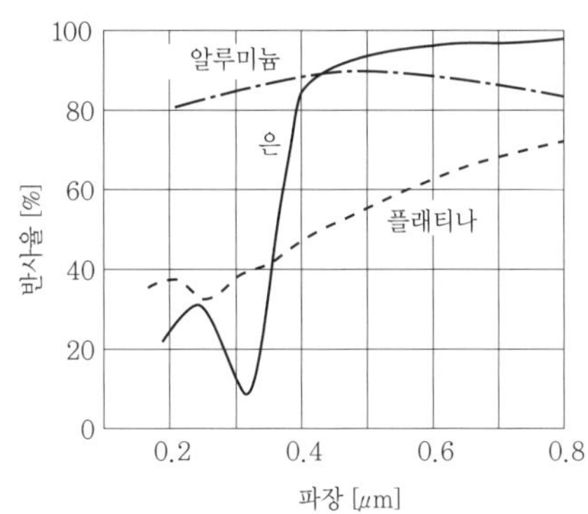

그림 3.3 광학재료의 파장과 반사율

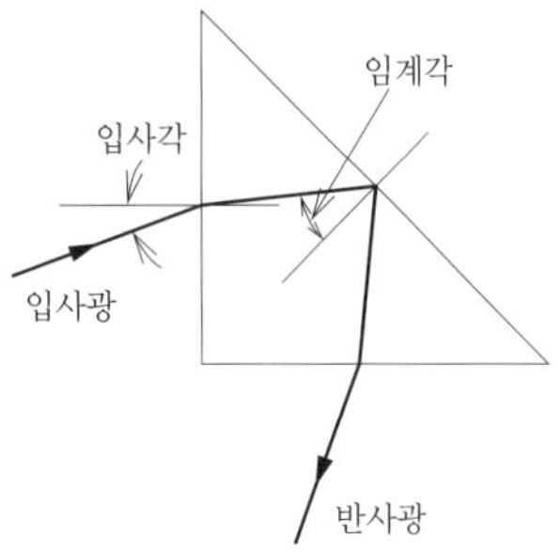

그림 3.4 직각 프리즘에 의한 전반사

빛이 반사면에서 반사하는 경우 **정반사**(正反射)와 **확산반사** 2종류가 있다. 정반사란, 거울이나 유리면과 같이 빛이 한 방향만으로 반사하는 것으로서 거울의 경우에는 빛이 감쇠된다. 여기서, 입사광속과 반사광속의 비를 **반사율**(反射率)이라 하며, 굴절률처럼 파장에 따라서 변한다. 그림 3.3에 경면처리된 광학재료의 반사율을 나타냈다.

식 (3.1)을 식 (3.2)로 변환하고, $n_2 < n_1$이 되는 조건을 고려하면, 광학적으로

$$\sin i_2 = \frac{n_1}{n_2} \sin i_1 \tag{3.2}$$

이 된다. 조밀한 매질(예를 들면 유리)에서 거친 매질(예를 들면 공기)로 빛이 진행될 경우, $\sin i_2 > 1$이 되지만, 이와 같은 각은 실재하지 않는다. 즉 입사광은 모두 반사된다. 이것을 **전반사**(全反射)라 하며 $i_1 = \sin^{-1}(n_2/n_1)$을 **임계각**(臨界角)이라 한다.

이것은 그림 3.4와 같이 직각 프리즘에 의해서 실현될 수 있지만, 이 임계각 이하에서 빛이 입사하면 전반사가 일어나지 않으므로 주의를 요한다.

기본적으로는 평면에 있어서의 반사·굴절의 원리는 같다. 즉 입사점에 있어서의 접평면을 생각하자. 이 가상평면에 대해서 앞에서 기술한 내용을 전개하면 된다. 그러나 곡면을 평면으로 분할하여 분석하는 것은 복잡하기 때문에 일반적으로 포물곡면이나 타원곡면을 이용해서 빛을 제어한다. 렌즈의 경우, 그림 3.5와 같이 초점에 광원을 둠으로써 평행광선이 얻어진다. 이와 같이 평행광선으로 하면 조도를 면적비의 역수배$(S'/S)^{-1}$로 증가시킬 수 있다. 그리고 광원의 위치를 초점거리에서 떨어뜨려 빛을 한 점에 집광하는 것도 가능하다. 일반적으로 조도는 거리의 2승에 역비례하지만, 그림 3.5에서 알 수 있듯이 평행광선으로 하게 되면 이론적으로 조도는 거리에 무관하게 된다.

반사판의 경우 그림 3.6에 나타낸 것처럼 초점에서 나온 빛을 평행한 방향으로 반사하는 특성이 있으므로 어느 특정 방향으로 집광하는 경우에 유리하다. 이 경우는 렌즈와 달리 빛의 방향이 반전한다. 실제로 평행광선을 얻으려면 그림 3.6과 같이 포물곡면을 포물선의 축을 중심으로 회전한 회전체의 초점에 광원을 두면 된다.

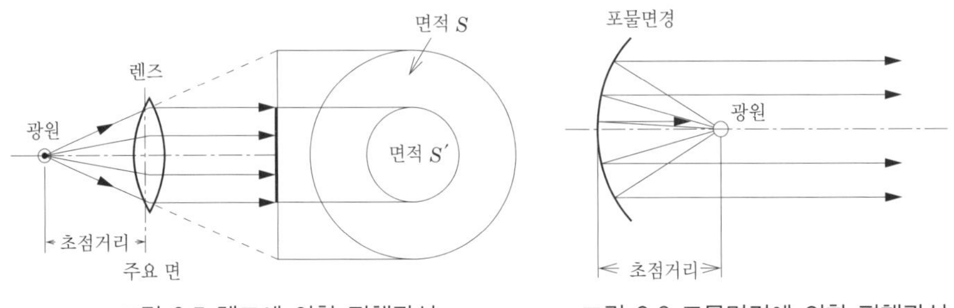

그림 3.5 렌즈에 의한 평행광선　　　그림 3.6 포물면경에 의한 평행광선

투명체에 빛이 닿으면 먼저 경계에서 일부가 반사되고, 나머지는 투명체 내부를 통과한다. 그리고 다음 경계에서 일부가 반사된 다음 나머지가 투명체 외부로 나간다. 이 경우 투명체 내부를 빛이 통과할 때 전기회로와 같이 저항에 상당하는 특성이 있는데 이는 투명체 내부에 흡수되어 열 등으로 변환되어 소실된다.

그림 3.7과 같이 흡수계수 α의 매질 내의 어느 점에 Φ[lm]라는 광속이 있다고 하자. 여기에서 dx[m]의 매질을 통과함으로써 잃는 광속을 $d\Phi$[lm]라 하면, 감쇠하는 광속 $d\Phi$는 원래의 광속과 층의 두께에 비례한다.

즉, 식 (3.3)이 성립한다.

$$d\Phi = -\alpha\Phi dx \qquad (3.3)$$

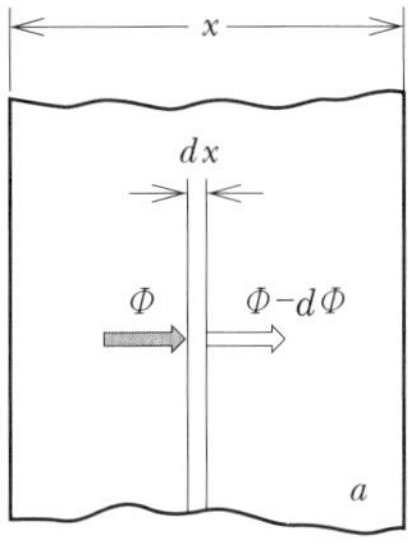

식 (3.3)이 성립하는 매질의 두께를 x[m]로 한다면 식 (3.4)가 얻어진다.

$$\Phi = \Phi_0 e^{-ax} \qquad (3.4)$$

여기서, Φ_0는 $x=0$, 즉 입사면에 있어서의 광속 [lm]이다.

두께 x인 매질의 투과율은 Φ/Φ_0로 구해진다.

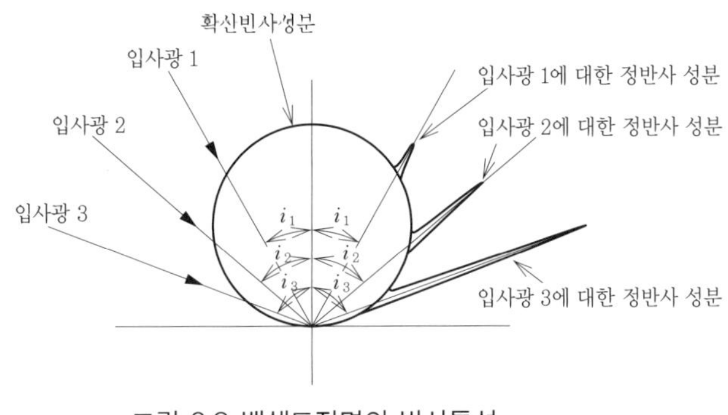

그림 3.7 투명체 내의 빛의 흡수

3.1.4 확산

정반사 외에 그림 3.8과 같은 반사가 존재한다. 반사면을 확대해서 볼 경우, 곡면에 있어서 반사를 설명한 것처럼, 입사점에 있어서 가상접평면에 대해서는 정반사를 하고 있지만 전체적으로 보면, 빛은 모든 방향으로 반사하고 있다. 이와 같은 반사를 **확산반사**라 한다.

이론상 계산을 위해 어느 방향에서 보아도 일정한 휘도가 되도록 가정하고 있다. 이와 같은 반사를 **균등확산반사**라 하고 1장의 그림 1.10과 같은 관계로 된다.

그림 3.8 백색도장면의 반사특성

실제는 그림 3.8에 나타낸 것처럼 약간의 정반사 성분이 있고, 이 정반사 성분은
입사각이 클수록 크다.

3.1.5 기구효율

램프 자체만을 점등하면 램프에서 나오는 광속 Φ_L[lm]이 주위로 발산된다. 이때
기구효율은 1이 된다. 조명기구는 이 광원에 반사판이나 투광재를 부착하기 때문에,
이것에 의해서 반사·굴절·투과·흡수·확산이 반복되면서 기구로부터 광속 Φ_0[lm]이
방출된다. 이때, 광학적인 의미의 기구효율 η는

$$\eta = \Phi_0 / \Phi_L \tag{3.5}$$

로 정의한다.

지금 균질한 재료로 광원을 덮은 조명기
구의 기구효율을 생각해본다. 글로브의 투
과율을 τ, 반사율을 ρ, 흡수율을 α로 하면
(그림 3.9), 램프 광속 Φ_L이 첫 번째 투과
에 의해 기구광속으로서 발산되는 것은

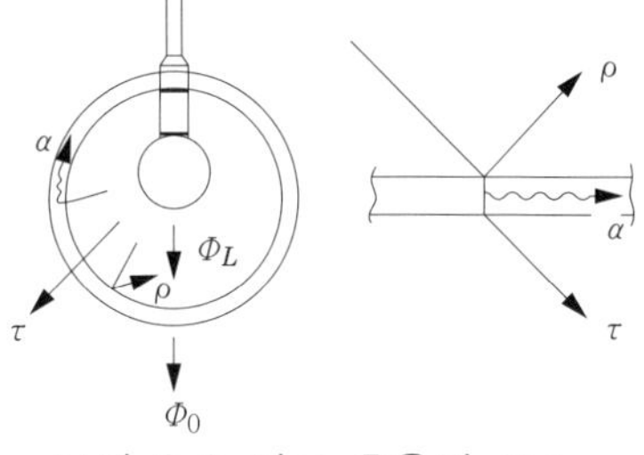

$$\Phi_{01} = \Phi_L \tau \tag{3.6}$$

이며, 나머지의 램프의 광속 중 흡수되는

그림 3.9 기구 효율의 요소

것을 빼면, 글로브 내면에 반사된 광속이 다시 투과하여 기구 밖으로 발산되는 광
속은

$$\Phi_{02} = \Phi_L \rho \tau \tag{3.7}$$

이 된다. 이 과정이 반복되므로 기구광속 Φ_0은

$$\Phi_0 = \Phi_L \tau (1 + \rho + \rho^2 + \cdots) \tag{3.8}$$

이 된다. 그러므로 $\rho < 1$의 경우, 기구효율 η은

$$\eta = \Phi_0 / \Phi_L = \tau (1 + \rho + \rho^2 + \cdots) = \tau / (1 - \rho) \tag{3.9}$$

로서 구해진다.

예를 들면 투과율 $\tau = 0.60$, 반사율 $\rho = 0.35$, 흡수율 $\alpha = 0.05$의 글로브로 램프
를 덮으면 기구효율은 $\eta = 0.923$이 되며, 겉보기 투과율로서의 기구효율은 투과
율 $\tau = 0.60$보다 50% 이상 높아지는 것을 알 수 있다.

3.2.1 조명기구의 구조

조명기구는 안전하고 쾌적한 조명환경을 위해서 다음 5가지 기능을 가져야 한다.

① 전기적 기능 : 광원에 전기 에너지를 공급하기 위해 점등장치, 스타터, 소켓, 단자, 전선 등으로 구성되며, 전기적으로 충분히 안전하지 않으면 안 된다.

② 기계적 기능 : 전기적 기능, 광학적 기능, 열적 기능 부분을 유지 혹은 보호하고, 건축물에 부착하는 부분도 있다.

③ 광학적 기능 : 광원에서 나온 빛을 제어하는 부분으로, 렌즈·프리즘이나 반사판, 그 외 투광재 커버 등이 여기에 해당한다. 광학제어는 조명기구의 용도에 따라서 달라진다.

④ 열적 기능 : 광원에서 나온 열을 전도·대류·방사의 원리를 이용해서 외기로 방열하기 위한 기능, 점등장치 내의 전자부품을 방열하기 위한 방열기, 전도성이 좋은 수지재료, 또한 최근에는 LED의 열을 방열하기 위한 방열기(방열판) 등이 해당한다.

⑤ 장식적 기능 : 기계적 부품이나 광학적 부품을 겸하는 경우가 많으며, 투광판이나 샹들리에의 유리부품 등이 해당한다.

이들 구성부품에 대해서 기본적인 것을 기설하면 다음과 같다.

[1] 전기적 부품

전기용품안전법이나 일본공업규격(JIS) 등에서는 조명기구에 이용하는 부품이

나 조명기구 자체의 안전에 대해서 규정하고 있다. 전기적 부분은 충전부의 노출
이나 절연거리의 유지, 발열부품 근방의 온도에 의한 절연재료의 열화에 대한 고

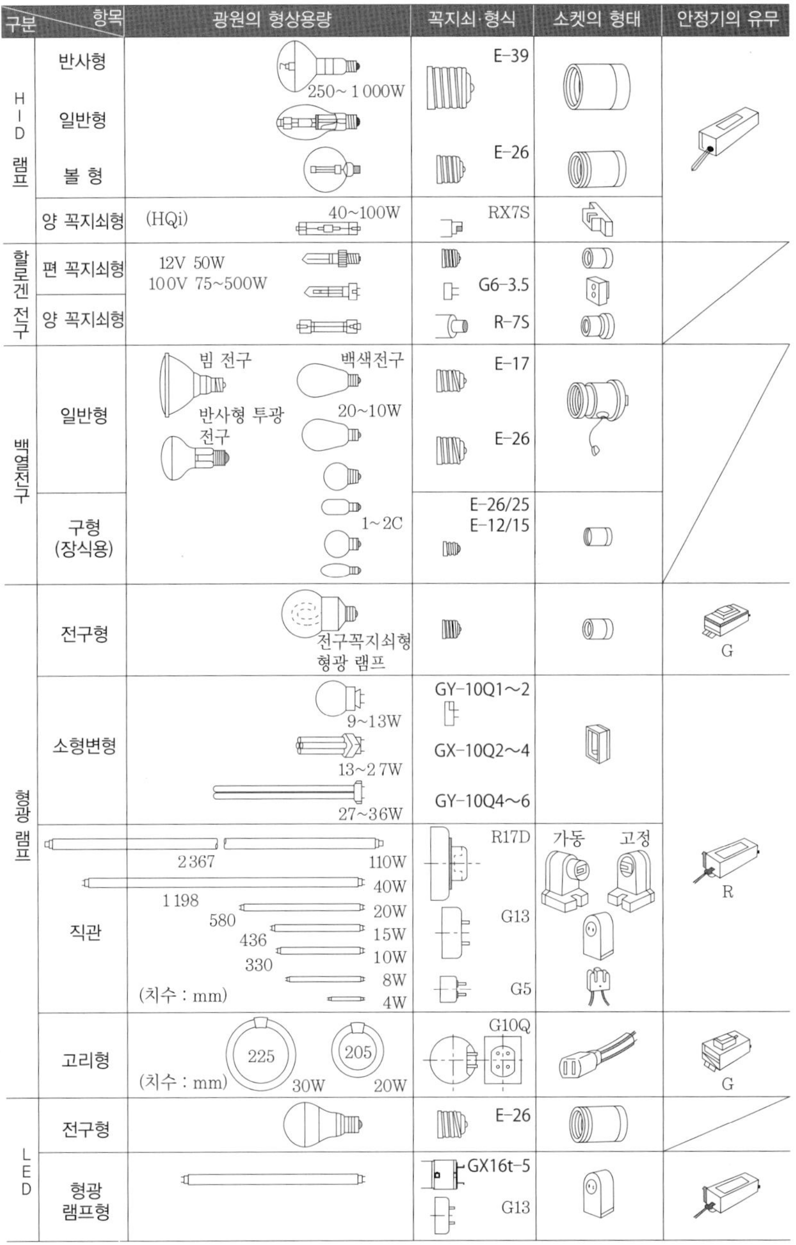

그림 3.10 각종 광원과 그 점등소자

려가 필요하다. 또한, 점등방식에 대해서는 시동 시의 펄스 전압에 대한 절연강도의 고려가 필요하다. 각종 광원과 그 점등소자에 대해서 그림 3.10에 나타냈다.

[2] 기계적 부품

전기적 부품이나 광학적 부품을 지지함과 동시에 조명기구로서 천장 등 건축구조체에 설치하는 기능을 담당한다. 동시에 전기절연이나 화상에 대한 보호 혹은 광원을 장해물로부터 보호하는 기능을 겸하고 있다. 또한, 조명기구를 외곽에 설치하는 경우 기계적 강도를 필요로 한다. 일반적으로 철판이 많이 이용되지만 밀폐형이나 방수형의 조명기구에는 주물도 이용된다. 최근에는 합성수지의 일반적인 특징인

① 성형성이 양호하여 형상설계의 자유도가 크다.

② 경량이다.

③ 전기절연성이 좋다.

등을 이용해서 기구의 소형화·경량화를 양립하는 구조도 진행되고 있다.

[3] 광학적 부품

목적에 맞는 조명효과를 내기 위해 금속이나 합성수지 및 유리로 형성된 광학부품이 이용된다. 이들에 대해서는 광학적 형상, 그리고 표면처리가 중요하다.

(1) 반사판

정반사를 이용하는 제품에는 종래부터 사용되고 있는 고순도 알루미늄 등을 사용하거나 일반적인 알루미늄 재료의 표면에 진공증착으로 순도가 높은 알루미늄 박막을 형성하여 반사율을 높이는 방법이 사용된다. 또한 최근에는 은 증착으로 반사율을 높이는 방법도 개발되고 있다.

그 외 고굴절률의 투명체외 저굴절률의 투명체 박막을 교대로 다층해서 광택면을 형성하는 방법 등도 있다. 확산반사를 위해서 고반사율을 가진 백색 도장을 철판에 도포한 것이 주류이다.

또한 확산반사를 이용하는 경우는 철판의 표면을 탈지하고 멜라민 수지 소부도장을 행하는 경우도 있지만, 일반적으로 내습형이나 내염형 조명기구에는 아크릴 수지 도장이나 폴리우레탄 수지 도장을 행한다.

(2) 렌즈

종래는 반사판에 의한 제어가 주류였지만, LED 광원이 개발된 후부터 보다 목

적에 맞는 조명효과를 얻기 위해 렌즈로 제어하는 방법이 이용되고 있다. 렌즈는 전반사·굴절을 이용해서 빛을 집광, 확산시킬 수 있는 것이 특징이다. 렌즈용 재료는 주로 합성수지인 경우가 많다. 합성수지는 매우 다종다양하며, 그 성질을 한마디로 표현하기는 힘들지만 투과율이 높은 아크릴계 수지나 폴리카보네이트 수지가 사용되는 경우가 많다. 합성수지 재료를 써서 광학설계를 할 때에는 재료의 굴절률을 미리 알아두는 것이 중요하다.

(3) 투광재 커버

조명기구에 이용하는 커버는 여러 가지 투명재료가 이용된다. 램프를 보호하는 목적과 램프의 휘도를 억제하는 역할을 맡는 경우가 많다. 그와 같은 역할을 하는 것에 글로브 또는 세드라 불리는 것이 있다. 커버에 이용하는 재료의 종류에 따라서 빛의 투과율이 달라지며, 표면에 화학처리나 샌드 블라스트 등으로 빛이 확산되기 쉽도록 가공한 것도 있다.

또한 조명기구를 외곽에 부착하므로 특히 합성수지를 이용하는 경우는 먼지의 부착이 문제가 되기 때문에 내전방지재를 표면에 도포하는 등 정전기가 대전하지 않도록 고려하는 것과 열 및 기계적 강도가 일반적으로 약하므로 내열성이나 인장하중이 합성수지부분에 걸리지 않도록 고려할 필요가 있다. 또한, 유리의 경우 변형이 남아 있으면 아주 작은 열적 혹은 기계적 충격으로 파손되는 경우가 있기 때문에 이 점에 대한 고려가 필요하다.

표 3.1에 각종 재료의 반사율 및 투과율을 나타냈다.

[4] 열적 부품

전기부품을 정상적으로 작동하게 하려면 방열설계가 중요하다. 최근에는 광원으로 LED를 이용하는 경우가 많아졌는데 LED는 온도에 의해 성능이 변하는 광원이기 때문에 그 중요성은 보다 높아지고 있다. 방열설계에서는 발열체에서 발생한 열을 외기로 효율적으로 방출하는 것이 필요하다. 방열기 등을 발열체에 접합시켜 전도를 이용해 방열하는 방법이 주류인데, 방열기는 가능한 한 열전도성이 좋은 것을 선택할 필요가 있다. 대표적인 재료로서 알루미늄 합금을 이용한 방열기가 많다. 일반적으로 이들을 **방열판**이라 부른다.

또한, 방열기 표면과 외기 사이의 방사와 대류를 이용한 방열도 있으며 열전도율·방사율 등을 미리 가미해서 설계하는 것이 일반적인 방법이다. 방사율은 물성치(物性値)는 아니지만 일반적으로는 표면처리된 알루미늄의 표면이라면 0.8 정

표 3.1 각종 재료의 반사율 및 투과율 (단위 : %)

구 분	재 료		반사율		투과율		흡수율
			정	확산	정	확산	
유리	무색투명(2~5mm 두께)		8~10		80~90		5~10
	무광택 ⎫(2~5mm 두께)	활면입사	4~5	5~10		70~85	5~15
	형판 ⎭	조면입사		8~12		72~87	5~15
	엷은 젖빛	활면입사	4~5	10~20	5~20	50~55	8~12
	(편면마모)	조면입사		10~20	5~20	50~55	10~15
	짙은 젖빛		4~5	40~70		10~45	10~20
	젖빛		4~5	10~20		40~45	10~20
종이	백색도화지, 켄트지			75			25
	아트지			63		17	20
	투사지			22		74	4
	창호지			50		45	5
	얇은 미농지			35	5	55	5
합성수지	투명한 연마판(2~3mm 두께)		20~85		80~90		
	투명한 조면판(2~3mm 두께)					60~80	
	백색의 조면판(2~3mm 두께)		20~85		3~60		
정반사면	은		92				8
	크롬		65				35
	알루미늄(소지)		51~68	9~17			22~32
	알루미늄(전해연마)		72~84	2~7			14~21
	알루미늄(전해연마＋알루마이트)		59~69	8~17			22~24
	니켈		55				45
	주석		63				37
	강		49~60				
	스테인리스강		55~66	8~10			26~35
	유리거울(2~3mm 두께, 뒷면 거울)		80~86				14~20
확산면	그을음(램프 블랙)			4			96
	산화마그네슘			97.5			2.5
	산화아연			87			13
	석고			87			13
	무광택 알루미늄			62			38
	알루미늄, 락카			35~40			60~65
	복재(백복)			40~60			40~60
	법랑 에나멜(백)		4~5	60~70			25~35
	암면 흡음판(백)			89~95			5~11

(주) 값은 개수(槪數)이다. 측정조건은 입사각 0~30° 의 평행광선으로 한다.

표 3.2 고체 및 금속의 열전도율

구 분	λ[W/(m·K)]	구 분	λ[W/(m·K)]
알루미늄	236	아크릴(합성수지)	0.17~0.25
철	83.5	폴리스티렌	0.08~0.12
구리	420	유리	0.6

도, 흑색으로 도장된 표면이라면 0.9 정도인 것이 알려져 있다. 표 3.2에 각종 대표적인 재료의 열전도율을 나타냈다.

[5] 장식적 부품

의장을 목적으로 하는 것이며, 앞서 서술한 재료 이외에 대나무·나무·자기·종이·천 등 대략 가옥의 내장재 등이 장식품 대상이 된다.

3.2.2 조명기구의 종류

조명기구의 분류는 감전에 대한 보호 정도에 의한 분류 즉, 먼지, 고형물 및 물의 침입에 대한 보호의 정도에 의한 분류와 순광학적 특성에서 분류하는 방법이 있다. 여기서는 광학특성에 의한 분류와 주요 용도별 분류에 대해서 기술한다.

[1] 광학적 분류

조명기구의 광학적 분류는 배광으로부터 분류하는 것이 일반적이다. 배광상의 분류에서는 그림 3.11에 나타낸 하반구 배광의 분류법이 잘 알려져 있으며 여러

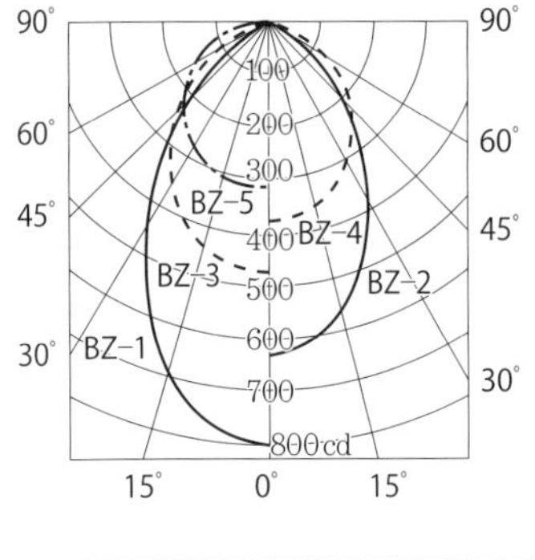

분류기호	식
BZ–1	$I_\theta \propto \cos^4\theta$
BZ–2	$I_\theta \propto \cos^3\theta$
BZ–3	$I_\theta \propto \cos^2\theta$
BZ–4	$I_\theta \propto \cos^{1.5}\theta$
BZ–5	$I_\theta \propto \cos\theta$
BZ–6	$I_\theta \propto (1+2\cos\theta)$
BZ–7	$I_\theta \propto (2+\cos\theta)$
BZ–8	$I_\theta = \mathrm{constant}$
BZ–9	$I_\theta \propto (1+\sin\theta)$
BZ–10	$I_\theta \propto \sin\theta$

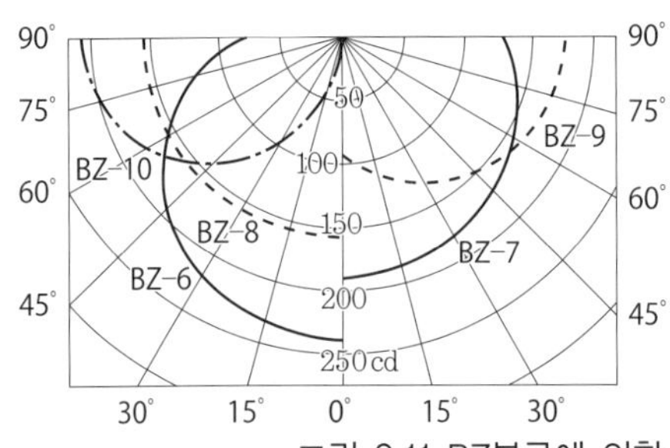

그림 3.11 BZ분류에 의한 배광구분

국제분류	직접조명형		반직접조명형	전반확산조명형	반간접조명형	간접조명형	
$\phi_\cup$ (상반구 광속)	0		10	40	60	90	100
$\phi_\cap$ (하반구 광속)	100		90	60	40	10	0
배광 / 배광곡선 (각도: 0°, 30°, 60°, 90°, 120°, 150°, 180°) 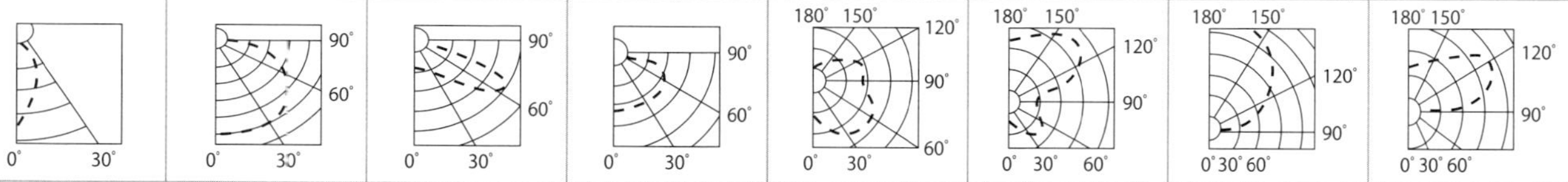							
BZ 번호	1~3	4~5	6~8	6~8	9~10		
전구용 HID 램프용	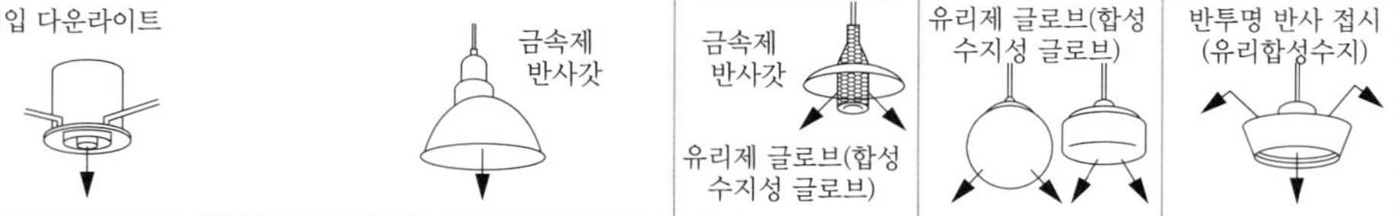 매입 다운라이트	금속제 반사갓	금속제 반사갓 / 유리제 글로브(합성 수지성 글로브)	유리제 글로브(합성 수지성 글로브)	반투명 반사 접시 (유리합성수지)	불투명 반사 접시 (금속 그 외)	
형광 램프용	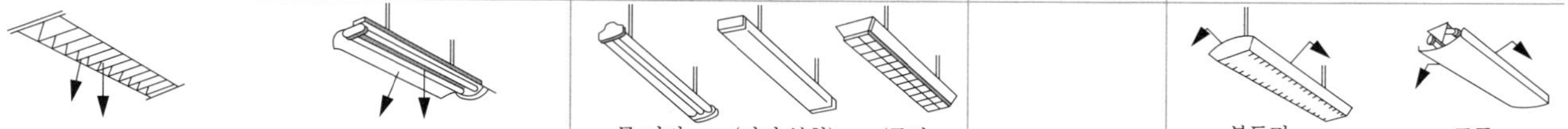 매입 반사면	금속제 반사갓	무 커버	(커버 부착) 합성수지 등 / (루버 부착)		불투명 반사 접시	코프
장점·단점	• 일반적으로 조명률이 높다. • 실내면(천장, 벽) 반사율의 영향이 적다. • 공장조명에 적합하다.		• 실내 전체를 밝게 할 수 있다. • 사무소, 학교의 조명에 적합하다.			• 조명률이 낮다. • 실내면(천장, 벽) 반사율의 영향이 크다. • 그림자가 적은 조명으로 된다. • 경제성보다 분위기를 중시하는 조명에 • 적합하다.	

[주] $\phi_\cup$: 상반구 광속 $\phi_\cap$: 하반구 광속

그림 3.12 조명기구의 종류와 예

가지 조명계산의 편리를 위해 수표가 정리되어 있다.

　한편, 국제조명위원회에서는 상반구 광속과 하반구 광속의 비에서 일반적인 분류방법을 정하고 있다. 그림 3.12에 그림 3.11에 보인 BZ분류와 국제조명위원회의 분류의 관계에 대해서 나타냈다.

[2] 용도적 분류

　주된 용도로 분류하면 표 3.3과 같다. 여기에서 일반용 조명기구, 실외용 조명기구에 대해서는 전기용품안전법이나 JIS에 규정되어 있지만, 비상시용 조명기구 혹은 방폭형 조명기구에 대해서는 그 외에 특별한 규정이 있다.

　비상시용 조명기구에 대해서도 기술기준이 있으며, 그 안전·성능에 관한 기준은 소방법시행령이나 건축기준법으로 정해져 있고, 보수관리에 대해서도 엄하게 단속하게 되어 있다.

　한편, 방폭형 조명기구에 대해서도 지침이 있으며, 폭발성 가스의 종류와 발화온도 두 가지로 분류하고 있다. 방폭형 조명기구와 비상시용 조명기구에 대해서

표 3.3 조명기구의 용도별 분류

용도구분	종류	관련규격
일반형 조명기구		JIS C 8105-2-1 정착등 기구에 관한 안전성 요구사항
		JIS C 8105-2-2 매입형 조명기구에 관한 안전성 요구사항
		JIS C 8105-2-4 일반용 이동등기구에 관한 안전성 요구사항
		JIS C 8105-2-6 변압기 내장백열등기구에 관한 안전성 요구사항
		JIS C 8105-2-9 사진 및 영화촬영용 조명기구에 관한 안전성 요구사항
		JIS C 8105-2-23 백열전구용 특별저전압조명 시스템에 관한 안전성 요구사항
		JIS C 8106 시설용 형광등기구
실외용 조명기구	도로등 가로등 투광기	JIS C 8105-2-3 도로 및 가로조명기구에 관한 안전성 요구사항
		JIS C 8105-2-5 투광기에 관한 안전성 요구사항
		JIS C 8105-2-13 지중 매립형 조명기구에 관한 안전성 요구사항
	비상용 조명기구	JIS C 8105-2-22 비상시용 조명기구에 관한 안전성 요구사항
		JIL5502 유도등기구 및 피난유도 시스템용 장치기술기준
		JIL5501 비상용 조명기구 기술기준
	방폭조명기구	JIS C 60079 폭발성 분위기에 사용하는 전기기계기구
		공장전기설비 방폭지침

는 특별규정에 따른다.

또한, 특수용도 조명기구에 대해서는 특히 기준이 없는 경우가 많기 때문에 그 환경에 적합하도록 설계해야 한다. 예를 들면, 냉동창고 내의 조명기구에는 밀폐성 이외에 전기부품인 콘덴서의 저온특성을 고려해서 점등장치를 기구본체에서 분리하여 창고 밖으로 설계할 수 있다.

[3] 의장적 분류

조명기구의 의장은 기구의 설치형태 등 환경조건에 적합하도록 모든 재료·제법을 구사함과 동시에, 투과·차광·반사 등의 광학적 특성을 적용해서 결정한다. 그 사례를 그림 3.13에 나타냈다.

그림 3.13 조명기구의 의장

1 지름 40cm인 균등확산성 구형 글로브의 중심에 모든 방향의 광도가 일정한 120cd인 전구를 테이블 위 2m의 높이에 설치했다. 이 글로브 바로 아래의 테이블 위의 조도를 구하라. 단, 글로브는 내면의 반사율 40%, 투과율 50%이다.

● 연습문제를 풀어본 후 212쪽 풀이 및 정답을 맞춰보세요.

제**4**장

조명계산

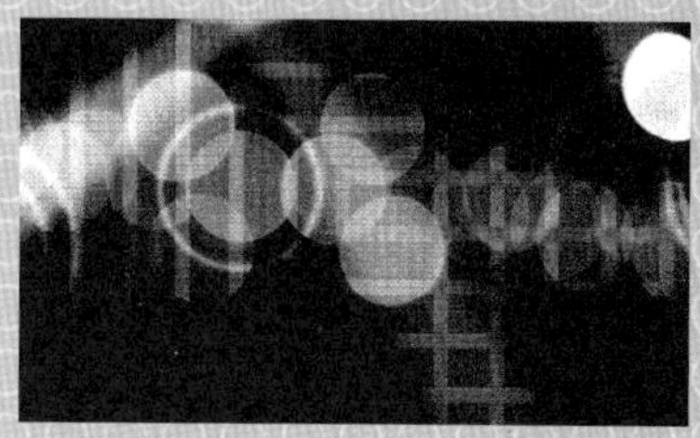

조명계산은 측광이나 조명설계 등에 있어서 기본이 되는 중요한 내용이다. 이 장에서는 먼저 광원에서 방사되는 빛의 공간분포를 나타내는 배광과, 배광에서 광원의 전광속을 계산하는 방법에 대해서 기술한다. 다음으로 각종 형상을 가진 광원에서 방사된 빛에 의해 생기는 임의의 점 조도의 계산방법, 그리고 구면 내와 무한평행평면 간에 있어서의 상호반사에 대해서 설명한다.

4.1.1 배광의 표시방법

배광(配光)은 광원이 발산하는 광속을 광도의 공간분포로 나타낸 것이다. 그러므로 어느 광원의 배광특성을 알면 그 광원의 임의 방향의 광도나 광속은 물론, 전광속이나 그 광원이 비추는 공간 내의 임의의 점에 있어서 조도 등을 구할 수 있다.

배광을 나타내는 공간좌표계에 관한 기본사항을 그림 4.1에 나타냈다. 하나의 가상구에서 광원을 감싸듯이 그 구의 중심에 광원을 둔 경우를 생각한다. 구의 중심, 즉 광원의 중심 O를 **광중심(光中心)**이라 하고, 광중심을 지나는 연직축(LON)을 **등축(燈軸)**이라 한다.

광원의 직하를 연직각 $\theta=0°$으로 하고, 직상을 $\theta=180°$에 취한다. 따라서 등축과 수직으로 만나

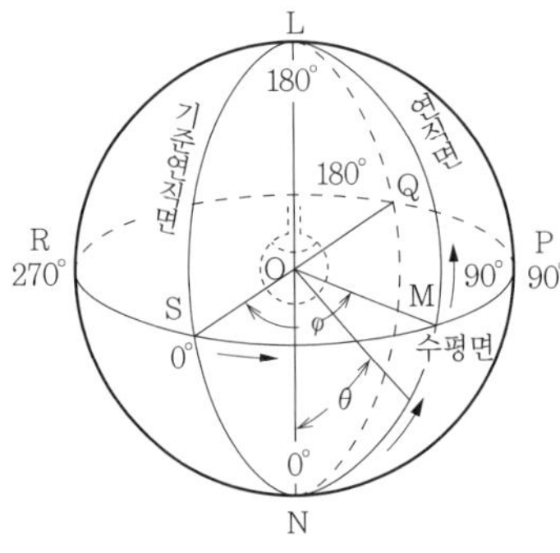

그림 4.1 배광의 표시방법

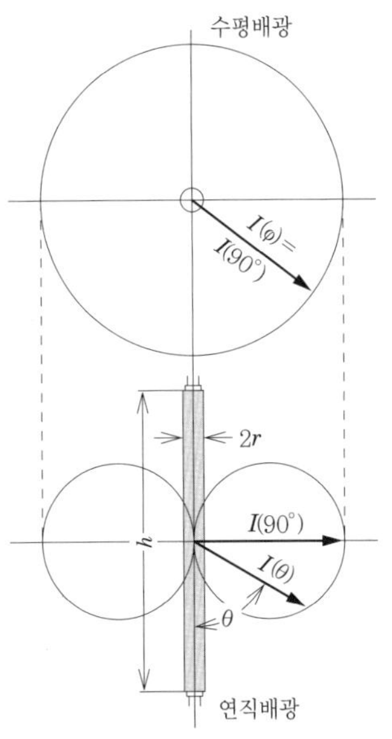

그림 4.2 직선광원의 연직배광과 수평배광

는 광중심을 포함하는 수평면의 연직각은 $\theta=90°$이다. 또한 등축을 포함한 1개의 기준연직면에서 다른 연직면까지 이루는 각을 수평각(φ)이라 한다.

이 가상구의 중심을 포함한 연직면 상의 배광을 **연직배광**(鉛直配光)이라 하며, 연직각 θ과 그 방향의 광도 $I(\theta)$와의 관계를 나타낸다. 또한 가상구의 중심을 포함한 수평면상의 배광을 **수평배광**(水平配光)이라 하며, 수평각 φ와 그 방향의 광도 $I(\varphi)$와의 관계를 나타낸다. 그림 4.2에 연직배광과 수평배광의 예로서, 축을 연직방향으로 취한 직선광원의 경우를 나타냈다.

또한 1개의 연직배광을, 등축을 축으로 해서 수평각으로 $360°$ 회전한 배광, 즉 모든 수평각에 있어서 연직배광이 같은 배광을 **대칭배광**이라 하며, 수평각에 의해서 연직배광이 달라지는 배광을 **비대칭배광**이라 한다.

또한 큰 원보다 상부의 광속을 **상반구 광속**, 하부의 광속을 **하반구 광속**이라 하며, 양자를 합치면 광원의 **전광속**(全光束)이 된다.

4.1.2 간단한 기하학적 광원의 배광

[1] 구면(점) 광원

반지름 a의 구는 어느 방향에서 보아도 그 면적 $S(\theta)=\pi a^2$으로 일정한 평원판으로 보인다. 광원의 휘도가 일정하게 L의 값을 가진다고 하면, 연직각 θ 방향의 광도 $I(\theta)$는

$$I(\theta)=LS(\theta)=L\pi a^2 \tag{4.1}$$

으로 각 θ에 대해서 일정하다. 그 연직배광은 그림 4.3과 같이 $I(0°)=L\pi a^2$을 반지름으로 하는 원으로 된다.

[2] 평면판 광원

면은 다각형이든 원이든 평면이면 된다. 그리고 평면판의 한쪽 면만이 빛나고 있는 것으로 한다.

평면의 법선방향의 투영면적을 $S(0°)$로 하면, 이것과 연직각 θ을 이루는 방향의 투영면적은 $S(0°)\cos\theta$로 주어진다. 광원이 일정하게 휘도 L을 가질 경우, θ방향의 광도 $I(\theta)$는

$$I(\theta)=LS(0°)\cos\theta=I(0°)\cos\theta \quad [I(0°)=LS(0°)] \tag{4.2}$$

으로 주어진다. 연직배광은 그림 4.4와 같이 평면판에 접하는 $I(0°)$를 지름으로

하는 원으로 된다.

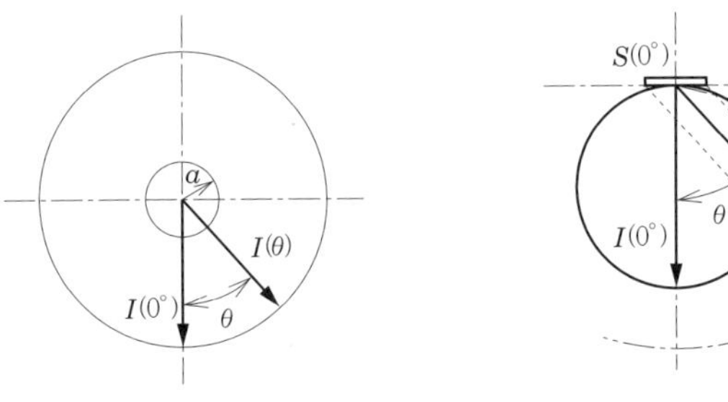

그림 4.3 구 광원의 배광   그림 4.4 평면판 광원의 배광

[3] 직선 광원

축을 연직으로 한 직선 광원의 겉보기의 면적은 그림 4.5의 상부에 보인 것과 같이 $\theta=90°$에 있어서 수평방향의 경우가 최대로 $(2r \times h)$가 된다. 이 경우의 면적을 $S(90°)$로 하면, 연직각 θ에 대응하는 면적은 $S(\theta)=S(90°)\sin\theta$가 된다. 그러므로 $\theta=90°$일 때의 광도를 $I(90°)$ $(=LS(90°))$로 하면 θ방향의 광도는 광원의 투영면적에 비례하여

$$I(\theta)=I(90°)\sin\theta \tag{4.3}$$

이 된다. 이것은 그림 4.5의 하부와 같이 $I(90°)$를 지름으로 하는 원으로 표시된다.

[4] 반구면 광원

반지름 a의 반구면 광원의 저평면을 상면으로 한다. 이 부분은 발광하지 않으므로 구면만 빛나고 있는 경우를 생각한다. 연직각 θ에 대한 광원의 투영면적 $S(\theta)$는 그림 4.6의 상부와 같이 변화하며, 일반적으로

$$S(\theta)=\frac{1}{2}\pi a^2+\frac{1}{2}\pi a^2\cos\theta=\frac{1}{2}\pi a^2(1+\cos\theta) \tag{4.4}$$

으로 나타낸다($\theta>90°$에서 $\cos\theta$는 마이너스의 값을 취하기 때문).

그러므로 연직각 θ에 대한 광도 $I(\theta)$는

$$I(\theta)=LS(\theta)=\frac{1}{2}\pi a^2 L(1+\cos\theta)$$

$$=I(90°)(1+\cos\theta)\quad\left[I(90°)=\frac{1}{2}\pi a^2 L\right] \tag{4.5}$$

이며, 연직배광은 하트 모양이 된다.

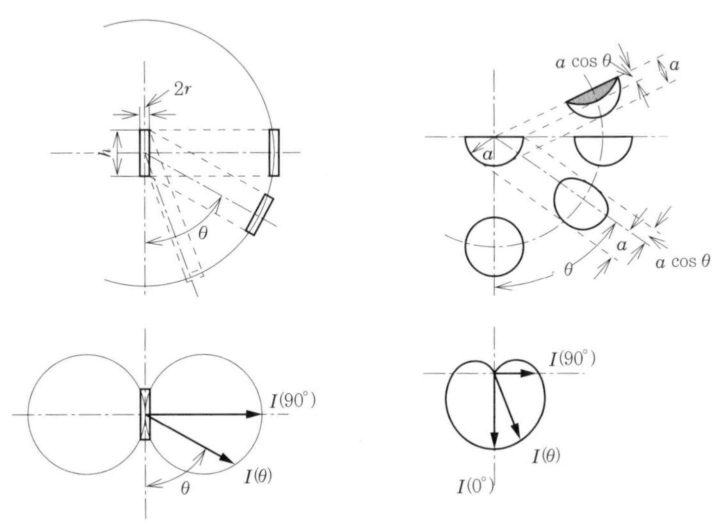

그림 4.5 직선 광원의 배광　　　　　그림 4.6 반구면 광원의 배광

[5] 원환 광원

반지름 a의 원환 광원(圓環光源)을 수평으로 놓을 때 $\theta=0^\circ$의 방향에는 완전한 원환으로 보이고, 그 방향의 광도 $I(0^\circ)$는 $I(0^\circ)=2\pi aL_l$이다. 여기에, L_l은 원환의 단위길이당 휘도이다. $\theta=90^\circ$의 방향에서는, 환형 형광 램프처럼 관이 굵은 경우 광원은 전후부가 포개져서 $2a$의 직관으로 보이고, 그 방향의 광도는 $I(90^\circ)=2aL_l$이 된다. 그러나 필라멘트와 같이 세선의 원환 광원의 경우, $\theta=90^\circ$의 전후에는 길이 $2a$의 2개의 선이 나열되어 보이므로 광도는 거의 $I(90^\circ)=4aL_l$로 간주할 수 있다.

　관의 두께가 작다고 간주한 기하학적 원환 광원에서는 연지가 θ에 대응하는 원환의 투영형상은 장경 $2a$, 단경 $2a\cos\theta$의 타원이 된다. 따라서 이 경우 원환의 주위 길이 $l(\theta)$는 $l(\theta)=4aE(\sin\theta)^{*)}$이 되며 그 방향의 광도 $I(\theta)$는

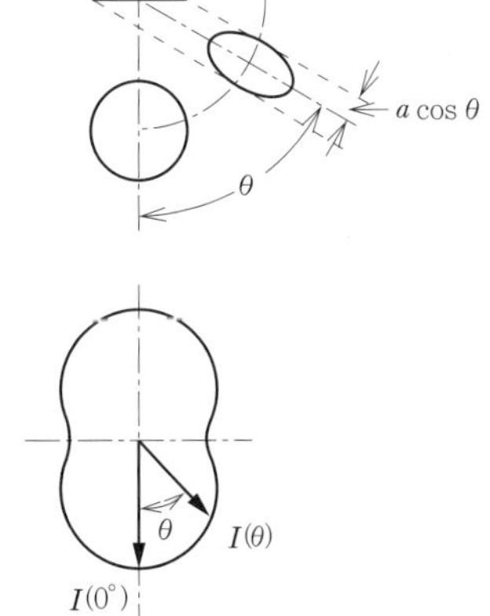

$$I(\theta)=l(\theta)L_l=4aE(\sin\theta)L_l$$
$$\fallingdotseq I(90^\circ)E(\sin\theta) \qquad (4.6)$$

그림 4.7 원환 광원의 배광

이 된다. 그 연직배광은 그림 4.7과 같이 "누에고치" 형태가 된다.

$*)$ $E(\sin\theta)$는 모수 $\sin\theta$의 제2종 완전타원 적분이다.

광속계산법

4.2.1 전광속의 일반식

그림 4.8에서 가상구면상의 미소면적 dS는

$$dS = Rd\theta R \sin\theta d\varphi = R^2 \sin\theta d\theta d\varphi \tag{4.7}$$

로 주어지기 때문에 이 dS가 만드는 입체각 $d\Omega$ 내에 광도 $I(\theta, \varphi)$의 광원이 있으면, $d\Omega$ 내의 광속 $d\Phi$는

$$d\Phi = I(\theta, \varphi)d\Omega = I(\theta, \varphi)\frac{R^2}{R^2}\sin\theta d\theta d\varphi = I(\theta, \varphi)\sin\theta d\theta d\varphi \tag{4.8}$$

이다. 따라서 가상구면 전체가 받는 광원의 전광속 Φ는 다음 식으로 주어진다.

$$\Phi = \oint d\Phi = \int_{\varphi=0}^{2\pi}\int_{\theta=0}^{\pi} I(\theta, \varphi)\sin\theta d\theta d\varphi \tag{4.9}$$

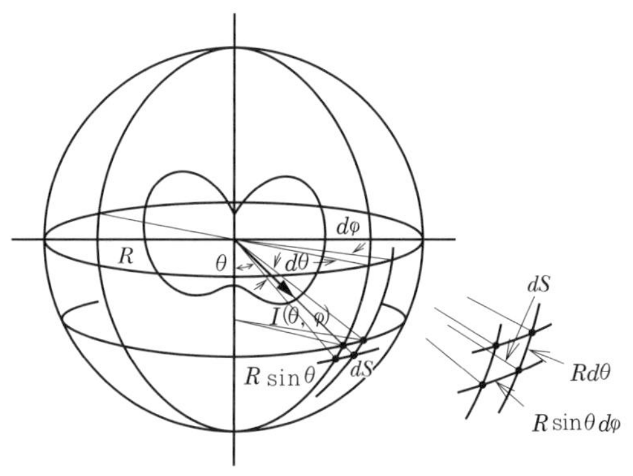

그림 4.8 구면상의 미소면적

여기서, 대칭배광의 경우 어느 쪽의 수평각 φ에 있어서도 연직배광이 동등하므로 $I(\theta, \varphi) = I(\theta)$이다. 따라서 대칭배광의 경우 전광속 $\varPhi$는

$$\varPhi = 2\pi \int_0^\pi I(\theta) \sin\theta d\theta \qquad (4.10)$$

가 된다.

4.2.2 대칭배광 광원

[1] 배광의 식이 주어지는 경우

대칭배광의 경우에 연직배광 $I(\theta)$의 식이 주어지면 식 (4.10)을 써서, 비교적 간단하게 그 전광속을 구할 수 있다.

다음은 앞에서 구한 기하학적 광원의 전광속 $\varPhi$를 나타낸다.

(1) 구면(점) 광원

식 (4.1)을 식 (4.10)에 대입하면

$$\varPhi = 2\pi \int_0^\pi L\pi a^2 \sin\theta d\theta = 4\pi I(0°) \quad [I(0°) = L\pi a^2] \qquad (4.11)$$

가 된다. 또한, 이 광원은 반지름이 일정한 구 모양의 배광을 하고 있기 때문에 $I(\theta) = I(0°)$의 점광원이라 생각할 수 있다. 그 때문에 구의 입체각 $\varOmega = 4\pi$를 이용해서 $\varPhi = 4\pi I(0°)$를 얻을 수 있다.

(2) 평면판 광원

$$\varPhi = 2\pi \int_0^{\pi/2} I(0°) \cos\theta \sin\theta d\theta = \pi I(0°) \qquad (4.12)$$

(3) 직선 광원

$$\varPhi = 2\pi \int_0^\pi I(90°) \sin^2\theta d\theta = \pi^2 I(90°) \qquad (4.13)$$

(4) 반구면 광원

$$\varPhi = 2\pi \int_0^\pi I(90°)(1+\cos\theta) \sin\theta d\theta = 4\pi I(90°) \qquad (4.14)$$

(5) 원환 광원

$$\varPhi = 2\pi \int_0^\pi 4aE(\sin\theta) L_l \sin\theta d\theta ≒ 58.6aL_l \qquad (4.15)$$

[2] 배광의 식이 주어지지 않은 경우

일반적으로 어느 광원의 전광속을 알고 싶을 경우, 그 광원의 배광 식이 주어지는 경우는 적다. 대칭배광인 것을 전제로 한다면 연직면 몇 개의 방향의 광도를 실측해서 근사계산을 하는 것이 현실적이다. 그와 같은 경우에 이용되는 방법은 다음과 같다.

(1) 구대계수법(球帶係數法)

연직배광 $I(\theta)$가 θ에 대해서 그 변화가 완만하다면 $2\pi \sum_{0}^{\pi} I(\theta) \sin\theta \Delta\theta$로서 적당한 폭의 구대마다 그 중간의 $I(\theta)$에 $2\pi \sin\theta \Delta\theta$을 곱해서 가산하는 것이 가능하다. 여기서, 구대란 그림 4.9와 같이 구면에 있어서 축에 수직인 2평면에 끼는 띠 모양의 부분을 말한다.

식 (4.10)의 $2\pi \sin\theta d\theta$에 r^2을 곱한 $2\pi r \sin\theta \cdot r d\theta$는 미소각 $d\theta$가 만드는 구대의 표면적이 된다. 그 때문에 입체각의 정의에 의해 $2\pi \sin\theta d\theta$는 그 구대의 입체각에 상당한다.

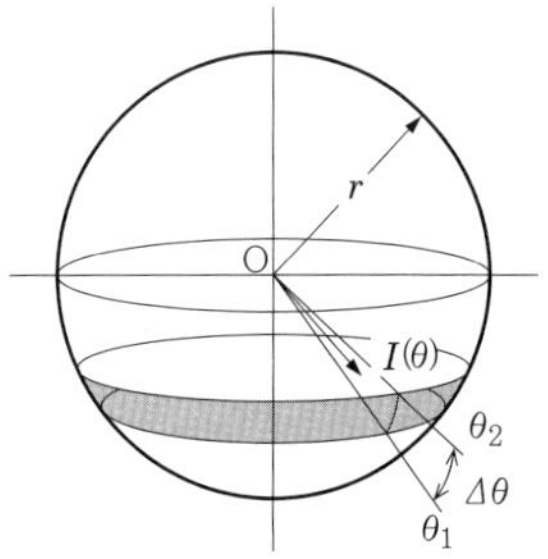

따라서 그림 4.9와 같이 연직각 θ_1에서 $\theta_2 (\theta_2 > \theta_1)$의 $\Delta\theta$폭 구대의 입체각 Ω는

$$\Omega = 2\pi \int_{\theta_1}^{\theta_2} \sin\theta d\theta = 2\pi(\cos\theta_1 - \cos\theta_2) \qquad (4.16)$$

그림 4.9 구대

이다. 이것을 구대계수(球帶係數)로 간주해서 미리 계산해 두고, 여기에 그 중앙의 각도 $\theta = (\theta_1 + \theta_2)/2$에 대응하는 광도 $I(\theta)$를 곱하면 그 구대부분의 광속 $\Phi_{\theta_1 - \theta_2}$를 얻을 수 있다. 따라서 연직각 $0° \leq \theta \leq 180°$를 n개의 구대로 나누고, 각 계수를 $k_i = (\Omega_i)$, 광도를 $I(\theta_i)$로 나타내면 전광속 Φ은

$$\Phi = \sum_{i=1}^{n} k_i I(\theta_i) \qquad (4.17)$$

로 주어진다.

구대계수를 $10°$마다 계산한 예를 표 4.1에 나타냈다.

표 4.1 구대계수(10° 간격)

$I(\theta)$를 측정해야 하는 방향	5° 175°	15° 165°	25° 155°	35° 145°	45° 135°	55° 125°	65° 115°	75° 105°	85° 95°	
$I(\theta)$에 곱해야 할 계수	0.0955	0.283	0.463	0.628	0.774	0.897	0.993	1.058	1.091	
$I(\theta)$를 측정해야 하는 방향	0° 180°	10° 170°	20° 160°	30° 150°	40° 140°	50° 130°	60° 120°	70° 110°	80° 100°	90°
$I(\theta)$에 곱해야 할 계수	0.0239	0.1902	0.3746	0.5476	0.7040	0.8390	0.9485	1.029	1.079	1.095

(2) 평균법

구대계수법에서는 $I(\theta)$에 따라서 계수가 달라지므로 계산이 매우 복잡해진다. 따라서 계수를 일정하게 하는 방법으로서 평균법이 있다.

반지름 1의 구에 있어서 단순하게 연직각 $0° \leqq \theta \leqq 90°$의 하반구만을 생각한다. 광중심을 원점으로 한 직각좌표로서 등축방향으로 연직각 $1-\cos\theta$를 취하여, 그 종축과 직각방향으로 각 연직각에 대응한 광도 $I(\theta)$를 취한다(그림 4.10의 (b), (c)를 참조).

식 (4.16)의 입체각 $\Omega = 2\pi(\cos\theta_1 - \cos\theta_2)$에 있어서 $(\cos\theta_1 - \cos\theta_2)$는 종축 상에서 연직각 $\theta_1 - \theta_2$에 대응한 구간길이(구대를 형성하고 있는 2평면 간의 거리)를 나타낸다. 하반구 부분 $(\theta_1 = 0°, \theta_2 = 90°)$을 $n/2$등분하면 각 구간의 입체각은 $\Omega = 4\pi/n$이 된다. 나머지 상반구에 대해서도 같은 방법으로 다루면 구 전체에 대해서 지름을 n등분하고, 또한 각 구간의 평균광도를 $I(\theta_1), I(\theta_2) \cdots I(\theta_n)$로 하면,

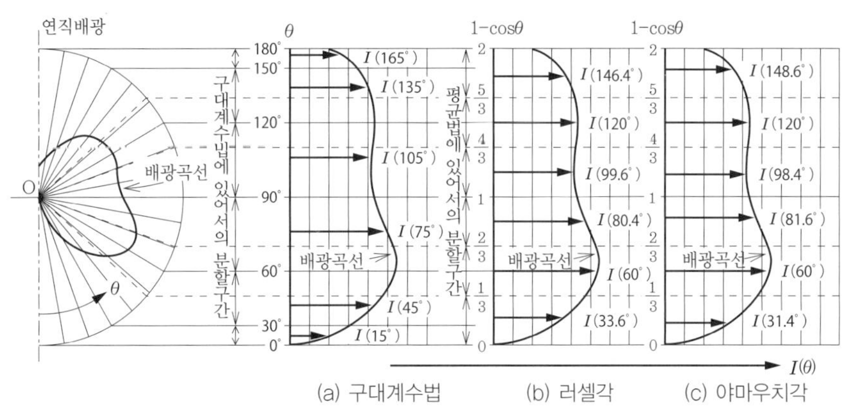

그림 4.10 구대계수법과 평균법에 있어서의 분할구간과 그 평균광도($n = 6$)
(구대계수법의 구간은 0°에서 30° 간격) ➡ : 구간의 평균광도

각 구간 i의 광속은 $\dfrac{4\pi}{n}I(\theta_i)$가 되기 때문에 전광속 $\varPhi$는 식 (4.17)과 동일하게

$$\varPhi = \frac{4\pi}{n}\sum_{i=1}^{n} I(\theta_i) = 4\pi\left[\frac{1}{n}\{I(\theta_1) + I(\theta_2) + \cdots + I(\theta_n)\}\right] \tag{4.18}$$

이 된다.

각 구간의 평균광도 각도를 구간의 점 가운데 각도로 취한 것을 **러셀각**(Russell 角)이라 한다. $n=20$의 경우를 표 4.2에 나타냈다.

한편, 야마우치 지로(山內 二郎) 박사는 평균광도를 부여하는 각도를 가지고 각 종 형상의 배광곡선에 대해서 오차가 지극히 작아지는 각도를 구했다. 이 각도를 **야마우치각**(山內角)이라 하며 러셀각을 이용한 경우보다 정밀도가 좋다. 표 4.3에 $n=20$의 경우를 나타냈다.

또한, 이 야마우치각에 의한 실용적인 식으로서 $n=6$의 경우가 제안되고 있다. 정확한 각도는 $31.4°$, $60.0°$, $81.6°$, $98.4°$, $120.0°$, $148.6°$가 되지만, 이것을 둥글게 한 각도를 이용한 다음 식은 간편하고 실용상 편리하다.

$$\varPhi = 2.1\{I(30°) + I(60°) + I(80°) + I(100°) + I(120°) + I(150°)\} \tag{4.19}$$

여기서, $2.1 ≒ 4\pi/6$이다.

표 4.2 러셀각[°]

18.2	31.8	41.4	49.5	56.6	63.3	69.5	75.5	81.4	87.1
161.8	148.2	138.6	130.5	123.4	116.7	110.5	104.5	98.6	92.9

표 4.3 야마우치각[°]

16.6	32.5	41.4	49.0	57.2	62.7	69.9	75.5	81.0	87.6
163.4	147.5	138.6	131.0	122.8	117.3	110.1	104.5	99.0	92.4

즉, $30°$, $60°$, $\cdots$, $150°$의 6방향의 광도만 알면 전광속이 구해진다.

이 근사식의 정밀도는 앞에서 구한 평면판의 광도를 나타내는 함수 $\cos\theta$에서 $+2.7\%$의 오차, 직선광원의 $\sin\theta$에서 -0.2%의 오차이다.

여기서, 평균광도에 대해서 생각해본다. 그림 4.10은 구대계수법과 평균법에 있어서의 분할구간과 그 평균광도와의 관계를 $n=6$의 경우를 예로 취해서 나타낸 것이다. 구대계수법과 러셀각의 경우, 평균광도는 각 구간의 중점의 각도에 대응한 광도로 대표되고 있지만, 야마우치각은 미묘하게 다르다.

평균광도는 어느 구간 광도의 평균치이기 때문에 배광이 그 구간에서 직선적으로 변화하고 있다면 평균치를 취하는 위치는 구간의 가운데 점이 된다. 그러나 곡

선인 경우에는 그렇지 않다. 따라서 평균광도를 구간의 가운데 점의 광도로 대표시키는 경우, 완만하게 변화하는 곡선에 있어서 구간이 넓은지 좁은지에 따라 평균치는 달라지게 된다. 구대계수법에서는 등각도의 구대에 분할하고 있으므로 $90°$에 가까운 구간에서는 넓고, $0°$나 $180°$에 가까운 구간에서는 좁아져 입체각이 변화하므로 오차는 커진다. 한편, 등입체각의 구대로 나누는 평균법은 광도의 정의로 볼 때도 적절하며, 오차는 등각도 분할법보다 작아진다. 또한 야마우치각은 곡선에 관한 평균치 산출법을 이용해서 여러 가지 곡선에 대해서 최소 오차가 되는 각도로서 구한 것이다.

4.2.3 비대칭배광 광원

비대칭인 배광을 나타내는 방법의 하나로 등광도 그림이 있다.

이것은 광원의 광중심으로 하는 1개의 구면상에 수평각 및 연직각으로 된 그물눈 모양의 좌표계를 만들고, 그 좌표상에 광도분포를 표현한 것이다. 즉 이 구면의 좌표상에 각 방향의 광도를 기입해서 그 광도와 동등한 점을 이은 등광도선을 그린 다음, 그 구면을 평면으로 전개해서 만든 배광도이다. 구면을 평면으로 전개한 경우, 그물눈에 둘러싸인 면적이 입체각에 비례한다고 간주하면 등광도도상의 면적에 그 방향의 광도를 곱하면 그 방향의 광속이 얻어진다.

등광도도의 전 면적은 입체각 2π에 상당하기 때문에 이것을 그물눈의 수로 나눈 것이 1개의 그물눈이 나타내는 입체각이 된다. 이 전개법에는 사인(sine) 등광도도와 원 등광도도가 있다.

[1] 사인 등광도도

벤포드(Frank A. Benford)가 고안에 의한 것이다. 일반적으로 미소입체각 $d\Omega$를 등광도도(等光度圖)상 $d\Omega = \sin\theta \, d\theta \, d\varphi$로 나타낼 수 있기 때문에 사인(sine) 등광도도에서는 그물눈을

$$x = \left(\varphi - \frac{\pi}{2}\right)\sin\theta, \quad y = \theta - \frac{\pi}{2} \tag{4.20}$$

로 취해서 그린 것이다.

여기서, θ는 연직각, φ는 수평각이다.

식 (4.20)에 의해

$$dx = \sin\theta\, d\varphi, \ dy = d\theta \tag{4.21}$$

가 되기 때문에 그물눈의 미소면적 $dxdy$는

$$dxdy = \sin\theta\, d\varphi\, d\theta = d\Omega \tag{4.22}$$

가 되어 입체각에 비례한다.

이 사인 등광도도는 전 구면을 세로로 2등분한 반구를 나타내고 있으며, 상하 양반구의 배광을 한눈에 볼 수 있다. 많은 광원은 좌우가 거의 대칭하므로 사인 등광도도로 나타낼 수 있다. 예를 들면 그림 4.11에 나타낸 배광특성을 갖는 광원에 관해서는 그림 4.12와 같은 사인 등광도도가 얻어진다.

또한 그림 4.11의 하부의 그림은 40형 형광 램프 1등용 금속반사 갓의 배광을 나타내고 있으며, 같은 그림 상부의 기구 그림은 연직배광의 배광단면의 방향을 보이고 있다. 배광단면의 A–A단면은 램프 중앙의 광중심을 지나는 램프 장축과 직각의 연직면, B–B단면은 장축을 포함하는 연직면, C–C단면은 장축과 45°의 각도를 가진 연직면이다. 같은 그림 하부의 배광도 및 그림 4.12의 그림 중 A, B, C는 각각의 배광단면에 대응한 광도 및 위치를 나타내고 있다.

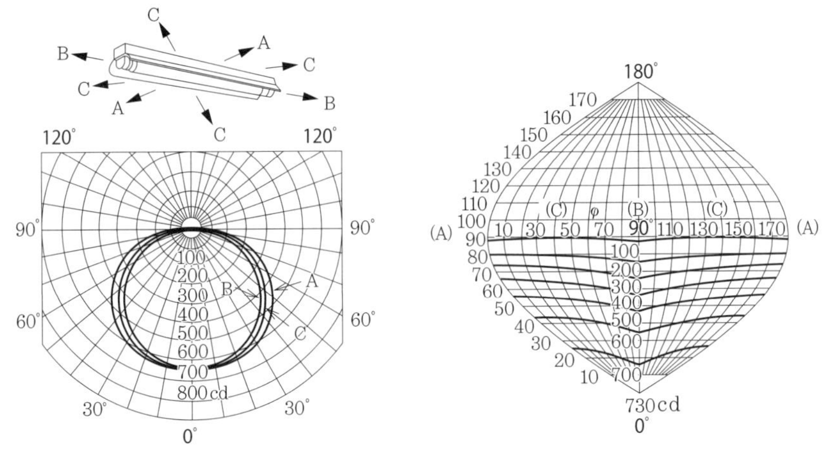

그림 4.11 40형 형광 램프 1등용 금속반사 갓의 배광   그림 4.12 그림 4.11의 배광의 사인 등광도도

[2] 원 등광도도

야마우치지로 박사가 고안한 것으로, 구면상의 연직각 θ와 수평각 φ의 좌표계를 평면의 극좌표계로 변환한 원형의 그림으로 표현된다. 구면에 그려진 등광도선을 등축방향에서 바라본 것 같다. 일반적으로 전 구면을 상하 별도의 반구로 나

뉘서 다룬다.

극좌표에서 동경(動徑)을 r(최대반지름$=1$로 한다), 경각(徑角, 동경 r이 만드는 각)을 φ로 하면, 미소면적은 $rdrd\varphi$이며, 이것이 입체각 $d\Omega$과 같다고 해서

$$rdrd\varphi = d\Omega = \sin\theta d\theta d\varphi \tag{4.23}$$

로 하면 이 미소면적은 입체각에 비례하는 것으로 된다.

식 (4.23)에서

$$rdr = \sin\theta d\theta \tag{4.24}$$

가 되기 때문에 이로부터 동경 r은

$$r = \sqrt{2}\sin\left(\frac{\theta}{2}\right) \tag{4.25}$$

로 나타낼 수 있다. 즉, 원 등광도도는 경각을 φ, 동경을 $r=\sqrt{2}\sin(\theta/2)$로 취한 그물눈이다. 이 좌표계에 그림 4.11의 배광을 표시하면 그림 4.13과 같이 원 등광도도가 된다. 그림 중 A, B, C는 각각의 배광단면에 대응한 광도 및 위치를 나타내고 있다.

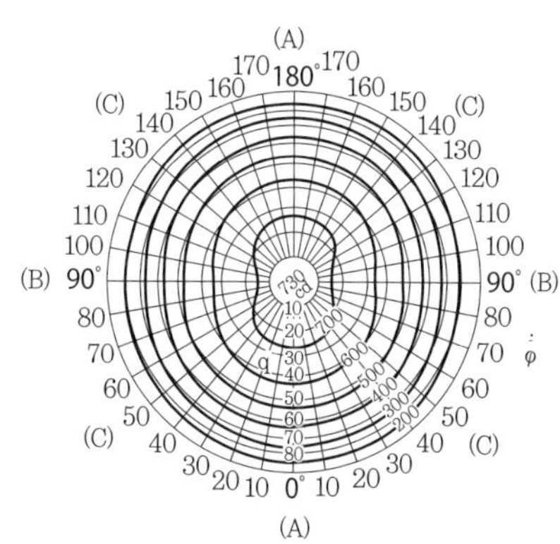

그림 4.13 그림 4.11의 배광의 원 등광도도

4.3.1 점광원에 의한 직접조도

점광원에 의한 직접조도는 역 2승의 법칙과 입사각 코사인 법칙을 적용해서 구한다. 그림 4.14에 있어서 점 O, 높이 h에 점광원 L이 있고 연직각 θ 방향의 광도가 $I(\theta)$로, 그 빛의 방향으로 거리 p 떨어진 점 P에서의 조도를 생각한다. 점 O와 점 P는 동일 수평면상의 점이다. 빛의 방향에 수직인 면의 조도를 **법선조도** (E_n), 수평면의 조도를 **수평면조도** (E_h), 연직면의 조도를 **연직면조도**라 하며, 연직면조도 중 OP와 수직인 연직면의 연직면조도를 E_v, OP와 수평각 α를 이루는 방향과 수직인 연직면의 조도를 E_{va}로 표기한다. 이들의 조도는 다음과 같이 구할 수 있다.

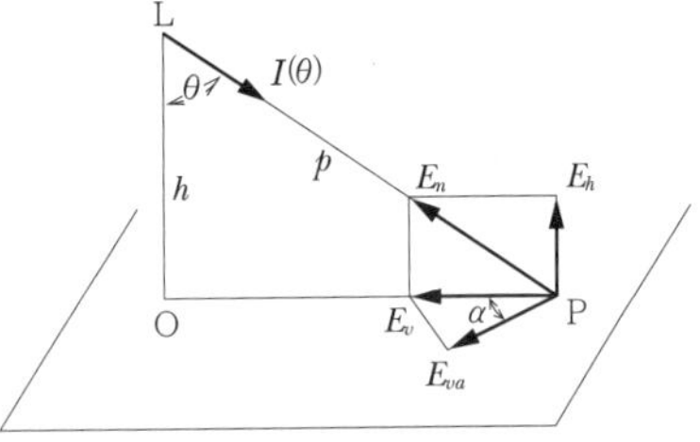

그림 4.14 점광원에 의한 직접조도

$$\text{법선조도} : E_n = \frac{I(\theta)}{p^2}$$

$$= \frac{I(\theta)\cos^2\theta}{h^2} \tag{4.26}$$

$$\text{수평면조도} : E_h = E_n \cos\theta$$

$$= \frac{I(\theta)\cos^3\theta}{h^2} \tag{4.27}$$

$$\text{연직면조도} : E_v = E_n \sin\theta$$

$$= \frac{I(\theta)\sin\theta\cos^2\theta}{h^2} \tag{4.28}$$

$$\text{연직면조도} : E_{va} = E_v \cos\alpha = \frac{I(\theta)\sin\theta\cos^2\theta\cos\alpha}{h^2} \tag{4.29}$$

선광원에서는 그 미소한 길이 dl에 대해서 점광원으로 취급해서 계산하며 전 길이에 대해서 적분하는 방법을 취한다. 또한 직접 조도를 구하려 하는 피조점의 위치를 선광원의 한 끝을 포함해서 길이방향과 수직인 연직면 내에 있다고 생각한다.

[1] 수평 직선광원의 경우

그림 4.15와 같이 길이 L에 대해 굵기를 무시할 수 있는 균등 확산성의 원주모양 직선광원이 수평으로 놓여져 있는 경우에 대해서 광원의 한 끝을 포함하여 연직면 내의 점 P에 있어서의 조도를 구한다.

광원의 단위길이당 광도에서 광원의 축에 수직인 방향의 광도를 I로 한다. 배광은 그림 4.15의 상부에 보인 것처럼 되므로, 광원의 미소부분 dl의 점 P 방향의 광도는 $Idl\cos u$가 되며, 이것에 의한 점 P의 법선조도 dE_n은

$$dE_n = \left(\frac{Idl\cos u}{r^2}\right)\cos u = \frac{Idl\cos^2 u}{r^2} \tag{4.30}$$

이 된다. 그러므로 전 길이 L이 되는 광원에 의한 법선조도 E_n은

$$E_n = \int dE_n$$

$$\tag{4.31}$$

로 표시된다. 여기서,

$$\left.\begin{array}{l} l = p\tan u \\ \therefore \quad dl = p\sec^2 u\,du \\ r = p\sec u \end{array}\right\} \tag{4.32}$$

를 대입하면

$$E_n = \frac{I}{p}\int_0^{u_0}\cos^2 u\,du$$

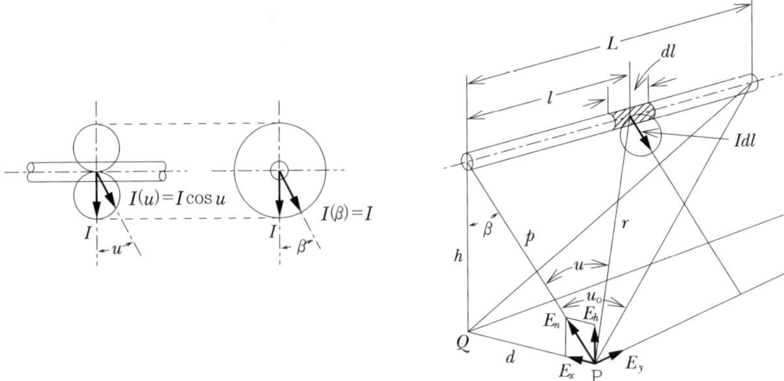

그림 4.15 직선광원에 의한 조도

$$= \frac{I}{2p}\left[u + \frac{\sin 2u}{2}\right]_0^{u_0}$$

$$= \frac{I}{2p}\left(u_0 + \sin u_0 \cos u_0\right) \tag{4.33}$$

이다.

점 P의 수평면조도 E_h, 연직면조도 E_x는 각각

$$E_h = E_n \cos \beta, \quad E_x = E_n \sin \beta \tag{4.34}$$

이다. 또한,

$$u_0 = \tan^{-1} \frac{L}{p}, \quad p = \sqrt{h^2 + d^2} \tag{4.35}$$

$$\sin u_0 = \frac{L}{\sqrt{p^2 + L^2}}, \quad \cos u_0 = \frac{p}{\sqrt{p^2 + L^2}} \tag{4.36}$$

$$\sin \beta = \frac{d}{\sqrt{h^2 + d^2}}, \quad \cos \beta = \frac{h}{\sqrt{h^2 + d^2}} \tag{4.37}$$

이므로

$$E_n = \frac{I}{2}\left(\frac{L}{h^2 + d^2 + L^2} + \frac{1}{\sqrt{h^2 + d^2}} \tan^{-1} \frac{L}{\sqrt{h^2 + d^2}}\right) \tag{4.38}$$

$$E_h = \frac{h}{\sqrt{h^2 + d^2}} E_n, \quad E_x = \frac{d}{\sqrt{h^2 + d^2}} E_n \tag{4.39}$$

이 된다.

광원의 축에 평행한 방향의 연직면조도 E_y는, 미소광원에 의한 조도

$$dE_y = \left(\frac{Idl \cos u}{r^2}\right) \sin u \tag{4.40}$$

에서

$$E_y = \int dE_y \tag{4.41}$$

이 되며, 이 식을 변형해서

$$E_y = \frac{I}{p} \int_0^{u_0} \cos u \, \sin u \, du = \frac{I}{p} \left[\frac{1}{2} \sin^2 u \right]_0^{u_0} = \frac{I}{2p} \sin^2 u_0 \tag{4.42}$$

이다. $\sin^2 u_0$을 수치 p, L로 나타내면

$$E_y = \frac{I}{2p} \cdot \frac{L^2}{p^2 + L^2} \tag{4.43}$$

이 된다.

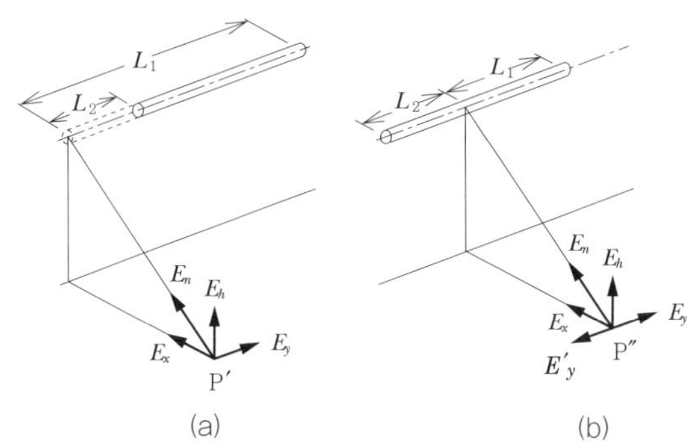

그림 4.16 피조점이 광원 끝을 포함하는 평면상에 없는 경우

위의 내용은 피조점 P가 광원의 한 끝을 포함한 연직면상에 있는 경우의 조도로서 구했지만, 피조점 P가 그림 4.16과 같이 광원 끝을 포함한 연직면상에 없는 경우는 광원부를 L_1과 L_2로 나눠서 다음과 같이 계산하면 된다.

그림 4.16 (a)와 같이 광원의 한 끝에서 거리 L_2 떨어진 연직면 내의 피조점 P′의 조도는 L_2의 부분에도 광원이 있는 것으로서, 길이 L_1과 L_2에 의한 조도를 구해서 뺄셈을 하면 된다. 각 성분의 조도는 다음 식에 의해서 구할 수 있다.

$$\left.\begin{aligned}
E_n &= E_{n1} - E_{n2} \\
E_h &= E_{h1} - E_{h2} \\
E_x &= E_{x1} - E_{x2} \\
E_y &= E_{y1} - E_{y2}
\end{aligned}\right\} \tag{4.44}$$

또한, 같은 그림 (b)와 같이 광원 중간의 한 점을 지나는 연직면 내의 피조점 P″의 조도를 구하는 경우에는 광원부를 L_1와 L_2로 나눠 각각의 조도를 구해서 E_y와

E'_y 이외를 가산하면 된다. 각 성분의 조도는 다음 식에 의해서 구할 수 있다.

$$\left.\begin{array}{l} E_n = E_{n1} + E_{n2} \\ E_h = E_{h1} + E_{h2} \\ E_{vx} = E_{x1} + E_{x2} \\ E_y = E_{y1} \\ E'_y = E_{y2} \end{array}\right\} \tag{4.45}$$

한편, 직선광원이 연직으로 선 연직직선광원의 경우는 그림 4.15에 있어서 변 p, d, h를 포함한 면을 피조면으로 다루고, 그 다음 수평직선광원의 계산방법을 그대로 적용하면 된다. 결과는 E_y가 수평면 조도, E_x, E_n 및 E_h가 연직면조도가 된다.

[2] 수평 리본 모양 광원의 경우

리본 모양 광원이 직선광원과 다른 것은, 그림 4.17의 상부에 나타낸 것처럼 각 β에 관한 배광이 일정하지 않은 것이다. 배광은 $I\cos\beta$를 지름으로 하는 원이 되며, 각 u가 변하면 u방향의 광도는 $I\cos\beta\cos u$가 된다. 한편, 같은 그림 하부에 나타낸 것처럼 각 θ을 취하면 θ 방향의 광도는 $I\cos\theta$로 주어진다.

따라서, 그림 4.17에 나타낸 것처럼 점 P가 광원의 한 끝을 포함한 연직면 내에 있는 것으로 하면, dl을 이루는 미소광원에 의한 점 P 방향으로의 광도가 $Idl\cos\theta$이기 때문에 점 P에 있어서의 법선조도 dE_n는

$$dE_n = \frac{Idl\cos\theta\cos u}{r^2} \tag{4.46}$$

으로, 광원 전체에 의한 점 P의 법선조도 E_n은

$$E_n = \int \frac{Idl\cos\theta\cos u}{r^2} \tag{4.47}$$

이다. 여기서,

$$r = \frac{p}{\cos u}, \qquad dl = p\sec^2 u\,du, \qquad \cos\theta = \frac{h}{r} = \frac{h\cos u}{p} \tag{4.48}$$

을 대입해서

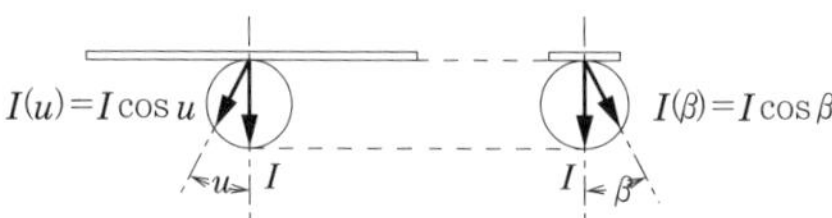

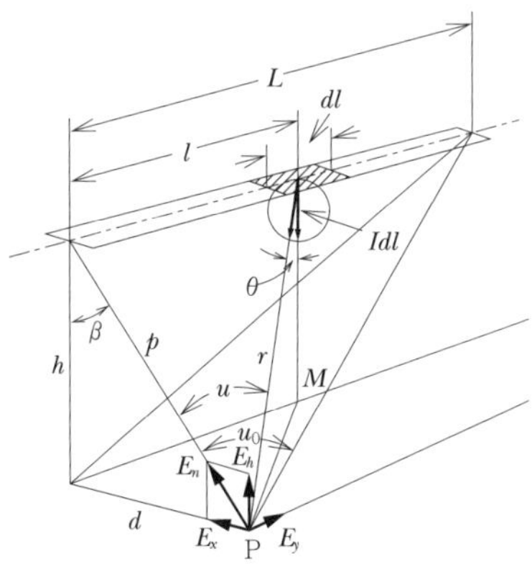

그림 4.17 리본 모양 광원에 의한 조도

$$E_n = \frac{Ih}{p^2}\int_0^{u_0}\cos^2 u\,du = \frac{Ih}{p^2}\cdot\frac{1}{2}(u_0+\sin u_0\cos u_0) \tag{4.49}$$

또는

$$E_n = \frac{Ih}{2p^2}\left(\frac{Lp}{p^2+L^2}+\tan^{-1}\frac{L}{p}\right) \tag{4.50}$$

으로 표시된다.

또한, $E_h = E_n\cos\beta,\ \ E_x = E_n\sin\beta$이다.

연직면조도 E_y는 조도 dE_y가 $(Idl\cos\theta\sin u)/r^2$인 것으로부터

$$E_y = \int\frac{Idl\cos\theta\sin u}{r^2} \tag{4.51}$$

이 되며, 이것을 변형해서

$$E_y = \frac{Ih}{p^2}\int_0^{u_0}\cos\theta\sin u\,du$$

$$= \frac{Ih}{2p^2}\sin^2 u_0$$

$$= \frac{Ih}{2p^2}\cdot\frac{L^2}{p^2+L^2} \tag{4.52}$$

가 된다.

이와 같이 수평 리본 모양 광원에 대해서도 배광의 차이가 있지만 수평직선광원과 같이 광원의 한 끝을 포함한 연직면 내에 피조점을 취해서 그 점의 직접조도를 구했다. 따라서 피조점이 광원의 한 끝을 포함하는 연직면 내에 없는 경우는 그림 4.16에서 설명한 직선광원의 경우와 같이 식 (4.44)와 식 (4.45)에 의해서 구하면 된다.

따라서 리본 모양 광원이 연직방향으로 서 있는 경우의 조도에 대해서도, 직선광원의 경우와 같은 방식을 적용하면 좋다. 결과는 E_y가 수평면조도, E_x, E_n 및 E_h가 연직면조도가 된다.

면광원에 의한 직접조도

일정 크기를 가진 광원으로부터 직접조도를 구하려면, 광원을 균등확산성이라 가정하고 면광원을 미소한 면소(面素)로 분할 계산하여 전면적에 대해서 적분하는 방법으로 한다. 계산방법으로는 입체각투사법, 경계적분법 등이 있다.

4.4.1 입체각투사법

그림 4.18과 같이 피조면상에서의 측정점 P에서 p의 거리에, 면광원 S_0가 점 P의 연직면과 각 β로 이루어진 경우 점 P에서의 조도를 구한다.

면광원 S_0 중에 미소면광원 dS_0을 생각한다. 이 광원의 법선방향의 휘도를 L로 하면 법선방향의 광도는 $dI=LdS_0$이 된다. 점 P와 이루는 각을 α로 하면 P방향의 광도는 $dI_\alpha=dI\cos\alpha=LdS_0\cos\alpha$이다. 따라서 점 P의 법선조도 dE_n 및 수평면조도 dE_h는

$$dE_n=LdS_0\cos\alpha/p^2$$
$$dE_h=dE_n\cos\beta=LdS_0\cos\alpha\cos\beta/p^2 \tag{4.53}$$

이 된다. 식 중에 $dS_0\cos\alpha/p^2$은 미소면광원 dS_0가 점 P를 정점으로 하는 원추체의 입체각 $d\Omega$이며, 점 P를 중심으로 한 단위구 $r=1$을 가정하면 구면상에 이 원추체가 잘라내는 면적 dS'와 같아진다. 따라서 수평면조도는 식 (4.54)와 같이 나타낼 수 있다.

$$dE_h=Ld\Omega\cos\beta=LdS'\cos\beta \tag{4.54}$$

다음으로 반구면상에서 dS'의 피조면상의 정사영(正射影) dS는 $dS=dS'\cos\beta$가 된다. 그러므로 면광원 전체에 의한 수평면조도 E_h는

$$E_h=\int_{S_0}Ld\Omega\cos\beta=\int_{S'}LdS'\cos\beta=\int_{S}LdS \tag{4.55}$$

로 구할 수 있다.

여기서, 면광원의 휘도가 일정하다면

$$E_h = \int_S L\,dS = L \int_S dS = LS \qquad (4.56)$$

가 되며, 조도는 면광원의 휘도 L과, 면광원 S_0가 점 P를 정점으로 하는 원추체의 단위구체면상에서 자른 면적 S'의 피조면상의 정사영 S와의 곱으로 표시된다.

이 방법은 $d\Omega\cos\beta$가 입체각 $d\Omega$의 정사영면적 dS가 되는 것으로 **입체각 투사의 법칙**이라 한다.

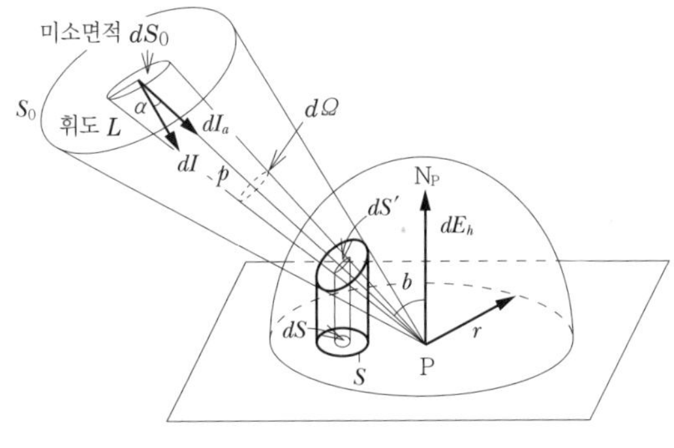

그림 4.18 입체각투사법

4.4.2 경계적분법

면광원의 주변에 따라서 선적분을 하여 수평면조도를 계산하는 방법이다.

그림 4.19와 같이 면광원 S_0의 주변에 따르는 미소선분 dl_0의 점 P에 붙이는 각을 $d\gamma$라 하고 점 P를 중심으로 한 단위구 $r=1$의 구면상의 미소선분을 dl'로 하면

$$dl' = r \times d\gamma = d\gamma dl'$$

$$\text{P-}dl'\text{에서 만드는 삼각형의 면적} = (r \times d\gamma)/2 = dr/2 \qquad (4.57)$$

여기서, dl'의 피조면상에의 정사영을 dl, 삼각형 P-dl'과 피조면이 이루는 각을 δ로 하면

$$\text{P-}dl\text{에서 만드는 삼각형의 면적}(d\gamma\cos\delta)/2 = dS$$

가 된다. 따라서

$$S = \oint_{dl} dS = \oint_{dl} \frac{d\gamma\cos\delta}{2} \qquad (4.58)$$

이 되기 때문에 입체각투사의 법칙에 의해 점 P의 수평면조도 E_h는

$$E_h = LS = L \oint \frac{d\gamma}{2} \cos\delta = \frac{L}{2} \oint \cos\delta\, d\gamma \qquad (4.59)$$

로 구할 수 있다.

이 방법은 선적분 $\oint dl$을 응용한 것으로써 **경계적분의 법칙**이라 한다.

그림 4.20의 휘도 L의 다각형면 광원의 경우에는 주변을 n분할하여 경계적분법에 의해서 푸는 것이 일반적이다.

k번째의 변이 점 P를 원점으로 하여 이루어지는 삼각형의 각을 γ_k, 이루는 각을 δ_k로 하면, 이것에 의한 점 P에서의 수평면조도는 각 삼각형의 적분 Σ로 구할 수 있다. 그러므로 점 P의 수평면조도는 n분할한 각 조도의 합을 취하면

$$E_h = \frac{L}{2} \sum_{k=1}^{n} \gamma_k \cos\delta_k \qquad (4.60)$$

으로 구할 수 있다.

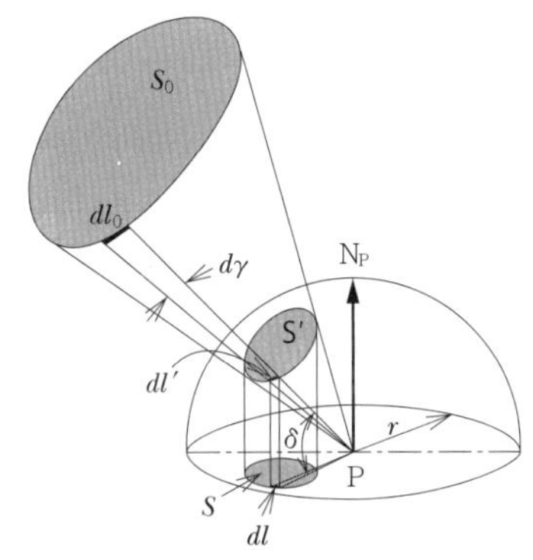

그림 4.19 경계적분법

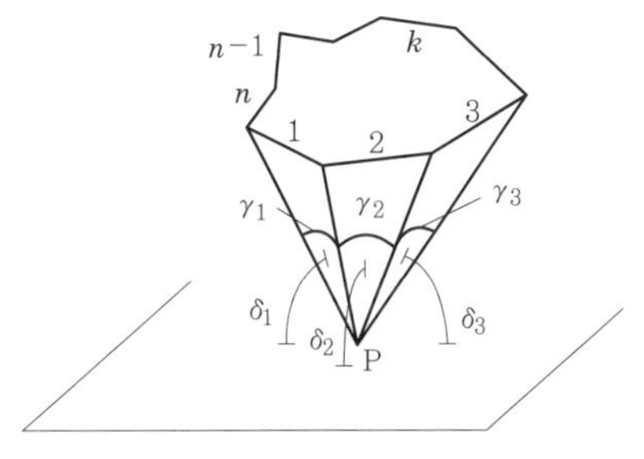

그림 4.20 수평에 있는 다각형면 광원에
의한 조도(경계적분법)

4.4.3 각종 면광원에 의한 직접조도

[1] 평원판 광원

반지름 a의 평원판 모양에서 휘도 L의 면광원의 중심직하점 P의 조도를 입체각투사법과 경계적분법에 의해서 구한다.

(1) 입체각투사법

그림 4.21과 같이 점 P를 중심으로 한 단위구 $r=1$을 가정한다. 평원판 광원이 점 P를 만드는 원추체가 단위구면에서 자르는 면적의 피조면상에서의 투영면적,

즉 정사영면적 S는 점 P의 법선방향과 평원판
주위의 각을 θ로 하면, $S=\pi(r\,\sin\theta)^2$이 되기 때
문에 점 P에서의 수평면조도 E_h는

$$E_h=LS=L\pi(r\,\sin\theta)^2=L\pi\,\sin^2\theta\ (r=1)$$

$$(4.61)$$

로 구할 수 있다.

(2) 경계적분법

그림 4.22와 같이 평원판상의 주변 미소부분
dl이 점 P와 이루는 각을 δ로 하면, 수평면 조도
E_h는

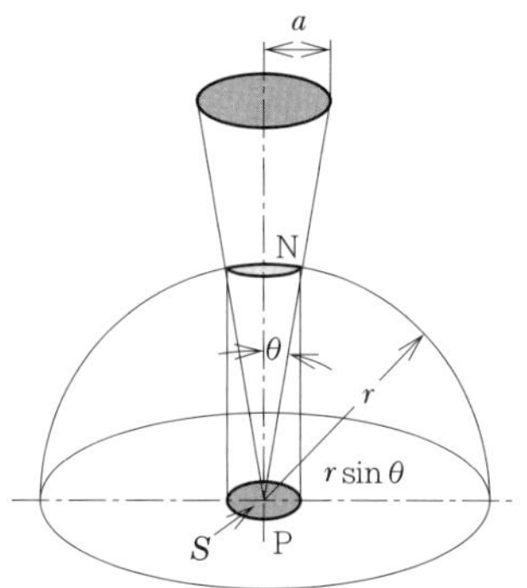

그림 4.21 원판 광원에 의한 조도
(입체각투사법)

$$E_h=\frac{L}{2}\oint\cos\delta d\gamma \tag{4.62}$$

로 표시된다. 점 P와 원판의 주변까지의 거리를 p로 하면 $d\gamma=dl/p$이며,
$\delta=90°-\theta$, $\cos\delta=\sin\theta=a/p$이기 때문에

$$E_h=\frac{L}{2}\oint\cos\delta d\gamma=\frac{L}{2}\oint\frac{dl}{p}\sin\theta=\frac{L}{2}\times\frac{1}{p}\sin\theta\int_0^{2\pi a}dl$$

$$=\frac{L}{2}\times\frac{1}{p}\sin\theta\times2\pi a=L\pi\sin^2\theta=\frac{L\pi a^2}{p^2} \tag{4.63}$$

으로 구할 수 있다.

두 해법결과로부터 평원판 광원에 의한 축상의 점 P에서의 수평면조도는, 그
점 P에서 원판 주변까지 거리의 2승에 비례한다고 말할 수 있다.

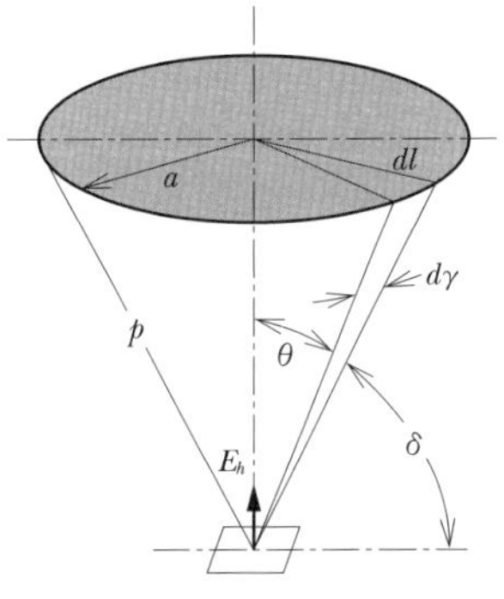

그림 4.22 평원판 광원에 의한 조도
(경계적분법)

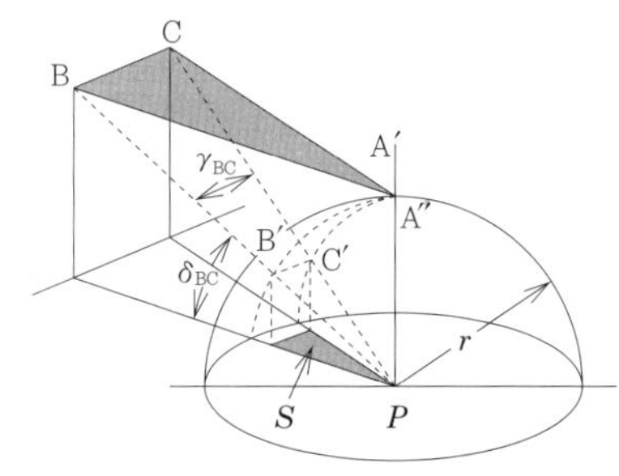

그림 4.23 수평에 있는 직각삼각형 광원에
의한 조도(입체각투사법)

[2] 직각삼각형 광원

피조면에 평행한 직각삼각형 광원에 있어서 한 끝의 직하점에서의 조도를 구한다.

(1) 입체각 투사법

그림 4.23과 같이 면광원 ABC의 한 점 A를 단위구 $r=1$의 극상으로 취하면, 피조면상에서 A의 직하점 P에서 이루는 원추체가 단위구면상에 자르는 면적은 A′B′C′로 된다. 다음으로 이 면적의 피조면에 대한 정사영은 그림에서 분명하게 나왔듯이 부채꼴 PB′C′의 정사영을 구하는 것과 등가이다. 부채꼴 PB′C′의 면적을 $S′$로 하면 $S′=\gamma_{\mathrm{BC}}\,r^2/2$이기 때문에 정사영 면적 S는

$$S=S′\cos\delta_{\mathrm{BC}}=\frac{r^2\gamma_{\mathrm{BC}}\cos\delta_{\mathrm{BC}}}{2} \tag{4.64}$$

이 된다. 따라서 점 P에서의 수평면조도 E_h는 $r=1$로서

$$E_h=LS=\frac{L}{2}\gamma_{\mathrm{BC}}\cos\delta_{\mathrm{BC}}$$

로 구할 수 있다.

(2) 경계적분법

그림 4.24와 같이 점 P와 이루는 각을 정하면 점 P의 수평면조도 E_h는

$$E_h=\frac{L}{2}\sum\gamma\cos\delta=\frac{L}{2}(\gamma_{\mathrm{CA}}\cos\delta_{\mathrm{CA}}+\gamma_{\mathrm{AB}}\cos\delta_{\mathrm{AB}}+\gamma_{\mathrm{BC}}\cos\delta_{\mathrm{BC}}) \tag{4.65}$$

으로 된다. 여기서,

$$\delta_{\mathrm{CA}}=90° \quad \therefore \quad \cos\delta_{\mathrm{CA}}=0$$
$$\delta_{\mathrm{AB}}=90° \quad \therefore \quad \cos\delta_{\mathrm{AB}}=0$$

이기 때문에

$$E_h=\frac{L}{2}\gamma_{\mathrm{BC}}\cos\delta_{\mathrm{BC}} \tag{4.66}$$

으로 구할 수 있다.

여기서, 직각이 아닌 삼각형의 직사조도는 다음과 같이 구할 수 있다.

그림 4.25에 나타낸 것처럼 직각이 아닌 삼각형 ABC에 있어서 점 A 직하의 점 P에서의 수평면조도 E_h를 구한다. 그림과 같이 변 BC를 연장해서 직각삼각형 ADC를 가정한다. 다음으로 직각삼각형 ADC에 의한 조도 E_{ADC}와 직각삼각형 ADB에 의한 조도 E_{ADB}를 각각 구해서 그 차이를 취하면

$$E_h = E_{\mathrm{ADC}} - E_{\mathrm{ADB}} \tag{4.67}$$

에서 구할 수 있다.

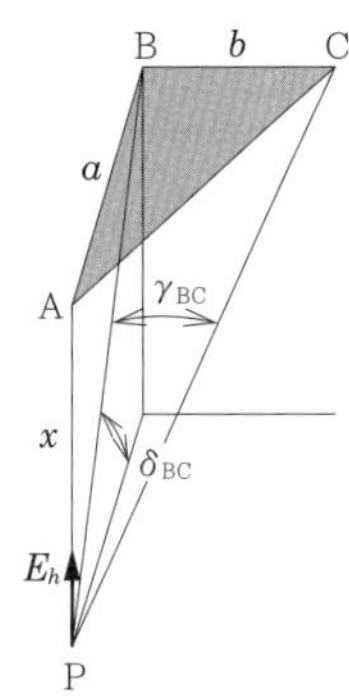

그림 4.24 수평에 있는 직각삼각형 광원에 의한 조도(경계적분법)

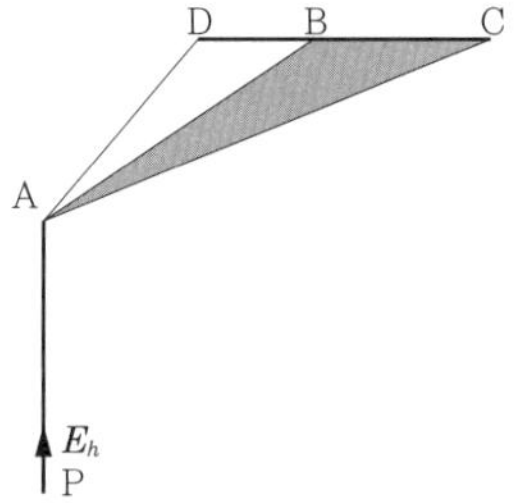

그림 4.25 수평에 있는 직각이 아닌 삼각형 광원에 의한 조도

[3] 직사각형 광원

피조면과 평행인 직사각형 광원에 의한 조도는 다각형 광원 혹은 직각삼각형 광원의 응용으로서 경계적분법에 의해서 푸는 것이 일반적이다.

그림 4.26에 나타낸 것처럼 직사각형 광원에 의한 점 A의 직하점 P의 조도를 구해보자.

직사각형 광원 ABCD에 있어서 △ABC와 △ADB의 직각삼각형 광원에 의해서 조명된다고 생각해볼 수 있다. 그러나 △APB, △APC 및 △APD는 피조면에 연직이기 때문에 $\cos\delta = 0$이 된다. 따라서 점 P의 수평면조도 E_h는

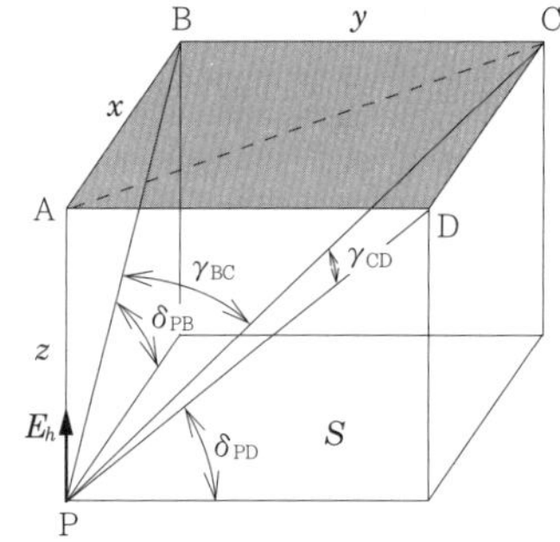

그림 4.26 수평에 있는 직사각형 광원에 의한 조도 (경계적분법)

$$E_h = \frac{L}{2}(\gamma_{\mathrm{BC}} \cos\delta_{\mathrm{PB}} + \gamma_{\mathrm{CD}} \cos\delta_{\mathrm{PD}}) \tag{4.68}$$

으로 구할 수 있다.

또한, 그림에서 길이 x, y, z로 나타내는 경우에는

$$\gamma_{\mathrm{BC}} = \tan^{-1}\left(\frac{y}{\sqrt{x^2+z^2}}\right), \quad \gamma_{\mathrm{CD}} = \tan^{-1}\left(\frac{x}{\sqrt{y^2+z^2}}\right) \tag{4.69}$$

$$\cos \delta_{\mathrm{PB}} = \frac{x}{\sqrt{x^2+z^2}}, \quad \cos \delta_{\mathrm{PD}} = \frac{y}{\sqrt{y^2+z^2}}$$

이므로

$$E_h = \frac{L}{2}\left(\frac{x}{\sqrt{x^2+z^2}} \tan^{-1}\frac{y}{\sqrt{x^2+z^2}} + \frac{y}{\sqrt{y^2+z^2}} \tan^{-1}\frac{x}{\sqrt{y^2+z^2}} \right) \quad (4.70)$$

이 된다.

여기서, 그림 4.27과 같이 피조면상의 점 P가 직사각형 광원 ABCD로부터 떨어진 경우는 다음과 같이 구할 수 있다.

점 P에서 수선을 그어 직사각형 광원을 포함한 면상과의 교점을 O로 하고 그림에 나타낸 것처럼 직사각형 OFCG, OFBH, OEDG, OEAH의 조도를 각각 E_{OFCG}, E_{OFBH}, E_{OEDG}, E_{OEAH}로 하면 점 P에서의 조도 E는

$$E = E_{\mathrm{OFCG}} - E_{\mathrm{OFBH}} - E_{\mathrm{OEDG}} + E_{\mathrm{OEAH}} \quad (4.71)$$

로 구할 수 있다.

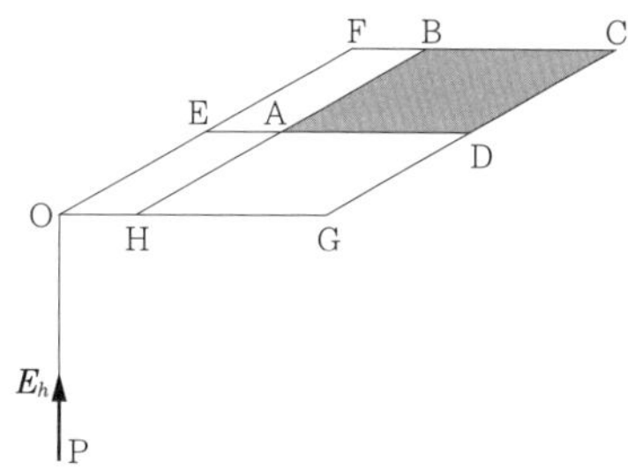

그림 4.27 수평직사각형 광원 외의 한 점의 조도

실내나 터널 안의 천장·벽·바닥 혹은 빛 덕트 내에 있어서 광속이 복수의 면 상에서 상호적으로 반사를 반복하는 것을 **상호반사**(相互反射)라 한다. 이 계산은 일반적으로 복잡하지만, 여기서는 간단한 경우에 대해서 다룬다.

4.5.1 무한평행평면 간의 상호반사

그림 4.28과 같이 천장과 바닥이 평행하며 무한으로 넓은 실내에 대해서 상호반사에 의한 천장 및 바닥의 광속을 구해본다.

그림과 같이 균등한 광도분포를 가진 광원을 천장과 바닥의 중간에 두고 이 광원에서 천장면과 바닥면에 광속 Φ가 입사하는 것으로 한다. 천장과 바닥의 반사율을 각각 ρ_c, ρ_f로 하면 천장면과 바닥면에서 반사되어 광속은 각각 $\rho_c\Phi$, $\rho_f\Phi$로 된다. 이 반사한 광속에 의해 다음 바닥면과 천장면에서 반사되어 각각 $\rho_f\rho_c\Phi$, $\rho_c\rho_f\Phi$로 된다. 그리고 반사광속은 천장면과 바닥면에 향해 반사해서 $\rho_f\rho_c^2\Phi$, $\rho_c\rho_f^2\Phi$가 천장면과 바닥면에 향한다. 이와 같은 반사가 무한으로 반복하게 된다. 이것으로 천장면·바닥면에 입사한 전광속 Φ_c, Φ_f는 다음과 같이 구해진다.

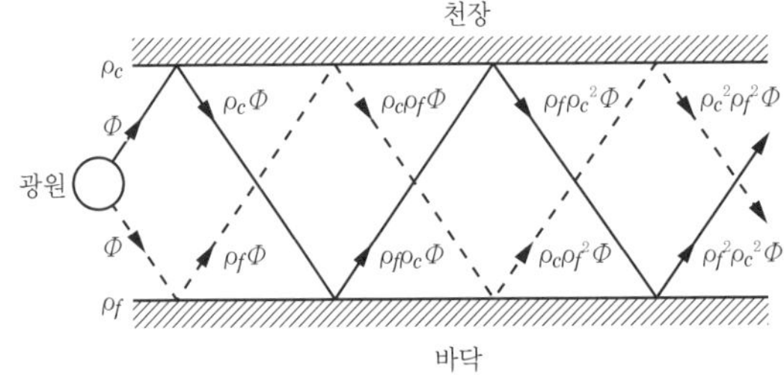

그림 4.28 무한평행평면 간의 상호반사

$$\Phi_c = \Phi + \rho_c\rho_f\Phi + \rho_c{}^2\rho_f{}^2\Phi + \rho_c{}^3\rho_f{}^3\Phi + \cdots + \rho_f\Phi + \rho_f{}^2\rho_c\Phi + \rho_f{}^3\rho_c{}^2\Phi + \rho_f{}^4\rho_c{}^3\Phi + \cdots$$

$$= \Phi[1 + \rho_c\rho_f + (\rho_c\rho_f)^2 + (\rho_c\rho_f)^3 + \cdots]$$

$$\quad + \rho_f\Phi[1 + \rho_c\rho_f + (\rho_c\rho_f)^2 + (\rho_c\rho_f)^3 + \cdots]$$

$$= \Phi\frac{1}{1-\rho_c\rho_f} + \rho_f\Phi\frac{1}{1-\rho_c\rho_f}$$

$$= \frac{1+\rho_f}{1-\rho_c\rho_f}\Phi \tag{4.72}$$

$$\Phi_f = \Phi + \rho_c\rho_f\Phi + \rho_c{}^2\rho_f{}^2\Phi + \rho_c{}^3\rho_f{}^3\Phi + \cdots + \rho_c\Phi + \rho_c{}^2\rho_f\Phi + \rho_c{}^3\rho_f{}^2\Phi + \rho_c{}^4\rho_f{}^3\Phi + \cdots$$

$$= \Phi[1 + \rho_c\rho_f + (\rho_c\rho_f)^2 + (\rho_c\rho_f)^3 + \cdots]$$

$$\quad + \rho_c\Phi[1 + \rho_c\rho_f + (\rho_c\rho_f)^2 + (\rho_c\rho_f)^3 + \cdots]$$

$$= \Phi\frac{1}{1-\rho_c\rho_f} + \rho_c\Phi\frac{1}{1-\rho_c\rho_f}$$

$$= \frac{1+\rho_c}{1-\rho_c\rho_f}\Phi \tag{4.73}$$

구한 관계식에서 무한의 반사를 반복하는 상호반사의 경우 광속의 증가는 천장면과 바닥면에서 각각

$$\frac{\Phi_c}{\Phi} = \frac{1+\rho_f}{1-\rho_c\rho_f}, \qquad \frac{\Phi_f}{\Phi} = \frac{1+\rho_c}{1-\rho_c\rho_f} \tag{4.74}$$

로 된다. $\rho_f = 0.2$, $\rho_c = 0.7$로 하면

$$\frac{\Phi_c}{\Phi} = 1.4, \qquad \frac{\Phi_f}{\Phi} = 2.0$$

이 되며, 상호반사가 크게 기여하는 것을 알 수 있다.

4.5.2 균등확산구내면의 상호반사

[1] 직접조도와 간접조도의 계산

균등확산면인 구면 내의 상호반사에 의한 직접조도와 간접조도를 구해보자.

그림 4.29에서 반지름 R인 구 내면의 반사율이 ρ이다. 구면 내에 광원을 두거나, 구벽에 미소한 구멍을 뚫어 외부에서 광속 Φ을 끌어들여서 구면상에 직접조도 $E(x)$의 분포를 생기게 했다고 하면, 광속 Φ는 $E(x)dS$의 구 내의 표면적 S의 적분으로서

$$\Phi = \int_S E(x)\,dS \tag{4.75}$$

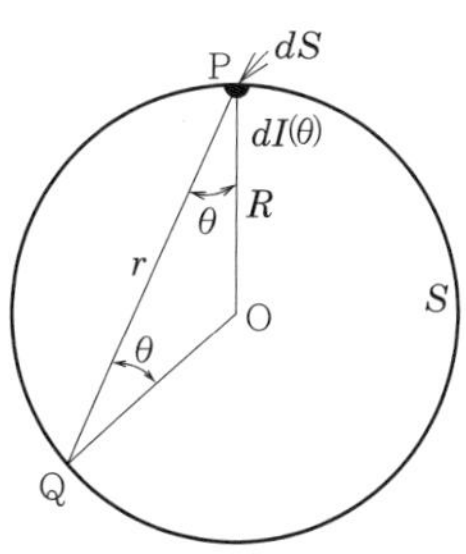

그림 4.29 간접조도

로 구해진다.

또한, 구면 내의 점 P에서 미소부분 dS가 직접조도 $E(x)$라 하면 휘도 $L=\dfrac{\rho E(x)}{\pi}$의 2차 광원이라 간주하여, 점 Q에 이 광원에 의한 조도 dE_1을 생기게 한다. 구면은 균등확산면이기 때문에 점 P의 법선방향(PO 방향)의 광도는 LdS이며, PQ 방향의 광도 $dI(\theta)$는

$$dI(\theta) = LdS\cos\theta = \frac{\rho E(x)}{\pi}\cos\theta dS \tag{4.76}$$

가 된다. 그러므로 점 Q에서의 조도는

$$dE_1 = \frac{dI(\theta)\cos\theta}{r^2} = \frac{\rho E(x)}{\pi}\cos\theta dS \frac{\cos\theta}{(2R\cos\theta)^2}$$

$$= \frac{\rho E(x)\,dS}{4\pi R^2} = \frac{\rho}{S}E(x)\,dS \tag{4.77}$$

가 된다. 따라서 점 Q가 구내 전면적 S에서 1회의 반사에 의해서 받는 조도 E_1은

$$E_1 = \int_S dE_1 = \frac{\rho}{S}\int_S E(x)\,dS = \frac{\rho}{S}\Phi \tag{4.78}$$

가 된다. 위치는 임의이기 때문에 점 Q의 간접조도 E_1은 구면 내 위치의 여하에 따르지 않음을 알 수 있다. 다음으로 2회의 반사에 의한 점 Q에서의 간접조도 E_2는 같은 양상으로

$$E_2 = \int_S dE_2 = \frac{\rho}{S}\int_S E_1(x)\,dS = \frac{\rho^2}{S^2}\Phi\int_S dS = \frac{\rho^2}{S}\Phi \tag{4.79}$$

가 된다. 3회, 4회 반사 때의 조도도 이와 같이 구할 수 있다.

$$E_3 = \frac{\rho^3}{S}\Phi, \quad E_4 = \frac{\rho^4}{S}\Phi, \quad \cdots, \quad E_n = \frac{\rho^n}{S}\Phi \tag{4.80}$$

그러므로 점 Q에서 n회의 상호반사에 의한 조도 E_i는

$$E_i = E_1 + E_2 + E_3 + \cdots + E_n$$

$$= \frac{\Phi}{S}(\rho + \rho^2 + \rho^3 + \cdots + \rho^n)$$

$$= \frac{\Phi}{S}\frac{\rho}{(1-\rho)} \tag{4.81}$$

로서 구할 수 있다. 여기서 Φ, S, ρ는 일정값으로 구면 내의 위치와는 무관하기 때문에 구면 내의 모든 점에서의 간접조도 E_i는 일정하다.

[2] 구형 광속계

그림 4.30에 나타낸 구형 광속계는 이론을 응용한 장치이다.

측정원리는 구형 광속계의 중심부에 전광속 $\varPhi_s$의 기지의 광원을 넣어 구형의 표면에 열린 미소한 균등확산성(투과율 τ) 측광창으로부터의 휘도 L_s를 측광기로 측정하면 L_s는 다음 식으로 구해진다.

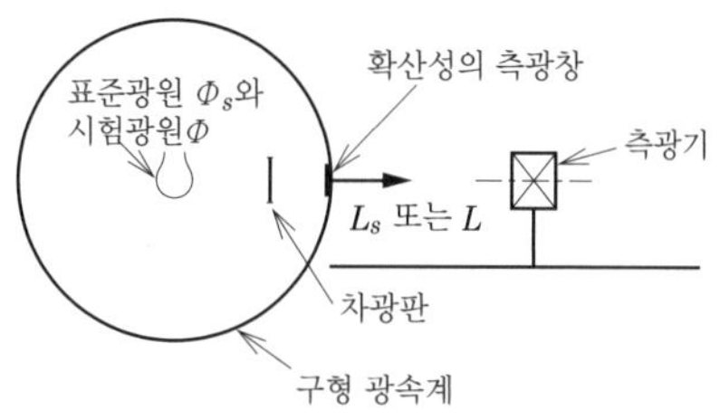

그림 4.30 구형 광속계의 원리

$$L_s = \tau \frac{\rho}{1-\rho} \cdot \frac{\varPhi_s}{S} \cdot \frac{1}{\pi} \tag{4.82}$$

다음으로 전광속 $\varPhi$의 측정대상인 시험광원을 넣고, 같은 방법으로 휘도를 측정하면 다음 식으로 된다.

$$L = \tau \frac{\rho}{1-\rho} \cdot \frac{\varPhi}{S} \cdot \frac{1}{\pi} \tag{4.83}$$

따라서

$$\frac{L}{L_s} = \frac{\varPhi}{\varPhi_s} \tag{4.84}$$

로 되며, 전광속 $\varPhi$는 다음 식과 같이 산출된다.

$$\varPhi = \frac{\varPhi_s L}{L_s} \tag{4.85}$$

그리고 광원차광판은 광원으로부터 직접광을 차단하는 작용을 한다.

1 배광이 식 (4.5)로 주어지는 반구면 광원의 전광속을 야마우치각의 근사식 (4.19)를 이용해 구하라. 또한, 오차는 어느 정도인가?

2 광도가 I인 점광원과 같은 휘도 L의 원판 광원(반지름 r)에 관한 아래의 물음에 답하라.

(1) 각각의 광원에 대해서 거리 h만큼 떨어진 점에 있어서 법선조도를 구하라. 단, 원판 광원의 경우 측정점은 광원 중심의 수직방향에 있으며, 그 방향의 광도를 점광원과 같이 I로 한다.

(2) 위 (1)의 원판 광원에 의한 조도를 구하는 간편한 방법으로서, 원판 광원을 점광원으로 간주해서 산출하고 싶다. 오차를 1% 이내로 하려면 광원의 지름 $d = 2r$과 거리 h와의 사이에 어떠한 조건이 필요한가?

3 동일한 휘도의 평면판 광원이 어느 높이의 장소에 수평으로 설치되어 있다. 광원 바로 아래의 점에서 수평으로 거리 d만큼 떨어진 점의 수평면조도가 최대가 되는 높이 h를 구하라. 단, 광원의 크기는 충분히 작고 점광원으로 간주하는 것으로 한다.

4 모든 방향으로의 광도가 1,000cd인 광원 L_1, L_2가 10m 떨어진 위치에 각각 10m의 높이에 설치되어 있다. L_2의 바로 아래의 점 P에서의 수평면조도를 구하라.

5 길이 1.2m의 40형 형광 램프(그 전광속 3,000 lm) 1개가 수평으로 점등되어 있다. 램프의 일단 직하 1.2m 점의 수평면조도를 구하라. 단, 램프는 전 길이에 걸쳐 일정하게 빛나고 있으며, 그 배광은 완전확산성의 것으로 한다. 또한 계산시 $\pi^2 = 9.87$로 하라.

6 반지름 10m 반구체의 돔형 지붕이 있다. 그 주위의 연직각 0~60°는 포제(布製)로, 빛의 투과율은 10%이다($\theta = 60 \sim 90°$는 불투명한 천장이다). 외부에서의 휘도가 $L = 10,000/\pi [cd/m^2]$인 경우 돔 내의 중앙·바닥 위의 수평면조도를 구하라.

● 연습문제를 풀어본 후 212쪽 풀이 및 정답을 맞춰보세요.

제**5**장

실내조명

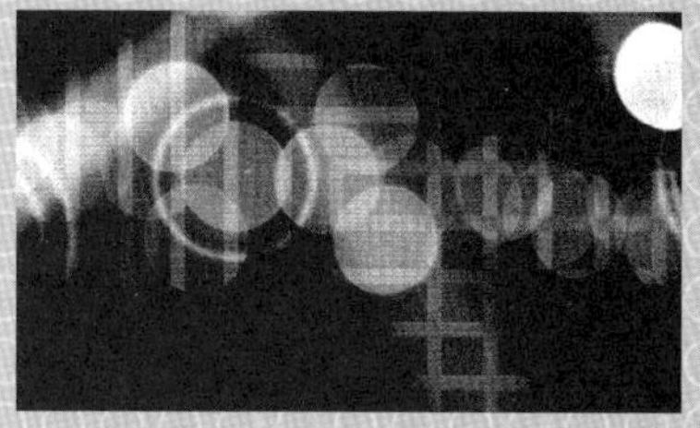

실내조명설계에서 목적에 따른 적절한 조명설계는 중요하다. 개정된 JIS Z 9110 : 2010조명기준 총칙을 설계의 근거로서 소개하고, 주된 조명요건(조도, 불쾌 글레어, 연색 등)에 대해서 해설한다. 그리고 조명설계의 수순으로 조명요건에서 조명방식·조도계산·조명기구의 배치를 설명한다. 조명설계의 예로서, 사무실·공장·창고·점포·주택에서 특히 고려해야 할 사항을 기술한다. 마지막으로 에너지 절약을 위한 착안점과 실시기술을 설명한다.

조명설계의 목적

인간이 시각을 매체로 하여 자신이 사는 세계를 인식하고 생활을 영위하고 있는 한, 빛의 존재는 불가결한 것이다. 표 5.1과 같이 인간의 오감의 정보능력은 시각 외에 청각·후각·촉각·미각이 있지만, 시각의 정보능력이 87%로 압도적으로 많은 것을 보더라도, 빛이 인간생활에 주는 영향이 얼마나 큰 것인가를 알 수 있다.

조명(照明)이란 생활을 위해 밝기를 유용하게 한 기술이다. 다양한 기능을 실현하기 위해 생리적 및 심리적 효과를 고려한 환경을 **조명환경**이라 한다. 조명환경은 시각대상(명시성)과 환경으로 나뉜다. 시각대상에는 피조면, 광원이나 유도등 혹은 VDT(Visual Display Terminal), 창문과 같은 발광면 등이 있다.

표 5.1 인간의 오감(五感) 정보능력

감각의 종류	정보능력[%]
시각(눈)	87.0
청각(귀)	7.0
후각(코)	3.5
촉각(피부)	1.5
미각(혀)	1.0
계	100.0

어떤 목적에 따라서 조명환경을 구현하기 위한 조명요건을 기본으로 설계치를 결정하는 작업을 조명설계라 한다. 좋은 조명환경을 얻기 위한 조명설계에 있어서, 다음 사항을 고려한다.

① 사람들의 활동목적에 맞는 조명 수준의 설정

② 에너지의 유효이용

③ 주변환경과의 조화

시각적 효과에 큰 영향을 미치는 광원 혹은 피조면의 생리적 조건을 조명설계의 요건이라 한다. 명시성 혹은 환경에 필요한 조명요건과 같이 특히 중요한 요인에 대해서는 아래에 설명하는 적절한 **조명기준**을 참고로 해서 결정할 필요가 있다.

주요한 조명요건 중 JIS Z 9110 : 1979 조명기준[1]은 장소 및 작업의 수평면 조도 추천 장려치를 나타낸다. 개정판 JIS Z 9110 : 2010 조명기준 총칙(이하 신기준)[2]은 영역, 작업 또는 활동의 종류별로 조도(照度) $\overline{E}_m$[lx], 조도균제도(照度均齊度) U_0, 글레어 제한치 UGR_L, 평균연색평가수 R_a를 규정하고 있다.

또한, ISO(International Organization for Standardization ; 국제표준화기구)의 조명기준 ISO 8995-1을 번역한 JIS Z 9125 : 2007 실내작업장의 조명기준[3]이 있다. 이들 기준에는 실현수단을 규정하지 않고 있으므로 조명합리화의 지침(제2판), 실내작업장의 조명기준설계 가이드 등을 참조한다.

JIS에서는 대표적인 영역·작업 또는 활동의 종류에 의해서 기본적인 조명요건이 나와 있다. 기본적인 조명요건으로서 실내작업을 예로, 표 5.2에 나타냈다. 오피스 빌딩이나 병원 등의 각 작업 혹은 활동에 대해서의 조명요건도 표의 형식으로 나와 있다.

표 5.2 기본적인 조명요건 No.1(실내작업, JIS Z 9110 : 2010)[2]

영역·작업 또는 활동의 종류	조도	조도 균제도	글레어 제한치	평균연색 평가수
	E_m[lx]	U_0	UGR_L	R_a
매우 거친 눈작업, 가끔씩 하는 짧은 방문, 창고	100	–	–	40
작업을 위해 연속적으로 사용하지 않는 곳	150	–	–	40
거친 눈작업, 계속적으로 작업하는 방(최저)	200	–	–	60
조금 거친 눈작업	300	0.7	22	60
보통의 눈작업	500	0.7	22	60
조금 정밀한 눈작업	750	0.7	19	80
정밀한 눈작업	1,000	0.7	19	80
매우 정밀한 눈작업	1,500	0.7	16	80
초정밀한 눈작업	2,000	0.7	16	80

5.2.1 조도

[1] 생리적인 검토

지면상의 대상에 대해서 얻어진 시력은 문자의 시각·휘도대비·순응휘도에 의해 영향을 받으므로, 시력의 상승으로 문자는 읽기 쉬워진다. 또한 지면휘도의 상승에 의해 휘도대비의 변별역(辨別閾 : 감별 한계값)은 작아지고, 세밀한 혹은 대비가 작은 문자라도 보기 쉬워진다.

교정상태에서 두 눈에 의해 핀트가 맞는 최단거리에서 측정한 시력(근점시력)의 측정결과를 그림 5.1에 나타냈다. 고령자는 젊은이 시력의 약 1/2 정도가 된다[4), 5)]. 핀트가 맞는 최단거리(근점거리)를 그림 5.2에 나타냈다. 고령자의 근점거리는 젊은이의 3배 이상이 된다[4), 5)]. 고령자와 젊은이의 적정조도 폭을 그림 5.3에 나타냈다. 적절하게 좋은 밝기의 하한치는 고령자와 젊은이의 비가 5~7배에 달하는 것에 비해서 기하평균치(하한치와 상한치)의 비는 약 2배로 되어 있다(문자 5포인트 제외). 따라서 작업영역 또는 활동영역에 있어서의 추천장려 조도는 이상의 검토결과를 참고해서 정하고 있다.

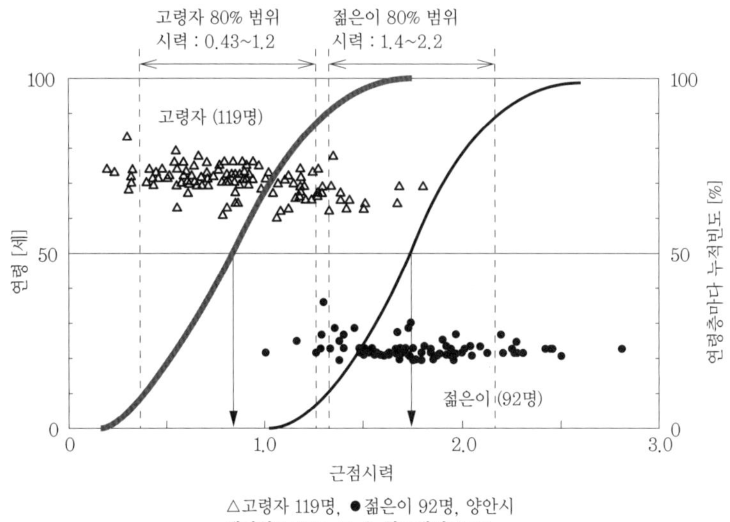

△고령자 119명, ●젊은이 92명, 양안시
배경휘도 200cd/m², 휘도대비 0.93

그림 5.1 고령자와 젊은이의 근점시력

[출전] 이노우에 요코(井上 喬子), "친절한 조명기술"-이용자의 시력에 대한 필요휘도의
예측법, 이용자의 최대시력과 시력비 곡선을 이용해서-,「照学誌」, 86, 466 (2002).

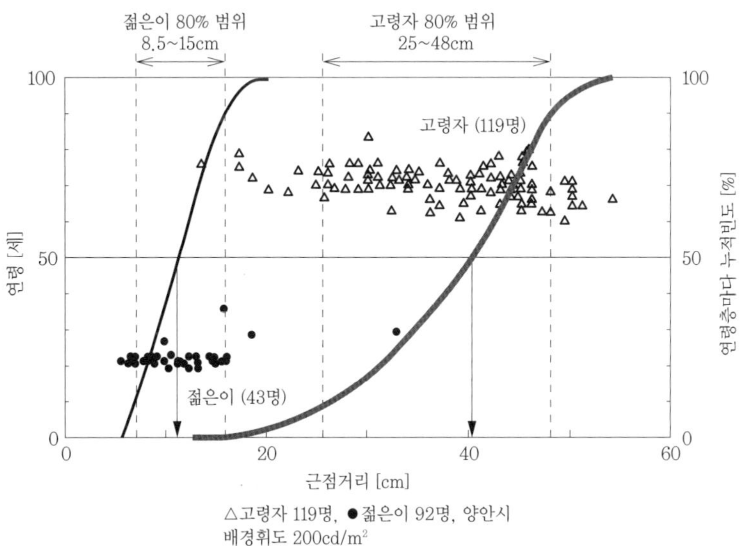

△고령자 119명, ●젊은이 92명, 양안시
배경휘도 200cd/m²

그림 5.2 고령자와 젊은이의 근점거리

[출전] 이노우에 요코(井上 喬子), "친절한 조명기술, 이용자의 시력에 대한 필요휘도의 예측법"
-이용자의 최대시력과 시력비 곡선을 이용해서-,「照学誌」, 86, 466 (2002).

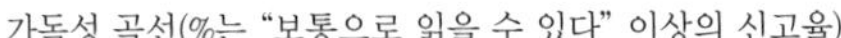

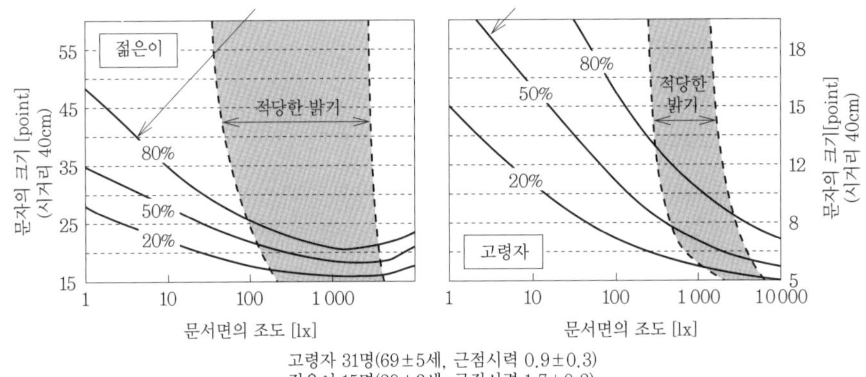

그림 5.3 고령자와 젊은이의 적정조도

[출전] (Y. Inoue & Y. Akizuki : "The Optimal Illuminance for Reading, Effects of Age and Visual Acuity on Legibility and Brightness", J.Light Vis. Environ., 22, 23 (1998).

[2] 추천장려 조도

작업영역 또는 활동영역의 추천장려 조도는 표 5.2 등을 기초로 결정한다. 추천장려 조도는 눈작업을 행하는 수평면·연직면·경사면 또는 곡면 등(기준면)에 있어서의 평균조도로서 보수율을 고려한 유지조도이다. 사정으로 인해 설계자가 기준면을 측정할 수 없는 경우에는 바닥 위 0.8m(책상 시각작업), 바닥 위 0.4m(좌작업) 또는 바닥 혹은 지면의 어느 것인가를 기준면으로 가정한다.

JIS에 있어서의 조도단계는 다음과 같은 값이 채용되고 있다. 조도의 차이를 감각적으로 인식하는 최소 조도의 차이를 대략 1.5배 간격으로 하고 있다.

1, 2, 3, 5, 10, 15, 20, 30, 50, 75, 100, 150, 200, 300, 500, 750, 1,000, 1,500, 2,000, 3,000, 5,000, 7,500, 10,000, 15,000, 20,000 lx

[3] 설계조도

실제로 시설의 조명설계를 할 때 조명설계자가 추천장려 조도를 참고로 작업특성이나 작업자의 시각특성을 고려해서 결정하는 작업영역 또는 활동영역의 조도를 **설계조도**라 한다. 설계조도는 보수율을 포함한 유지조도이다. 만약, 시각조건이 통상과 다를 경우에는 설계조도의 값은 추천장려 조도의 값보다 위에 나타난 조도단계에서 적어도 1단계 높이거나 낮추어 설정해도 된다. JIS Z 9110 : 2011

추가보충에 게재되어 있는 설계조도를 선택
하는 범위를 표 5.3에 나타냈다.

다음과 같은 경우에는 설계조도를 높게
설정하는 것이 바람직하다.

① 대상이 되는 작업자 또는 활동자의
눈기능이 낮을 때

② 눈작업 대상의 콘트라스트가 극단적
으로 낮을 때

③ 정밀한 눈작업일 때

다음과 같은 경우에는 설계조도를 낮게
설정해도 된다.

① 대상이 극단적으로 크고, 대상의 콘
트라스트가 높을 때

② 영역에서의 작업시간 또는 활동시간
이 극단적으로 짧을 때

표 5.3 추천장려 조도와 설계조도의 범위(JIS Z 9110 : 2011 추보 1)[2]

추천장려 조도 [lx]	조도범위 [lx]
3	2~5
5	3~7
10	7~15
15	10~20
20	15~30
30	20~50
50	30~75
75	50~100
100	75~150
150	100~200
200	150~300
300	200~500
500	300~750
750	500~1,000
1,000	750~1,500
1,500	1,000~2,000
2,000	1,500~3,000
3,000	2,000~5,000

[4] 조도균제도

분위기를 중시하는 장소 이외에서는, 조
도의 변화가 완만하지 않으면 안 된다. **조도균제도**(照度均齊度)는 작업영역 또는
활동영역에 있어서의 평균조도에 대한 최소조도의 비로 되어 있다. 작업영역은
설계자가 의뢰주와 협의해서 결정한다. 추천장려표에서는 조도균제도의 최소치
를 보이고 있다. 조도균제도는 이 값 미만이어서는 안 된다. 조도균제도는 책상과
같은 작업영역만으로 규정되어 있다. 표 5.2에 병기되어 있다.

5.2.2 밝기감

앞에서 살펴본 것처럼 수평면의 시각대상이 보기 쉬운 것뿐만이 아니라, 환경
친화적인 면에서 계획하는 것이 중요하다. 전기 에너지를 과잉하게 소비하는 일
없이 일의 쉬운 정도나 쾌적한 환경을 추구하는 경우 수평면 조도만으로는 평가
할 수 없는 **밝기감**[7]~[11]이 사용되고 있다. 앞으로 밝기감의 기준화가 만들어지기를
기대하고 있으며 그 경우 목적에 맞는 시각대상의 시인성과 밝기감의 모두를 검

토하는 것이 중요하다.

실내의 각 면의 휘도분포와 조도분포를 바람직한 값으로 하려면 천장, 벽, 바닥 면의 휘도 균형을 잘 맞추어야 한다. 그러기 위해서는 적절한 반사율과 조도배분을 바르게 선정해야 한다. 3.0까지 천장높이의 각 면의 반사율이 천장은 0.7 이상, 벽은 0.3~ 0.8이 바람직하고, 바닥은 0.2~0.4의 범위에서 선정한다.

5.2.3 글레어와 반짝임

[1] 글레어

시야 내에 매우 높은 휘도로 인해 생기는 눈부심 장해를 **글레어**(glare)라 하며, 이는 시력의 저하나 불쾌감을 일으킨다. 글레어는 작업 시에 피로·실수·사고 등의 원인이 되므로 억제해야 한다.

(1) 감능 글레어(減能 glare)

시각대상을 보는 시선 가까이에 고휘도 광원이 있을 때 시각대상에서의 빛이 눈 안으로 들어와 망막에 상을 맺음과 동시에 고휘도 광원으로부터 강한 빛의 일부가 안구 내에 확산되어 **광막현상**을 일으킨다(그림 5.4). 그것에 의해 망막 위의 상에 빛이 중첩되어 시각대상에 대한 대비가 나쁘게 되어 시력을 저하시킨다.

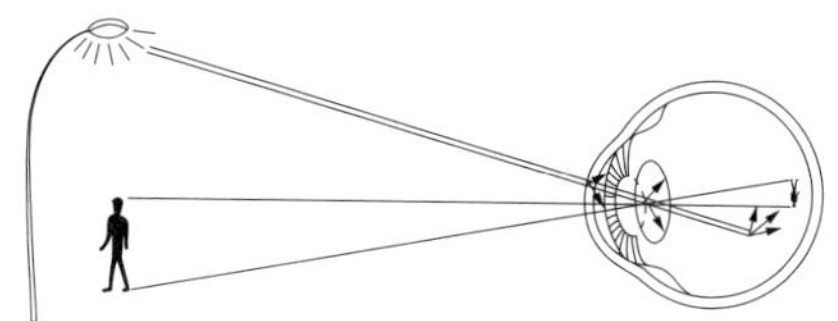

글레어 광원으로부터의 빛이 눈 안의 조직에서 산란되어 광막을 형성, 영상의 위에 덮인다.

그림 5.4 광막현상

(2) 불쾌 글레어

시야 내에 휘도가 높은 광원이 있으면 그것에 주의를 끌게 되거나, 괴롭게 느끼거나 해서 불쾌감을 일으키는 것을 **불쾌 글레어**라 한다. 불쾌 글레어는 광원이 고휘도가 될수록, 예견되는 입체각이 크게 될수록, 시야 내에 많이 보일수록 증가한다. 반대로 광원방향과 시선의 각도가 크게 될수록, 배경의 휘도가 높아질수록 저하한다. 시선과 광원이 이루는 각도에 의해서 가능시도가 저하하는 모습을 조도

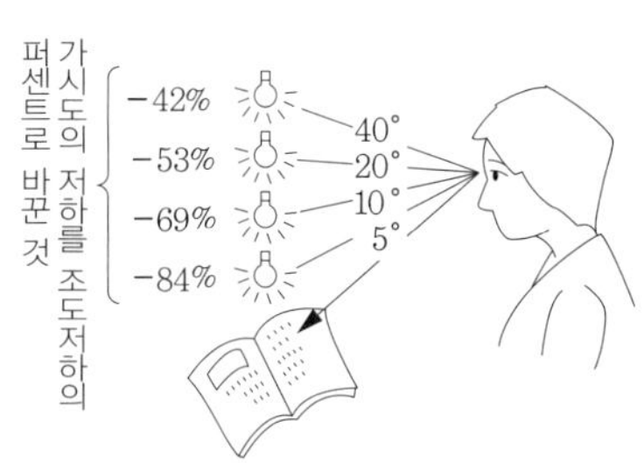

그림 5.5 시력을 저하시키는 글레어

로 환산해서 그림 5.5에 나타냈다.

1995년 CIE(국제조명위원회)에서 규정한 실내 조명 시설의 불쾌 글레어 평가 방법에 기초한 값을 실내 통일 글레어 평가치 UGR(Unified Glare Rating)이라 한다. 실내 시설의 UGR은 다음 식으로 정량적으로 평가할 수 있다. 표 5.2에 병기되어 있는 UGR_L을 넘지 않는 것이 바람직하다.

$$UGR = 8 \times \log\left(\frac{0.25}{L_b} \times \sum \frac{L^2 \times \Omega}{p^2}\right) \tag{5.1}$$

여기서, L_b는 배경휘도[cd/m²], L은 관측자 눈의 방향에 대한 각각의 조명기구의 발광부 휘도[cd/m²], Ω는 관측자 눈의 방향에 대한 각각의 조명기구의 발광부 입체각 [sr], p는 각각의 조명기구의 시선으로부터의 격차에 관한 거스(Guth)의 위치지수이다.

그림 5.6에 글레어 평가식의 기호설명을 나타냈으며, 포지션 인덱스를 표 5.4에 나타냈다. 이 식으로 구할 수 있는 UGR은 표 5.5와 같은 감각에 대응된다. UGR이 3정도 차이가 날 때 불쾌 글레어의 주관평가가 변화하는 것을 고려하면 계산치와 제한치의 관계는 그림 5.7과 같다. 예를 들면 어느 조명설비의 UGR 계산치가 19.0≦UGR 계산치<22.0이 되는 경우 그 조명설비는 UGR 제한치(UGR_L)가 19의 위치로 추천장려될 수 있다. UGR 제한에 대한 조명기구도 개발되고 있다.

[2] 반짝임

고휘도의 광원에서도 캠프파이어나 상점 전구의 경우 글레어도 있지만, 그 이상으로 사람의 마음에 활력과 화려함을 준다. 적당한 고휘도 광원의 적극적 활용도 고려할 가치가 있다.

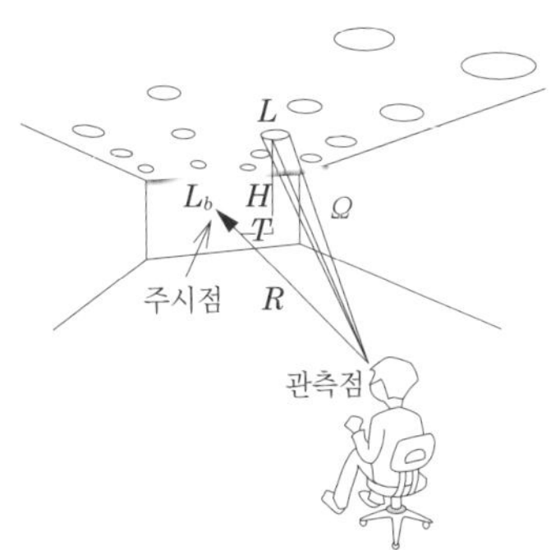

그림 5.6 글레어 평가식의 기호설명

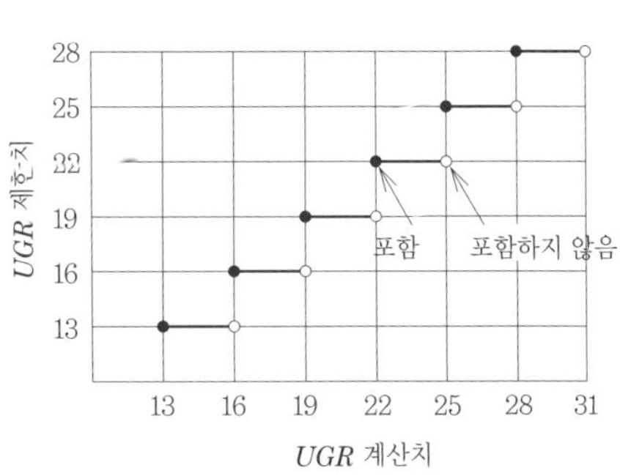

그림 5.7 UGR 계산치의 판정

[출전] 일본조명위원회, 「JCIE-002 실내 작업장의 조명기준설계 가이드」, (2009).

표 5.4 위치지수(포지션 인덱스, CIE117-1995)

T/R \ H/R	0,00	0,10	0,20	0,30	0,40	0,50	0,60	0,70	0,80	0,90	1,00	1,10	1,20	1,30	1,40	1,50	1,60	1,70	1,80	1,90
0,00	1,00	1,26	1,53	1,90	2,35	2,86	3,50	4,20	5,00	6,00	7,00	8,10	9,25	10,35	11,70	13,15	14,70	16,20	–	–
0,10	1,05	1,22	1,46	1,80	2,20	2,75	3,40	4,10	4,80	5,80	6,80	8,00	9,10	10,30	11,60	13,00	14,60	16,10	–	–
0,20	1,12	1,30	1,50	1,80	2,20	2,66	3,18	3,88	4,60	5,50	6,50	7,60	8,75	9,85	11,20	12,70	14,00	15,70	–	–
0,30	1,22	1,38	1,60	1,87	2,25	2,70	3,25	3,90	4,60	5,45	6,45	7,40	8,40	9,50	10,85	12,10	13,70	15,00	–	–
0,40	1,32	1,47	1,70	1,96	2,35	2,80	3,30	3,90	4,60	5,40	6,40	7,30	8,30	9,40	10,60	11,90	13,20	14,60	16,00	–
0,50	1,43	1,60	1,82	2,10	2,48	2,91	3,40	3,98	4,70	5,50	6,40	7,30	8,30	9,40	10,50	11,75	13,00	14,40	15,70	–
0,60	1,55	1,72	1,98	2,30	2,65	3,10	3,60	4,10	4,80	5,50	6,40	7,35	8,40	9,40	10,50	11,70	13,00	14,10	15,40	–
0,70	1,70	1,88	2,12	2,48	2,87	3,30	3,78	4,30	4,88	5,60	6,50	7,40	8,50	9,50	10,50	11,70	12,85	14,00	15,20	–
0,80	1,82	2,00	2,32	2,70	3,08	3,50	3,92	4,50	5,10	5,75	6,60	7,50	8,60	9,50	10,60	11,75	12,80	14,00	15,10	–
0,90	1,95	2,20	2,54	2,90	3,30	3,70	4,20	4,75	5,30	6,00	6,75	7,70	8,70	9,65	10,75	11,80	12,90	14,00	15,00	16,00
1,00	2,11	2,40	2,75	3,10	3,50	3,91	4,40	5,00	5,60	6,20	7,00	7,90	8,80	9,75	10,80	11,90	12,95	14,00	15,00	16,00
1,10	2,30	2,55	2,92	3,30	3,72	4,20	4,70	5,25	5,80	6,55	7,20	8,15	9,00	9,90	10,95	12,00	13,00	14,00	15,00	16,00
1,20	2,40	2,75	3,12	3,50	3,90	4,35	4,85	5,50	6,05	6,70	7,50	8,30	9,20	10,00	11,02	12,10	13,10	14,00	15,00	16,00
1,30	2,55	2,90	3,30	3,70	4,20	4,65	5,20	5,70	6,30	7,00	7,70	8,55	9,35	10,20	11,20	12,25	13,20	14,00	15,00	16,00
1,40	2,70	3,10	3,50	3,90	4,35	4,85	5,35	5,85	6,50	7,25	8,00	8,70	9,50	10,40	11,40	12,40	13,25	14,05	15,00	16,00
1,50	2,85	3,15	3,65	4,10	4,55	5,00	5,50	6,20	6,80	7,50	8,20	8,85	9,70	10,55	11,50	12,50	13,30	14,05	15,02	16,00
1,60	2,95	3,40	3,80	4,25	4,75	5,20	5,75	6,30	7,00	7,65	8,40	9,00	9,80	10,80	11,75	12,60	13,40	14,20	15,10	16,00
1,70	3,10	3,55	4,00	4,50	4,90	5,40	5,95	6,50	7,20	7,80	8,50	9,20	10,00	10,85	11,85	12,75	13,45	14,20	15,10	16,00
1,80	3,25	3,70	4,20	4,65	5,10	5,60	6,10	6,75	7,40	8,00	8,65	9,35	10,10	11,00	11,90	12,80	13,50	14,20	15,10	16,00
1,90	3,43	3,86	4,30	4,75	5,20	5,70	6,30	6,90	7,50	8,17	8,80	9,50	10,20	11,00	12,00	12,82	13,55	14,20	15,10	16,00
2,00	3,50	4,00	4,50	4,90	5,35	5,80	6,40	7,10	7,70	8,30	8,90	9,60	10,40	11,10	12,00	12,85	13,60	14,30	15,10	16,00
2,10	3,60	4,17	4,65	5,05	5,50	6,00	6,60	7,20	7,82	8,45	9,00	9,75	10,50	11,20	12,10	12,90	13,70	14,35	15,10	16,00
2,20	3,75	4,25	4,72	5,20	5,60	6,10	6,70	7,35	8,00	8,55	9,15	9,85	10,60	11,30	12,10	12,90	13,70	14,40	15,15	16,00
2,30	3,85	4,35	4,80	5,25	5,70	6,22	6,80	7,40	8,10	8,65	9,30	9,90	10,70	11,40	12,20	12,95	13,70	14,40	15,20	16,00
2,40	3,95	4,40	4,90	5,35	5,80	6,30	6,90	7,50	8,20	8,80	9,40	10,00	10,80	11,50	12,25	13,00	13,75	14,45	15,20	16,00
2,50	4,00	4,50	4,95	5,40	5,85	6,40	6,95	7,55	8,25	8,85	9,50	10,05	10,85	11,55	12,30	13,00	13,80	14,50	15,25	16,00
2,60	4,07	4,55	5,05	5,47	5,95	6,45	7,00	7,65	8,35	8,95	9,55	10,10	10,90	11,60	12,32	13,00	13,80	14,50	15,25	16,00
2,70	4,10	4,60	5,10	5,53	6,00	6,50	7,05	7,70	8,40	9,00	9,60	10,16	10,92	11,63	12,35	13,00	13,80	14,50	15,25	16,00
2,80	4,15	4,62	5,15	5,56	6,05	6,55	7,08	7,73	8,45	9,05	9,65	10,20	10,95	11,65	12,35	13,00	13,80	14,50	15,25	16,00
2,90	4,20	4,65	5,17	5,60	6,07	6,57	7,12	7,75	8,50	9,10	9,70	10,23	10,95	11,65	12,35	13,00	13,80	14,50	15,25	16,00
3,00	4,22	4,67	5,20	5,65	6,12	6,60	7,15	7,80	8,55	9,12	9,70	10,23	10,95	11,65	12,35	13,00	13,80	14,50	15,25	16,00

표 5.5 *UGR*과 글레어의 감각
(JIS Z 9110 : 2010)[2]

UGR 단계	글레어의 정도
28	너무 심하다고 느끼기 시작한다.
25	불쾌하다.
22	불쾌하다고 느끼기 시작한다.
19	신경쓰인다.
16	신경쓰인다고 느끼기 시작한다.
13	느껴진다.
10	느끼기 시작한다.

5.2.4 빛의 방향성과 확산성

빛이 대상물에 닿아 반사함으로써 대상물에 빛나는 부분과 그늘이 생긴다. 그 빛의 방향성과 확산성에 의해서 반사와 음영의 강도가 달라진다.

[1] 음영

(1) 방해가 되는 음영

작업면상에 손그늘이나 신체의 그림자가 생기면 작업능률이 현저히 저하된다. 이것을 막기 위해서는 확산성이 높은 조명기구를 사용하고, 광원의 배치에도 유의한다.

(2) 적절한 음영

입체적인 시각대상에 빛을 쪼여서 그곳에 생기는 음영으로 입체대상의 형상을 표현하는 것을 **모델링**이라 한다. 시각대상이 밝게 조명되고 있는 것만으로는 불충분하며, 시각대상이 적절한 음영을 가지는 것이 중요하다. 적절한 음영을 생기게 하려면, 바람직한 방향에서 적절한 강도의 빛을 비추는 것이 필요하다.

(3) 재질감의 표현

직물·벽지 등에 방향성이 강한 빛을 경사방향에서 조사하면, 표면의 거친 정도나 요철을 표현하는 세밀한 음영이 생기고 재질감이 강조된다.

[2] 반사

(1) 반사 글레어

시각작업의 방해가 되는 반사로서 **반사 글레어**(反射 glare)가 있다. 광택이 있는 대상(지면, VDT 표시면)에 조명광원 등의 고휘도부가 반사해서 시각대상의 휘도대비가 나빠져 문자가 보이는 방향이 줄어들거나 불쾌감을 초래한다.

신 JIS 기준에 VDT에 관한 규제치가 나와 있다. 수직 또는 15도 경사진 표시화면을 통상의 시선방향(수평)으로 사용하는 곳에서는, 조명기구에 의한 휘도의 한계치는 조명기구의 연직각 $65°$ 이상의 평균휘도에 적용되며, VDT 화면에 영사를 일으키는 조명기구의 평균휘도 한계치는 $2,000cd/m^2$ 이하로 되어 있다.

수평면 인쇄지면의 경우 시선의 방향을 살펴보면, 그림 5.8과 같이 $25°$의 각도가 가장 많고, $0{\sim}40°$까지가 전체의 85%를 차지하고 있다. 그 시선이 반사하는

방향의 천장면에 고휘도의 조명기구를 설치하면
반사 글레어가 생기지 않는다.

(2) 재질감의 표현

붉은 사과의 신선함을 표현하는 아름다운 광
택은 백열전구와 같은 점광원, 고휘도 광원에 의
한 반사 때문이다. 귀금속, 옥석 등도 점광원,
고휘도 광원의 반사나 굴절이 없으면 그 화려한
빛의 연출이 불가능하게 될 것이다.

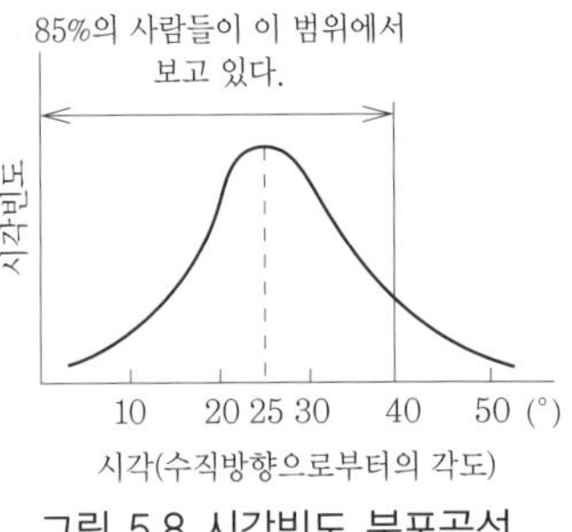

그림 5.8 시각빈도 분포곡선

5.2.5 주광·창문

주간(낮)의 조명으로서 **주광(晝光)**과 인공조명을 잘 조화시켜서 쾌적한 조명환경
을 만드는 것이 중요하다. 건축공간에 있어서 창문이 하는 역할은 채광이 가장 중
요하다고 생각되지만, 내부거주자가 가지는 외부공간에의 심리적인 연결, 즉 개방
감(창문이 없을 때는 폐쇄감)이나 조망도 큰 비중을 점하고 있다.

한편, 얻어진 광환경의 불안정함이나 제어의 어려움과 같은 문제, 그리고 열환경
적으로는 냉방부하증대 등의 단점도 존재한다. 그러므로 주광조명과 인공조명을
병용하는 경우, 양자의 이점을 활용해가며 균형을 고려해가는 것이 바람직하다.

5.2.6 광원의 광색과 연색

[1] 광색

광원 자체의 색을 **광색(光色)**이라 하고, 상관색온
도(相關色溫度)로 표현한다. 색온도와 인간에게 주
는 느낌은 표 5.6과 같이 된다. 저색온도의 조명은
따뜻함을, 고색온도의 조명은 상쾌함을 준다.

표 5.6 램프의 상관색온도
(JIS Z 9110 : 2010)[2]

광색	상관색 온도
따뜻한 색	3,300K 미만
중간색	3,300~5,300K
차가운 색	5,300K 초과

[2] 연색

연색(演色)이란, 광원에서 조명이 여러 가지 물체색에 영향을 미치는 현상을 말
한다. **평균연색 평가수** R_a(JIS Z 8726)를 이용해서 램프에 의한 물체 색이 보이
는 상태를 평가한다. R_a는 국제조명위원회 CIE에서 정한 파장범위의 상대분광분

포와 기준광원과의 일치도로 판정하고 있다.

신기준에서는 영역·작업 또는 활동 종류별로 기대되는 R_a의 최소치를 보이고 있으며 표 5.2에 병기했다.

5.2.7 생체 리듬

인간의 서커디언 리듬(circadian rhythum : 생체 리듬)은 빛에 의해 좌우된다. 적절한 밝기와 광색의 조명상태를 선정함으로써 보다 좋은 수면과 각성을 얻게 되어 생활의 질이 향상된다[12]~[14].

5.3 조명설계 순서

5.3.1 공간의 구성과 기능의 결정

조명설계를 하기 위해서는 그 건물 전체의 구성과 기능을 가능한 한 상세하게 알아둘 필요가 있다. 건물 전체의 사용목적을 명확하게 알고 그 공간의 기능과의 관련을 상세하게 조사한다.

공간마다 필요한 조명의 역할을 결정하는 것은 조명의 설계를 쉽게 하고 최종적인 조명설비를 결정하는 데 효과적이다[4]. 조명환경의 질을 기본으로 한 다음, 에너지 절약화의 추진을 도모하기 위해 조명 가이드에 따라 계획·설계하는 것이 바람직하다[15]~[18].

5.3.2 빛에 의해 보이는 상태의 결정

공간의 기능을 살리기 위해서는 공간 내부 각 부분의 보이는 상태와 각 부분에 있어서의 시각작업 대상이 보이는 상태를 결정하지 않으면 안 된다. 천장·벽·바닥 전부를 밝게 할 것인가, 전체의 조도 레벨을 조금 낮춰서 작업면을 밝게 할 것인가, 또는 천장·벽·바닥 전부를 어둡게 해서 작업면만을 빛나게 할 것인가 하는 것을 공간의 기능에 따라서 변화시킨다. 밝게 하기만 하는 것이 아니라 필요한 부분을 어둡게 하는 것도 중요하다. 어두운 곳이 있어도 밝은 부분이 효과적으로 나타나도록 한다.

설계요건(공간의 기능, 빛에 의해 보이는 상태)이 결정되면 조명요건의 각 항목에서 적절한 값 또는 방식을 선택하고 목표치를 설정해간다. 신기준에 따른 용도별 조명요건 중 사무실의 예(발췌)를 표 5.7에 나타낸다. 용도별 조명요건에 표시되어 있지 않은 '영역, 작업 또는 활동의 종류'의 추천장려되는 조명요건을 결정하는 경우는 기본적인 조명요건(표 5.2 등)을 사용해서 결정한다.

표 5.7 사무실의 조명요건(발췌, JIS Z 9110 : 2010)[2]

영역·작업 또는 활동의 종류		E_m[lx]	U_0	UGR_L	R_a
작업	설계, 제도	750	0.7	16	80
	키보드 조작, 계산	500	0.7	19	80
집무 공간	설계실, 제도실	750	–	16	80
	사무실	750	–	19	80
	임원실	750	–	16	80

[1] 설계조도

추천장려 조도를 참고하면서 표 5.3의 범위 내에서 그 공간에 맞는 설계조도를 결정한다.

[2] 실내 각 면의 휘도분포, 조도분포

5.2.2 항을 참조해서 적절한 반사율을 결정하고 거기에 맞는 조도배분을 한다.

[3] 글레어와 반짝임

글레어는 시각 저하나 불쾌감을 유발하므로 피하지 않으면 안 된다. 글레어 평가법의 항을 참고해서 시설별·작업별 글레어의 추천장려치에서 목표의 UGR을 결정한다. 그리고 적합한 배광을 가진 조명기구를 적절한 배치로 설치한다.

[4] 빛의 방향성과 확산성

방의 목적이나 공간의 기능에서 지향성이 강한 빛이 적절한지, 확산성의 빛이 적절한지 판단한다.

VDT 화면 혹은 키보드 반사에 의한 감능 글레어 및 불쾌 글레어가 생길 경우가 있다. 5.2.4항에서 설명한 것처럼 고휘도 광원의 반사를 피하도록 조명기구를 선택하고 적절한 배치로 설치한다.

[5] 주광과 창문

직사일광이 평행광선 그대로 실내에 들어오면 작업에 적합한 조도를 크게 상회하게 된다. 또 조도분포의 불균제(不均薺)나 글레어를 생기게 한다. 이 때문에 사무실 등 작업성을 중시하는 공간에 있어서는 그대로 활용하는 것은 어렵다. 사무실 등의 작업공간에서는 평행 혹은 수직 블라인드와 같은 적절한 장치로 직사일광을 차폐한다. **하늘빛(파란 하늘빛, 흐린 하늘빛)**은 직사일광에 비하면 안정되어 있기 때문에 이것을 중심으로 활용하는 경우가 많다.

5.3.4 조명방식의 결정

전반조명·국부조명·국부적 전반조명·태스크 앰비언트 조명 등 어느 조명방식으로 할 것인지 검토한다.

[1] 전반조명방식

전반조명(全般照明)은 실내 전체에 균일하게 조명을 하는 방식이다. 실내의 작업장소 배치가 바뀌어도 조명기구의 배치를 바꿀 필요가 없는 매우 융통성이 높은 방식이다. 같은 종류의 조명기구를 천장면에 균등하게 배치해서 조명하는 경우가 많으므로 보수가 용이하다. 고층빌딩의 기준층은 거의 같은 평면도이므로 한발 더 나아가서, 복합천장 시스템을 채용한다면 조명기구뿐만 아니라 전 전기

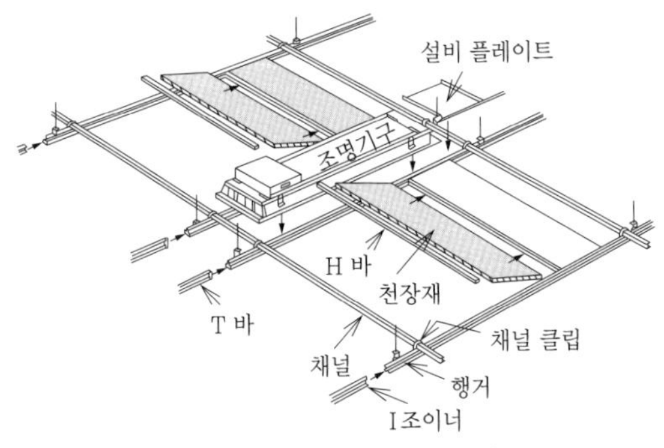

그림 5.9 복합천장 시스템의 예

설비가 하나로 모듈화된다. 그리고 방 간의 칸막이의 변경이 자유로울 수가 있다.
복합천장 시스템의 일례와 사례를 그림 5.9와 그림 5.10에 각각 나타냈다.

[2] 국부조명방식

개개의 대상에 대해서 개개로 조명하는 방식이다. 보통 상업시설에서 중점조명
을 하는 경우에 채용된다. 특별한 경우를 제외하고 전반조명과 병용한다.

[3] 국부적 전반조명방식

일반적으로 회의실에서 큰 책상에 집중적으로 조명설비를 배치하는 방식이다.
전반조명과 같은 융통성은 없지만 조명효율은 좋다. 벽면 등에는 국부조명을 병
용하는 것이 바람직하다.

[4] 태스크-앰비언트 조명방식

그림 5.10 고층 빌딩 기준층 사무실에 복합천장 시스템을 사용한 조명

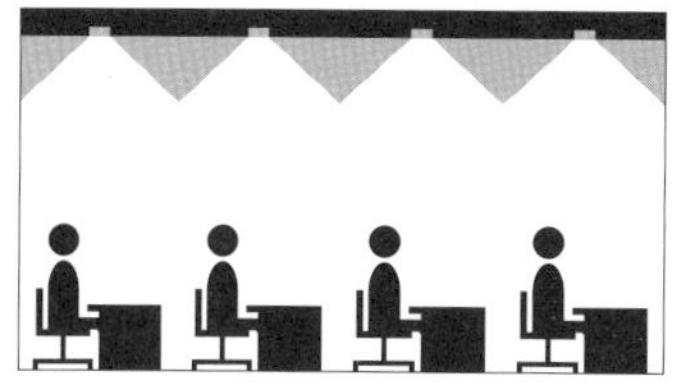

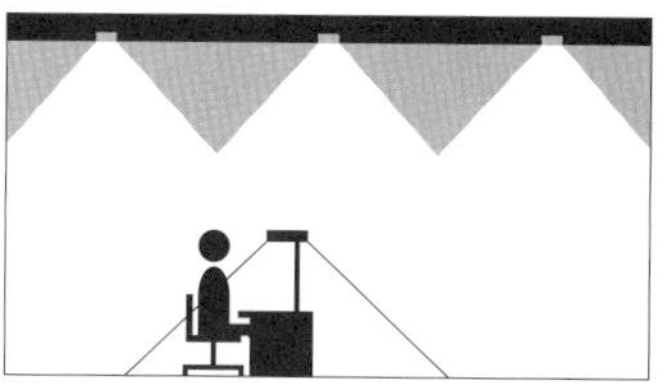

(a) 전반조명방식　　　(b) 태스크-앰비언트 조명방식

그림 5.11 전반조명방식과 태스크-앰비언트 조명방식

전반조명방식에서 설계조도는 방 전체의 평균조도인 경우가 많지만, 예를 들어 작업영역이 정해져 있는 경우 **태스크-앰비언트**(task-ambient) **조명**방식으로 하면 작업영역의 설계조도를 태스크 조명과 앰비언트 조명의 합계조도로 할 수 있다.

태스크-앰비언트 조명방식의 예를 그림 5.11 (b)에 나타냈다. 또한 작업지역 주변(앰비언트 에어리어)을 예를 들면, '조금 거친 시각작업'에 맞춰지면 앰비언트 에어리어의 설계조도를 태스크 에어리어의 설계조도보다도 낮은 값으로 결정할 수 있게 되므로 조명기구의 배치, 사용방법에 의한 에너지의 유효이용성이 커진다. 주변 분위기를 유지하기 위한 수평면조도의 추천장려치를 표 5.8에 나타냈고 벽면이나 기둥면 등의 연직면 조도의 예를 표 5.9에 나타냈다[19), 20)].

표 5.8 작업근방의 조도 (JIS Z 9125 : 2007)[3)]

(단위 : lx)

작업영역의 조도	작업근방의 조도
750 이상	500
500	300
300	200
200 이하	작업조도와 동일한 조도

표 5.9 작업면 조도에 대해서 필요한 주변벽면조도

(단위 : lx)

대상		벽면		
카테고리				
작업책상 윗면 조도	벽면 반사율↓	상한	최적	하한
300	0.3	430	240	120
	0.8	380	190	75
500	0.3	590	330	180
	0.8	540	270	110
700	0.3	690	400	220
	0.8	640	320	130
1000	0.3	800	480	260
	0.8	740	380	150

[출전] 타부치, 나카무라, 마츠시마, 벳푸, "사무소에서 국부조명을 병용하는 경우의 바람직한 조도 균형에 관한 연구", 「照学誌」, 75, 275 (1991).

5.3.5 조명기구의 선정

조명방식이 결정되면 그것에 적합한 광원·조명기구·조명제어를 선정한다.

[1] 광원

광원의 선정은 조명설계에 있어서 큰 비중을 차지하고 있다. 광원의 크기·광속,

연색성·경제성·수명·보수관리 등을 충분히 검토해서 설계의 목적에 적합한 것을 선택한다. 사람의 동선을 충분히 고려하여 그 공간만이 아니라 인접한 공간에 들어갔을 때 위화감이 생기지 않도록 주의한다.

[2] 조명기구

조명기구의 선정도 조명설계에 있어서 중요하다. 조명기수의 배광, 조명률, 글레어 규제, 광학적 특성, 기구의 승강이나 이동, 방수·방습·방폭·내진 등의 기계적 특성, 광원의 교환, 부품의 탈착, 기구의 취급방법 등을 충분히 검토한다. 그리고 공간의 기능을 충분히 발휘할 수 있는 기구를 선정하지 않으면 안 된다. 기구의 형상이 큰 영향을 주는 경우도 있다.

[3] 조명제어

공간사용방식에 따라서 적절한 조명상태를 실현할 필요가 있지만, 조명제어를 사용하면 여러 가지 효과가 있다.

시설공간의 부위·작업마다 목적에 따른 조명의 상태가 설정되는 것이 바람직하다. 이용자의 선호에 따른 조명상태의 임의 설정은 납득성·만족도를 향상시켜 쾌적성이나 생산성을 향상시킨다.

필요한 장소나 시간에 중점적으로 조명설비를 사용함으로써 에너지 절약이 된다(상세한 내용은 5.5절 참조).

5.3.6 평균조도의 계산

실내를 전반조명하는 경우 다음 식에 따라서 평균조도 또는 소요조명기구 대수를 구한다.

$$E = \frac{\Phi NUM}{A} \tag{5.2}$$

$$N = \frac{EA}{\Phi UM} \tag{5.3}$$

여기서, E는 평균조도[lx], N은 광원의 등수, A는 바닥면적[m²], U는 조명률, Φ는 광원의 광속[lm], M은 보수율이다.

[1] 평균조도 또는 소요조도

작업장에서는 수평면 조도의 평균치를 가리키는 경우가 많다. 조명설계자는 작업장을 실내 전체로 하거나 혹은 적절한 작업장을 선정한다. 전반조명방식의 경우, 실내 주변이 조금 어둡고 중앙이 밝게 된다.

[2] 광원등수

램프의 등수를 말하는 것으로, 2등용 기구의 경우 조명기구의 대수는 등수의 1/2이 된다. 산출된 등수를 기구대수로 환산해서 배치한다.

[3] 바닥면적

방 전체는 정면의 폭과 안길이의 곱이 바닥면적이 된다.

[4] 광원광속

조명기구 내 광원의 정격광속이다.

[5] 보수율

보수율은 조명시설을 일정한 기간 사용한 후 작업면상의 평균조도와 그 시설의 신설 시 같은 조건에서 측정한 평균조도에 대한 비로 정의되어 있다.

조명기구의 보수율은 다음 식으로 산출되며 조명학회의 가이드 JIEG-001에서 표준적인 보수율의 값이 나타나 있다.

$$\text{보수율} = \text{광원의 설계광속유지율} \times \text{조명기구의 설계광속유지율}$$

광원의 설계광속유지율은 제조업자로부터 공표되고 있다[21].

$$\text{조명기구의 설계광속유지율} = \text{광학계의 열화에 대한 유지율} \times \text{오염에 대한 광속유지율}$$

조명설계자는 보수율을 산출하는 조건을 분명하게 하고 램프의 교환빈도, 조명기구의 청소빈도, 청소방법 등을 포함한 포괄적인 보수계획을 사용자에게 제시하는 것이 바람직하다.

[6] 조명률

광원에서 방사되는 전광속에 대한 작업면에 입사하는 광속의 비율을 말한다. 조명기구의 배광, 기구효율, 실지수(室指數, 실의 정면의 폭, 안길이, 천장높이,

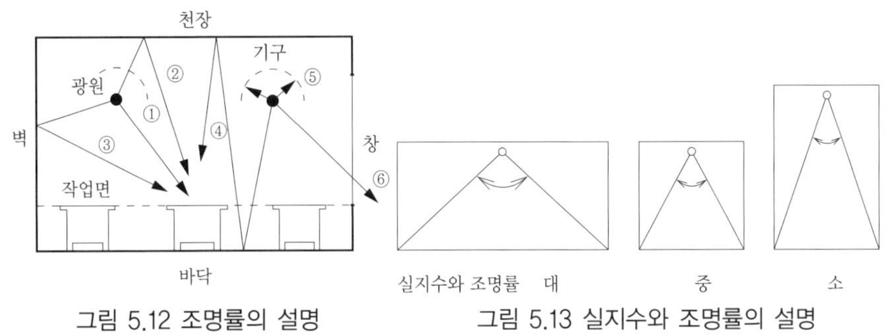

그림 5.12 조명률의 설명　　　　그림 5.13 실지수와 조명률의 설명

계산면 높이의 관계), 실내의 반사율에 의해서 결정된다.

　광원의 빛은 조명기구 내에서 반사·흡수·투과되어 기구 밖으로 나간다. 기구효율이 높은 경우는 많은 빛이 밖으로 나온다. 밖으로 나온 빛은 직접 작업면을 조사하는 빛과, 천장·벽·바닥으로 반사해서 작업면에 도달하는 빛이 있다. 천장·벽·바닥의 반사율이 낮으면 후자의 빛은 흡수되는 양이 많고 작업면에 달하는 빛은 적어진다(그림 5.12). 같은 광원 높이라도 바닥면적이 넓은 쪽이 조명기구에서 작업면에 달하는 직접광의 비율이 크고, 같은 바닥면적이라도 광원 높이가 낮은 쪽이 작업면에 달하는 직접광의 비율이 크다. 일반적으로 반사할 때마다 빛은 흡수되므로 직접광의 비율이 큰 방쪽이 작업면에 달하는 빛의 비율이 크다(그림 5.13).

　실지수(室指數)는 다음 식에 의해서 계산한다.

$$K_r = \frac{XY}{(X+Y)H} \tag{5.4}$$

　여기서, X는 방 정면의 폭[m], Y는 방의 안길이[m], H는 작업면에서 광원까지의 높이[m]이다.

　작업면의 높이는 시설에 따라서 조명설계자가 결정한다. 조명설계 시에 특별히 정할 수 없는 경우는 조명설계자가 바닥 위 0.8m(책상 위 시각작업), 바닥 위 0.4m(좌작업) 또는 바닥 혹은 지면 중 어느 것 하나를 선정한다.

　조명률은 조명기구 제조업자가 제공하는 것을 참조한다.

[7] 조명기구 배치의 결정

　평균조도의 계산에 따라 구해진 소요조도를 기초로 해서 방 안의 기둥이나 보를 고려하여 규칙적으로 배치해본다. 일반적으로 계산결과와 배치되는 대수는 일치되지 않으며 실제로 배치하는 경우 약간 많게 배치한다. 배치에 따라서 결정된 대수로 한 번 조도계산을 해서 그 방의 조도로 한다.

조명기구의 설치간격이 너무 넓으면 기구와 기구의 중간 부분이 너무 어두워지는 경우가 있다. 일반적으로는 벽면과 기구의 간격은 설치간격의 1/2로 하지만, 벽면에서 너무 떨어지면 공간이 어두운 인상을 주므로 유의한다.

5.3.7 경제비교

조명효과와 더불어 경제성도 중요한 요소이다. 같은 조명효과를 얻게 되는 조명수법이 여러 종류가 있는 경우, 초기설비비, 연간 경비를 비교 · 검토해서 결정할 필요가 있다.

5.3.8 조명조건의 점검

배치가 결정된 조명설계에 대해서 5.2절에서 설명한 조명설계의 요건에 따라 설정치를 점검하고 각 단계에 대해서 수정할 필요가 있다면 그것에 의해서 광원이나 기구의 재선택, 배치 변경을 통해서 재계산한다.

5.4 조명설계의 실제

각 시설의 시간·공간에 있어서 쾌적성과 나아가서는 인간성의 확보가 중요시되고 있다. 한편, 지구환경문제에 대한 대책이 중요시되므로 조명환경의 질을 유지하면서 에너지 절약을 추진하는 점을 기술한다.

5.4.1 사무실의 조명

[1] 조도

최근의 사무실은 시각정보의 질 향상과 사무량의 증가에 따라 시각작업에 있어서도 정밀화를 추구하고 있다. 따라서 집무자의 시력이나 휘도대비의 변별능력, 색의 식별능력 등을 양호하게 유지하고 작업효율을 향상시키는 동시에 피로 경감을 위한 시각계의 기능을 높이는 조명환경이 요구되고 있다.

JIS Z 9110 : 2010 조명기준 총칙에 제정되어 있는 추천장려 조도를 참고하여, 설계조도를 결정한다. 작업장의 조도균제도(＝최소조도/평균조도)는 0.7 이상으로 한다.

[2] 글레어

집무자에게 불쾌 글레어를 주지 않도록 적절한 조명기구를 선택할 필요가 있다. UGR은 19를 넘지 않는 것이 바람직하며 UGR은 3급으로 규정되어 있으므로 제조업자가 UGR이 22 미만이 되는 조명기구의 사용을 검토하는 것이 바람직하다.

VDT에의 반사 글레어를 방지하기 위해 JIS Z 9110에 규정하는 조명기구의 사용을 검토하는 것이 바람직하다.

[3] 평균연색평가수 R_a

사무실에서는 R_a가 80 이상인 광원을 사용하는 것이 바람직하다.

5.4.2 공장·창고

공장의 조명은 생산성을 유지하면서 높은 안전성을 위해 매우 중요하다. 건물의 천장높이는 20~30m의 것에서 3m 이하의 낮은 것까지 여러 가지가 있다. 천장에 균등하게 배치하는 전반조명방식에 더해서, 적절한 국부조명을 채용하면 수평면이나 연직면의 시각작업에 적당한 조도를 얻게 된다. 전반조명기구는 벽면거리에 유의하여 벽면의 밝기감을 확보한다. 냉동·냉장창고의 경우 기존의 형광램프에 의한 조명기구는 저온에서의 효율이 낮으므로 저온에서의 발광효율이 높은 LED 조명장치를 검토하면 좋다.

5.4.3 점포

점포는 구매동기에 따라 선택성이 높은 비일상적 상품을 다루는 것과, 선택성이 낮은 일상적 상품을 다루는 것으로 대별된다. 각각 공간의 연출방법이 다르므로 그것들에 어울리는 조명을 한다.

예를 들면, 의료전문점과 같이 비일상적인 상품군의 조명에는 구입 후에 착의한 상태확인과 상품정보를 제공하는 것이 바람직하다. 또한 손님에게 피로가 적고 주회성을 돕는 비주얼 포인트에 대한 국부조명을 효과적으로 사용하는 것이 바람직하다. 식품매장과 같은 일상적인 상품군의 경우는 상품의 재질에 따른 품질정보가 중요하므로 전의 것과의 비교를 돕기 위해서 비교적 높은 조도의 균질조명이 바람직하다.

5.4.4 주택

[1] 조도

주택의 조명설계는 주간의 주광이용에서의 밝기의 부족분을 보충하여 야간 행위에 적합한 광환경을 창조하면서 조명 에너지 소비를 줄이는 것이 요구된다. 새로운 기준을 참고로 용도별로 설계조도를 정하며 거주자가 고령자인 경우 문자를 쉽게 읽도록 조도를 확보한다. 또한 이동 시 보행에 지장이 없도록 유의한다.

[2] 조명방식

비교적 작은 방에서는 천장면 중앙에 배치하는 조명기구가 좋다. 비교적 크고 다목적으로 사용되는 거실에서는 단란·휴식·식사나 학습 등 다목적으로 사용되므로 그것들에 알맞는 조명방법을 선택하는 것이 바람직하다.

리빙 다이닝 실에서 2대의 조명기구를 사용하는 일실일등조명방식을 기준으로 책상용의 조명, 벽면용의 조명 등을 설정해서 전기회로를 나눈 **다등분산조명방식**을 그림 5.14, 표 5.10에 나타냈다. 점등시간에 좌우되지만 일실일등조명방식에 어울리는 조명기구를 나누어 쓰는 다등분산조명방식의 경우 소비전력량은 65~93%가 된다[15), 22)].

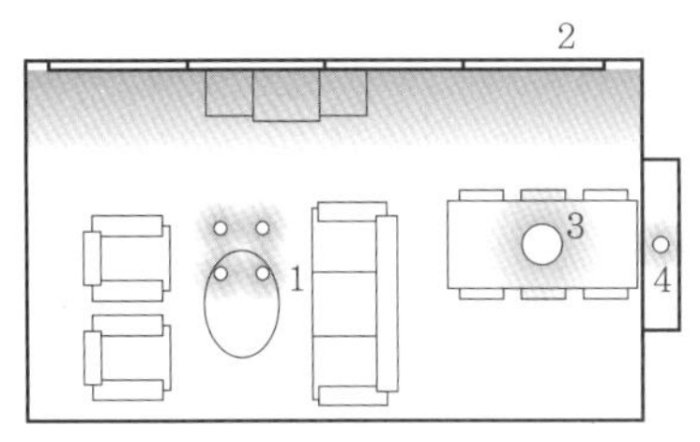

정면의 폭 5.9m, 안길이 3.6m(21.24m²) PLAN

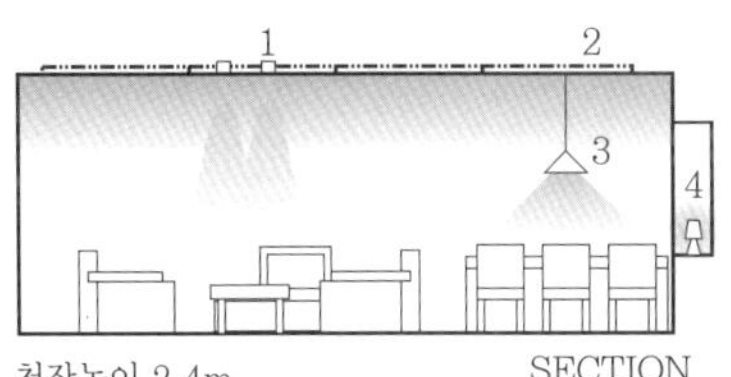

천장높이 2.4m   SECTION

예 1 : 전점등

예 2 : 영화감상 등
(다운라이트 2등＋간접조명 50%)

그림 5.14 다등분산조명방식의 기구배치와 조명상황

[출전] 조명학회, "기술지침 JIEG-002"-조명합리화의 지침-(제2판), (2011).

표 5.10 다등분산조명방식의 에너지 절약 효과[15)]

[출전] 국토기술정책총합연구소, 독립행정법인 건축연구소 감수 : 蒸署地版, "자립순환형 주택에의 설계 가이드 라인" (재)건축환경, 에너지 절약 기구 간, (2010)을 기초로 작성

번호	조명기구	램프	등수	소비전력 [W]	점등시간 [h]	소비전력량 합계 [Wh]
1	실링	85W Hf고리형 형광 램프	1	74	4.0	296
2	간접조명	20W 전구형 형광 램프	1	21	1.0	21
		1실1등조명방식 예의 소비전력량 합계				317

번호	조명기구	램프	등수	소비전력 [W]	점등시간 [h]	소비전력량 합계 [Wh]
1	다운 라이트	7W LED 램프	4	28	1.8~3.2	50~90
2	간접조명	18W LED 라인 조명	4	72	1.8~2.5	130~180
3	펜던트	21W 전구형 형광 램프	1	20	1.0	20
4	데스크 스탠드	5W 전구형 LED 램프	1	5	0.6~1.0	3~5
다등분산설계 예의 소비전력량 합계						203~295
1실1등조명방식과 다등분산조명방식 소비전력량의 비						약 64~93%

에너지 절약 조명

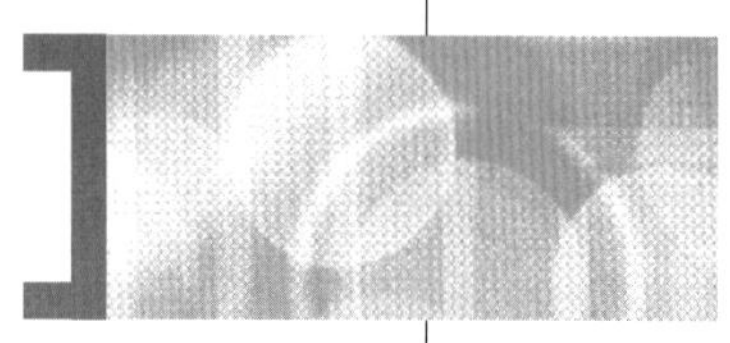

어느 기간의 소비전력량[kWh]을 낮추는 에너지 절약 대책과 더불어 하루의 최대전력[kW]을 제한하는 절전대책이 필요한 경우가 있다.

우리는 에너지를 소중하게 생각해야 하며 또한 지구환경보호의 입장에서 지구 온난화 가스의 배출량을 억제하는 것이 중요하다.

5.5.1 단기적 절전 대책

단기적인 대책이 필요할 경우 그 장소의 추천장려 조도의 값으로부터 표 5.3을 참고로 해서 하한치를 목표로 잡는 경우도 있다. 부득이 램프를 솎아내는 경우는 조명기구 제조업자 또는 안정기 제조업자 등의 전문가와 상담해서 표 5.3을 만족하도록 조도를 검토하면서 행한다.

장시간 사용하는 장소에서 백열전구와 같이 효율이 낮은 램프를 사용하고 있는 경우는 전구형 형광 램프나 전구형 LED 램프로 교환하는 것을 검토한다. 전구형 LED 램프는 다방면에서 기대되고 있지만, 백열전구와 배광의 형상이 다른 경우가 있으므로 유의한다.

5.5.2 중장기적 에너지 절약 대책

조명환경의 질을 확보한 다음에 중장기의 에너지 절약화를 계획하려면 적절한 가이드를 참조한다. 그러려면 새로운 기준의 추천장려표만이 아니라, 본문을 숙독하는 것이 중요하다. 그렇게 해야 다음 내용이 이해된다.

① 조도의 설정은 JIS Z 9110의 조도 추천장려치를 기초로 설계자가 시각대

상이나 작업자의 상태를 판단, 추천장려폭을 고려해서 설계조도를 정한다.

② JIS는 설계조도의 실현방법을 전반조명방식에 한정하고 있지 않고, 설계자가 시각작업 대상의 조명범위를 결정한다(방 전체일 필요는 없다).

조명기구의 적정교환시기에 관한 JIS C 8105-1 조명기구 제1부 안전성능 요구사항 총칙에서는 누적점등시간이 3만 시간 즉, 평균적인 연간 점등시간에서 환산하면 8~10년을 조명기구의 평균 수명으로 하고 있다. 그러므로 이 기간 내에 교환하지 않은 오래된 조명기구의 안전성과 에너지 절약이 문제가 되고 있다. 오래된 조명기구를 적절하게 교환함으로써 안전한 에너지 절약 조명의 실현이 이루어진다. 유의점은 다음과 같고, 초기조도제어, 주광이용제어의 사고방식을 그림

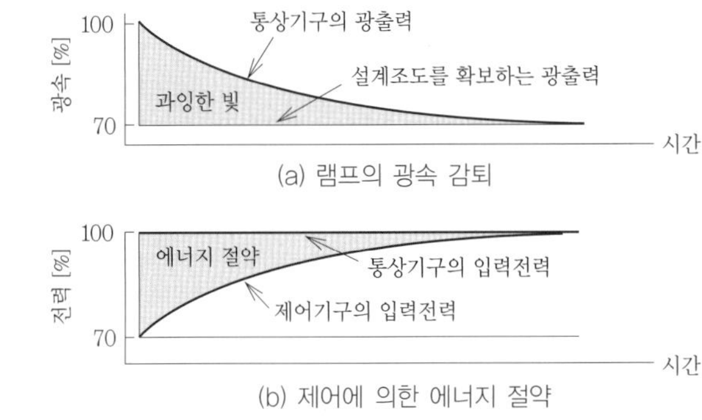

그림 5.15 초기조도보정에 의한 에너지 절약의 개념도

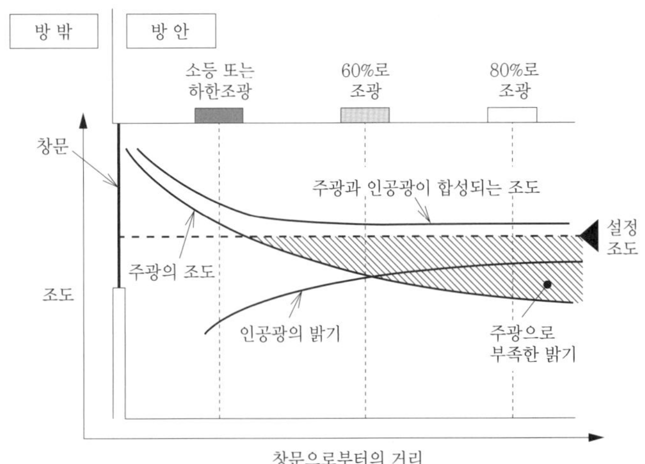

그림 5.16 주광이용에 의한 에너지 절약의 개념도

5.15, 그림 5.16에 나타냈다.

① 전기회로를 분기하여 스위치를 제어함으로써 작업시간대 이외를 소등, 솎아내기 점등을 한다.
② 장시간 점등기구의 에너지 절약성능 개선이나 고효율 광원으로 교환한다.
③ 초기조도의 보정, 주광이용제어, 사람·센서에 의한 점멸, 조광제어 등을 사용한다.
④ 태스크-앰비언트 조명방식이나 다등분산조명방식의 사용을 검토한다.

5.5.3 일상관리

[1] 에너지 관리

설비 관리자는 거주자가 받아들일 수 있는 운용규정을 정해서 거주자에게 에너지 절약 의식의 중요성을 알려 가능한 범위에서 협력을 얻는 것이 바람직하다. 이때, 전력량을 측정하고 거주자에게 적절한 정보를 제공하는 것이 중요하다.

[2] 보수관리

수명말기의 광원이나 더러워진 조명기구의 사용은 피한다. 소모품 교환, 청소 계획을 적정하게 책정하여 실행하는 것이 바람직하다.

1 사무실 조명기구의 배치를 구하라. 방의 치수(안치수)는 정면의 폭 19.2m, 안길이 12.8m, 천장높이 2.8m이다. 추천장려 조도는 750 lx, 설계조도는 750 lx로 한다. Hf32W 형광 램프 EX-N2등용(고출력 사양)으로 4,950 lm/본이다. 조명률은 0.55, 보수율은 0.69로 한다. 먼저 소요대수를 구하고 적절한 배치를 한 소요 대수에서 설계조도를 유도할 것

2 태스크-앰비언트 조명방식을 사용한 사무실에서, 천장면에 균등배치를 한 앰비언트 조명기구의 배치를 구하라. 방의 치수(안치수)는 정면의 폭 19.2m, 안길이 12.8m, 천장높이 2.8m이다. 추천장려 조도는 750 lx, 작업면의 설계조도는 750 lx, 앰비언트 조명기구에 의한 설계조도는 400 lx로 한다. Hf32W 형광 램프 EX-N의 1등용(고출력 사양)으로 4,950 lm/본이다. 조명률은 0.55, 보수율은 0.69로 한다. 먼저 소요대수를 구하고, 적절한 배치를 한 소요 대수에서의 설계조도를 유도할 것

3 문제 **1**의 전반조명방식과 문제 **2**의 태스크-앰비언트 조명방식을 사용한 사무실에서 연간의 소비전력의 차와 전반조명방식의 소비전력의 비[%]를 구하라.
Hf32W 형광 램프 EX-N의 2등용(고출력 사양)으로 86W/대, Hf32W 형광 램프 EX-N의 1등용(고출력 사양)으로 43W/대이다. 태스크 라이트는 LED로 10W/대, 30대로 한다. 연간 점등시간은 3,000시간이며, 태스크 라이트도 3,000시간으로 한다.

● 연습문제를 풀어본 후 214쪽 풀이 및 정답을 맞춰보세요.

〈참고문헌〉

1)　JIS Z 9110 照度基準(1979)

2)　JIS Z 9110 照明基準総則(2010)

3)　JIS Z 9125 屋内作業場の照明基準(2007)

4)　照明学会：照明基礎講座テキスト(2010)

5)　井上：やさしい照明技術，利用者の視力に応じた必要輝度の予測法，利用者の最大視力と視力比曲線を用いて，照学誌，86，466(2002)

6)　Y. Inoue & Y. Akizuki : "The Optimal Illuminance for Reading, Effects of Age and Visual Acuity on Legibility and Brightness", J. Light Vis. Environ., 22, 23(1998)

7)　中村：ウェーブレットを用いた輝度画像と明るさ画像の双方向変換-輝度の対比を考慮した明るさ知覚に関する研究(その 3)-，照学誌，90，97(2006)

8)　石田：空間の明るさ感の評価-仮想輝度分布法-，照学誌，86，759(2002)

9)　山口，篠田：照明認識視空間の明るさサイズの測定による実環境における空間の明るさ感の評価，照学誌，86，830(2002)

10)　岩井，井口：空間の明るさ感指標「Feu」による快適な空間創りのための新しい照明評価手法，Matsushita Technical Journal，53，64 (2008)

11)　藤野，中村，井上，岩井：照明設計ツールとしての輝度-明るさ変換システムの構築-，日本建築学会環境系論文集，597，13 (2005)

12)　小山，野口：光の非視覚的生理作用を考慮した良質睡眠確保に役立つ照明制御技術，BIO INDUSTRY，23，36(2006)

13)　野口：光とメラトニン，照学誌，93，134(2009)

14)　大川：生体リズムと光，照学誌，93，128(2009)

15)　照明学会：技術指針 JIEG-002 照明合理化の指針(第 2 版)(2011)

16)　日本照明委員会：JCIE-002 屋内作業場の照明基準設計ガイド(2009)

17)　照明学会：JIEG-009 住宅照明設計技術指針(2006)

18)　照明学会：JIER-112 照明器具の適正交換に関する報告書(2010)

19)　照明学会：タスク・アンビエント照明システム研究調査委員会報告書(1995)

20)　田淵，中村，松島，別府：事務所で局部照明を併用する場合の好ましい照度バランスに関する研究，照学誌，75，275(1991)

21)　照明学会：技術指針 JIEG-001　照明設計の保守率と保守計画（第 3 版）
　　（2005）
22)　国土技術政策総合研究所・独立行政法人建築研究所（監修）：蒸暑地版 自
　　立循環型住宅への設計ガイドライン，（財）建築環境・省エネルギー機構刊，
　　（2010）

제**6**장
실외조명

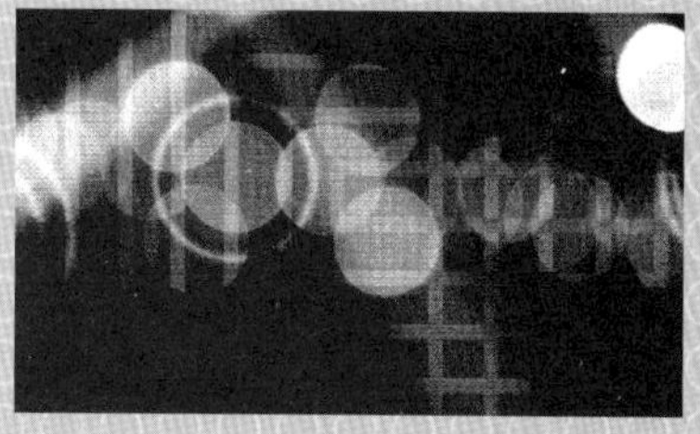

실외조명의 목적은 야간의 인간활동을 가능하게 하고 효율을 높여서 사고나 범죄에 의한 위험이나 손해를 방지함에 있다. 실외조명은 직접조명되는 면은 밝게 되지만, 실내조명과 같이 다른 면에서의 반사광을 기대할 수 없기 때문에 그 외의 면은 어둡다. 어두운 곳은 작업이 불가능할 뿐만 아니라, 통행에 위험하여 범죄의 온상이 되기도 하므로 실외조명에서는 조명기구의 배치 배열이 특히 중요하다. 이 상에서는 도로조명·터널조명·실외 스포츠 조명의 계획에 있어서 고려해야 할 기본사항을 해설한다.

도로조명

도로조명은 도로이용자(자동차의 운전자, 보행자 등)가 야간에 있어서 다음과 같은 도로상황이나 교통상황을 정확하게 인식하고, 안전하고 원활하게 주행할 수 있는 것을 목적으로 계획한다. 그 중에서도 자동차 교통에서는 비교적 먼 곳의 시각정보를 용이하게 그리고 정확하게 재빨리 판단하는 것이 요구된다.

① 도로상 장해물 또는 보행자의 존재
② 도로선형, 도로폭원 등의 도로구조 및 도로주위의 상황
③ 교차점, 분기, 합류점 등의 존재위치
④ 그 외 도로 이용 존재와 움직임

도로조명은 엄격하게 시각인지가 요구되는 자동차 교통을 대상으로 검토하게 되면 보행자에게도 좋은 시각환경이 얻어진다. 조명설비는 차를 안전하게 정지시킬 수 있는 거리(**안전정지시거리**, 표 6.1)에서 운전자가 필요로 하는 시각정보를 용이하고 확실하게 인식할 수 있도록 계획한다.

① 노면에 교통량이나 주행속도에 맞는 평균휘도를 노면에 부여한다.
② 노면의 휘도를 가능한 한 균일하게 한다.
③ 운전자에 대한 글레어를 제한한다.
④ 조명설비 배열에 의해 적절하게 유도성을 부여한다.

표 6.1 안전정지 시거리

속도 [km/h]	시거리 [m]
40	40
60	75
80	110
100	160

[1] 조명방식

도로조명방식에는 다음의 방식이 있으며 조명장소·효과 등을 생각해서 선택한다.

(1) 폴(pole) 방식

높이 8~15m의 폴 선단에 조명기구를 설치해서 도로를 따라 같은 간격으로 배치하는 방식으로 자유롭게 계획할 수 있어 통상 많이 이용된다.

(2) 커티너리 방식

중앙분리대에 설치한 15m 전후의 폴 사이에 도로를 따라서 커티너리(catenary)선을 만들어 조명기구를 비교적 짧은 간격으로 설치하는 방식이다. 조명기구 간격이 좁게 되므로 휘도균제도가 우수한 조명이 가능하다.

(3) 하이 마스트 방식

높이 15m 이상의 폴 위에 복수 개 조명기구를 설치하여 적은 기둥 수로 넓은 범위를 조명하는 방식이다. 광역을 조명하는 데에 적합하다.

(4) 높은 난간 방식

도로의 높은 난간을 따라서 조명기구를 연속적으로 설치하는 방식이다. 도로조명에는 별로 적합하지 않지만 항공장해 등 특별한 사정이 있는 경우에 이용된다.

[2] 광원

도로조명에는 수만 lm 정도의 큰 광속을 필요로 하고, 램프 교환에 어려움이 많으므로 광원은 효율이 높고, 수명이 길며, 주위온도의 변동에 대해서 안정하고, 광색과 연색성이 적절할 것 등을 고려해서 선정한다. 일반적으로 고압 나트륨 램프, 세라믹 메탈 할라이드 램프 등의 HID 광원이 적합하다.

[3] 조명기구와 그 배열

조명기구는 폴 방식에서는 하이웨이형 도로조명기구를 이용한다. 주위가 비교적 어두운 도로에는 글레어를 엄중하게 제한한 **컷오프**(cutoff)형을 이용하고, 주위가 비교적 밝은 도로에서는 글레어를 엄중하게 제한한 **세미 컷오프**(semi-cutoff)형을 이용한다.

조명기구의 배열은 편측 배열, 갈지자 배열, 마주보기 배열(그림 6.1) 중 어느 것 하나를 사용한다. 곡선부에서는 도로 외측에 따라서 편측 또는 마주보기 배열로 한다. 또한 중앙분리대가 있는 도로에서는 중앙배열을 이용하는 방법도 있다.

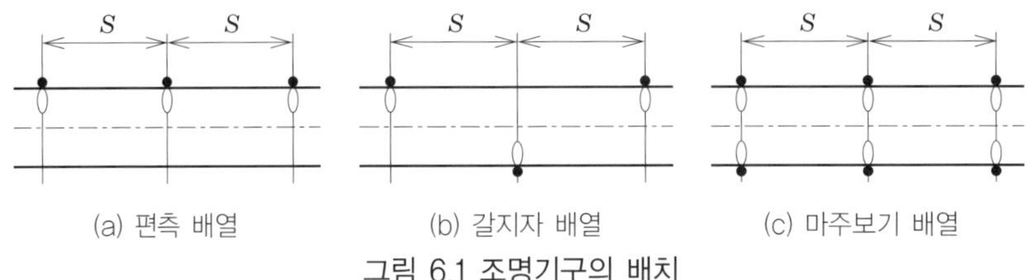

그림 6.1 조명기구의 배치

[4] 조명계산

노면의 기준휘도는 도로의 종류와 외부조건에 의해서 $0.5\sim2.0\text{cd/m}^2$ 정도로 한다. 노면휘도계산은 복잡하기 때문에 통상 아스팔트 노면에 대해서 $15\ \text{lx/(cd/m}^2)$, 콘크리트 노면에서는 $10\ \text{lx/(cd/m}^2)$의 조도와 휘도의 환산계수를 이용한다.

조명계산은 식 (6.1)의 광속법으로 한다.

$$L \cdot K = \varPhi \cdot U \cdot M \cdot N / (S \cdot W) \tag{6.1}$$

여기서, L은 노면의 평균휘도[cd/m^2], K는 **평균조도환산계수**[lx/(cd/m^2)], $\varPhi$는 램프 광속 [lm], U는 조명률, M은 보수율, N는 배열계수(편측 배열, 갈지자 배열 : 1, 마주보기 배열 : 2), S는 조명기구 간격 [m], W : 도로폭원 [m]이다.

터널 조명은 주간의 야외와 터널 내의 매우 큰 휘도차를 고려해서 안전하고 원활하게 주행할 수 있도록 계획한다. 특히 주간 시의 높은 휘도에 눈이 순응된 운전자가 터널 내의 낮은 휘도상태의 장해물을 안전정지 시각거리에서 인식이 가능해야 한다.

6.2.2　주안점

터널 조명에는 입구부 조명, 터널 안 조명, 출구부 조명, 접속도로의 조명 및 정전시 조명을 계획한다.

[1] 입구부 조명

휘도가 높은 야외 도로에서 어두운 터널에 진입할 때, 매우 큰 휘도차 때문에 터널 내부의 인식이 곤란한 경우가 있다. 이것을 방지하기 위해 주행속도에 따라서 운전자 눈을 순차적으로 적응시키기 위해 입구부 조명을 설치한다. 터널 입구에서 **경계부·이행부·완화부**로 순서를 구성하여 기본조명까지 휘도를 순차적으로 변화시키는 구간을 말한다(그림 6.2). 이들을 야외의 휘도에 맞춰서 변화시키며 야간에는 소등한다.

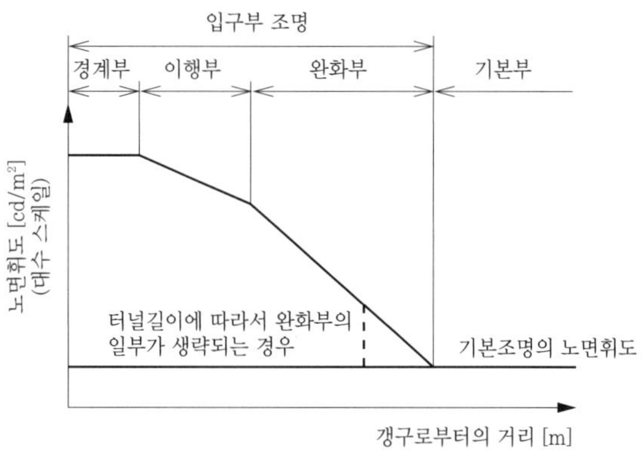

그림 6.2 입구부 조명의 구성

[2] 터널 안 조명

터널 내 휘도에 순응한 운전자가 전방의 장해물을 인식하기 위해 필요한 조명
이며, 터널 모든 길이를 거의 같은 휘도로 조명한다.

[3] 출구부 조명

출구부 조명은 터널 내부에서 출구 개구부를 통해서 보이는 야외의 고휘도로
인해 대형 차량 배후의 소형 차량이나 장해물 등의 인식 저하를 방지하기 위해 설
치한다.

[4] 접속도로의 조명

접속도로의 조명은 야간에 밝은 터널에서 어두운 도로로 나오는 때에 터널 출
구 부근의 도로선 모양이나 장해물 등이 밝게 보이도록 터널 출구에서 100~
200m의 도로 구간에 조명을 설치한다.

[5] 정전 시 조명

전기설비의 고장 등에 의한 정전 시 운전자 등에게 위험이 없도록 필요에 따라
서 정전 시 조명을 설치한다.

[1] 광원

터널 조명용 광원은 주간 시에 높은 조도가 필요하므로 효율이 높고, 또 보수작업이 곤란한 경우가 많으므로 수명이 긴 것을 선정한다. 고압 나트륨 램프, 저압 나트륨 램프, 형광 램프, 세라믹 메탈 할라이드 램프 등이 이용된다.

[2] 조명기구와 그 배열

조명기구의 배열은 갈지자 배열, 마주보기배열, 중앙배열로 한다. 조명기구의 설치간격(S)은 자동차의 주행속도(V)와 관련해서 불쾌감을 주는 어른거림(5~15Hz)이 발생할 우려가 있으므로, 식 (6.2)에 따라서 계획한다.

$$S < V/54 \text{ 혹은 } V/18 < S \ (S[\text{m}], \ V[\text{km/h}]) \qquad (6.2)$$

배광은 배열방법에 따른 양호한 노면휘도분포와 불쾌감이 생기지 않는 벽면휘도분포를 이용한다.

[3] 조명계산

노면휘도는 야외휘도, 설계(주행)속도 등에 의해서 입구부나 터널 안 조명의 휘도를 설정한다. 조도와 휘도의 환산계수는 아스팔트 노면에서 $18 \, \text{lx}/(\text{cd}/\text{m}^2)$, 콘크리트 노면에서 $13 \, \text{lx}/(\text{cd}/\text{m}^2)$를 이용한다.

조명계산은 식 (6.1)의 광속법으로 행한다. 배열계수(N)는 중앙배열에서는 1로 된다.

스포츠 조명

6.3.1 목적

스포츠 조명의 목적은 시시각각 변화하는 시각정보(시대상과 그 주변)를 잘 보이도록 해서 안전하고 공정한 경기가 행해지도록 하는 것이다.

6.3.2 주안점

경기자는 자신이 움직이면서 움직이고 있는 시각대상을 보고, 재빨리 정확한 판단을 내려 다음 동작을 행한다.

이 때문에 이용하는 공간의 높이, 경기의 방향, 시각대상의 크기, 속도, 보는 거리 등 각 경기의 성질을 잘 파악하여, 다음의 사항을 고려해서 경기공간과 그 배경에 적절하게 빛을 배분해야 한다. 기본적인 조명요건은 일본공업규격의 조명기준(JIS Z 9127)에 있다.

[1] 조도(照度)와 균제도(均齊度)

조도는 일반적으로 취급이 용이하고 규정하기 쉬운 수평면 조도로 규정되어 있지만, 그라운드 등의 경기면만을 사용하는 것만은 아니므로 경기공간에도 빛을 배분할 필요가 있다.

또한 잘 안 보이는 곳은 최소조도가 되는 지점이므로 시각을 확보하기 위해 조도균제도(최소/평균)를 확보한다.

[2] 배경의 밝기, 음영, 입체감

시각대상은 배경과의 대비에 따라서 보인다. 경기공간의 배경은 표 6.2와 같이 설정한다. 배경이 너무 어두우면 거리감이나 속도감각을 오인하게 되는 경우가 있다.

표 6.2 스포츠 시설의 배경

구 분		반사율과 그 사고방식
실내	천장	60%(너무 높으면 흰공 등이 보이는 정도가 낮아진다.)
	벽	20~60%(구기는 정면 20%, 측면은 이것보다도 높게 설정, 체조 및 댄스에서는 50~60%)
	바닥	20%
실외		배경의 펜스나 관객석은 20~30%의 낮은 배색, 실외 관객석 등이 없는 경우는 주위에 수목을 심는다.

거리감을 얻으려면 시각대상에 음영을 붙여 그것을 입체적으로 보이게 할 필요가 있다. 일반적으로 스포츠에서의 입체감은 식 (6.3)의 관계를 만족하면 좋다.

$$0.5 \leqq E_{sp}/E_h \leqq 2.0 \tag{6.3}$$

여기서, E_{sp}는 공간조도(평균원통면 조도, 반원통면 조도, 서로 직교하는 연직면 조도의 4방향의 평균치 등을 이용한다), E_h는 수평면 조도이다.

[3] 글레어(눈부심)

글레어는 시각대상의 보이는 정도나 경기의 집중력을 저하시키기 때문에 엄하게 제한하는 것이 중요하다. 그러나 경기자는 다양한 위치에서 여러 방향을 보기 때문에 글레어를 완전히 없애는 것은 곤란한 경우가 많다.

스포츠 시설의 글레어 평가(GR)에 다음 식이 쓰인다. 기본적으로는 50 이하(표 6.3)가 되도록 조명설비를 배치하여 조명방향을 결정한다.

표 6.3 GR과 불쾌 글레어의 정도

GR	불쾌 글레어의 정도
90	Unbearable(견딜 수 없다.)
70	Disturbing(방해가 된다.)
50	Just admissible(허용할 수 있는 한계)
30	Noticeable(별로 신경쓰이지 않는다.)
10	Unnoticeable(신경쓰이지 않는다.)

$$GR = 27 + 24 \log(L_{vl}/L_{ve}^{0.9}) \tag{6.4}$$

여기서, L_{vl}은 글레어 광에 의한 등가광막휘도 $[\text{cd}/\text{m}^2]$, L_{ve}는 글레어 광 이외의 등가광막휘도 $[\text{cd}/\text{m}^2]$이다.

[4] 스트로보 현상

스트로보 현상은 볼 등 고속으로 움직이는 시각대상이 단속적으로 움직이고 있는 것처럼 관찰되는 것을 말한다. 경기에 지장이 없도록 전원을 3상 교류로 해서 방전등의 위상을 바꾸어 가면서 점등하는 등의 대책을 취한다.

6.3.3 조명계획

[1] 광원

광범위를 높은 조도로 조명함으로써 큰 광속으로 높은 효율의 광원을 선정한다. 또한 사람의 피부색, 유니폼의 색 등이 부자연스럽게 보이지 않을 정도의 연색성이 필요하다. 메탈 할라이드 램프를 단독으로 이용하든가, 총합효율을 높이기 위해서 고압 나트륨 램프를 병용한 혼광조명이 이용된다.

[2] 조명기구의 배치

조명기구는 경기자의 일반적 시선방향을 고려하여 글레어가 생기기 쉬운 위치를 피해서 배치한다. 배구나 농구 등의 실내경기에서는 네트 위, 골대 위나 경기 코트 길이축 중앙단면상에는 배치하지 않는다. 육상경기나 축구장 등의 실외에서는 사이드 배치(그림 6.3)인지, 코너 배치(그림 6.4)인지에 따라서 투광기를 지붕이나 조명탑에 표 6.4에 정한 높이로 설치하여 글레어 평가(GR)가 만족하는지를 확인한다.

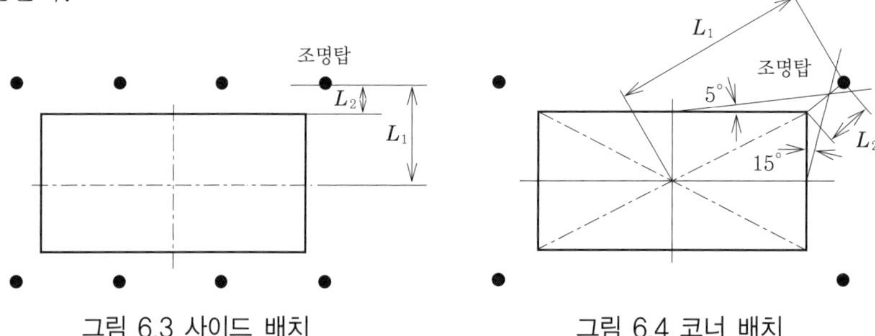

| 그림 6.3 사이드 배치 | 그림 6.4 코너 배치 |

표 6.4 조명기구의 설치높이

조명방식	조명기구 최하단의 설치높이 [m]
사이드 배치	$0.35L_1 \leqq H \leqq 0.6L_1$ 그리고 $L_2 \leqq H \leqq 4L_2$
코너 배치	$0.35L_1 \leqq H \leqq 0.6L_1$ 그리고 $H \leqq 3L_2$

[3] 조명계산

조명계산은 다음과 같이 광속법으로 한다.

$$N = A \cdot E / \Phi \cdot U \cdot M \tag{6.5}$$

여기서, N은 소요등수, A는 조명면적 [m²], E는 평균조도 [lx], Φ는 램프 광속 [lm], U는 조명률, M은 보수율이다.

[4] 카메라 촬영

TV 촬영이나 필름 촬영을 위해서는 백색조정(화이트 밸런스)이 가능한, 색온도의 연색이 높은 광원을 선정한다. 또한 좋은 영상을 얻기 위해서 카메라 시야 내의 휘도분포를 30 : 1 이내로 한다.

[5] 주광이용

실내 스포츠에서의 주광이용은 안정된 조명환경을 유지할 수 없는 결점이 있다. 또한 창은 주간 시에 글레어의 원인이 되고, 야간 시에는 블랙 홀이 되어 시각대상의 보이는 정도를 감소시킨다. 공식경기에서는 각 경기규칙에 맞도록 주광대책이 채용된 설비를 사용한다.

[6] 주위환경

실외 스포츠 시설에서는 조명설비로부터의 새는 빛을 충분히 제한해서, 주변주민·농작물·자연환경 등에의 영향을 최소화한다.

대책으로는 다음과 같은 것이 있다.

① 배광을 제어하는 조명기구를 선정한다.

② 조명탑 위치를 잘 살펴서 영향을 끼칠 우려가 있을 경우에는 후드나 루버를 설치한다.

③ 경기장 주변에는 오픈 스페이스를 설치하여 울타리 등으로 둘러싼다.

1 도로폭원 7.0m의 2차선 아스팔트 도로를 10m 폴, 편측 35m의 간격으로 연속조명하여, $1.0cd/m^2$를 얻고 싶다. 조명률 0.32, 보수율 0.65로 한 경우 소요 램프 광속을 구하라.

2 테니스 코트 2면 40m×35m를 메탈 할라이드 램프 1kW(110,000 lm)를 쓴 투광기 16대로 조명하고 있다. 조명률 0.36, 보수율 0.70인 경우, 평균조도를 구하라.

● 연습문제를 풀어본 후 214쪽 풀이 및 정답을 맞춰보세요.

제 **7** 장

방사의 응용

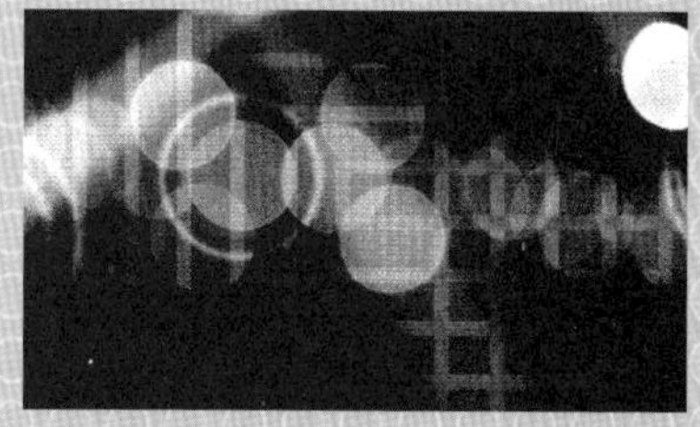

지구에 존재하는 모든 생물은 태양방사에 의해서 만들어지는 광환경에 적합한 형태로 진화한다. 시각작용을 일으키는 가시방사 이외에도, 자외방사 및 적외방사의 은혜를 받아서 이 지구상에 생존하고 있다. 또한 인간은 빛의 여러 가지 작용을 이용하는 것으로 우리들 생활의 질을 향상시켜 왔다. 즉 빛은 단순히 우리들의 생활공간을 비춰서 시각화시키는 것만이 아니라, 지구상의 모든 생물에 있어서 은혜의 빛이다. 조명설계를 할 때는 가시방사에 의해서 일어나는 시각 이외의 여러 가지 작용도 고려할 필요가 있다.

이 장에서는 빛의 시각 이외의 작용과 응용에 대해서 기술한다.

광원 발명의 역사와 광방사의 응용

빛은 물, 공기와 함께 지구상에서 생활하는 모든 생물에 있어서 필수 환경인자 중 하나이다. 우리들이 생활하는 지구는 지금으로부터 약 46억 년 전에 탄생하였다고 생각되고 있으며, 이때의 광원은 태양뿐이었다. 지구는 매우 느린 속도로 광환경을 포함한 여러 가지 환경(대기환경·수환경·지학환경)을 갖추면서 생물이 탄생했다. 그리고 탄생한 생물은 지구의 환경에 적합하도록 진화를 했다. 현재 우리 인간의 선조는 10만 년 정도 전에 탄생하였다고 생각되고 있으며, 그 탄생 당시의 광원은 태양과 번개 등에 의해 자연발생한 불이었다. 그 후, 인간은 불을 만드는 기술을 익혀 인공광원으로서 오일 램프와 수지 촛불을 기원 전에 발명했다. 이들 광원은 근세까지 이용되어 온 것으로서 연소발광이다. 그 때문에 연소온도의 제약에 의해서 **가시방사**와 **적외방사**만 방사함으로써 그 시대의 광원은 단순히 시각발현에 필요한 어두움을 비추었다.

빛의 본질이 과학적으로 분명하게 확인된 것은 17세기의 산업혁명 이후이다. 아이작 뉴턴(Isaac Newton)은 태양광을 프리즘에 통과시켜 백색광이 여러 가지 색의 빛(색광)이 혼합된 것임을 밝혔다. 프레드릭 윌리엄 허셜(Frederick William Herschel)은, 태양의 적색 빛 외측에 적외방사가 있음을 1800년에 발견했다. 1801년에는 요한 빌헬름 리터(Johann Wilhelm Ritter)가 태양의 자색광 외측에 **자외방사**가 있음을 발견했다. 이들 발견에 의해 빛은 시각발현에 사용되고 있는 가시방사만이 아니라 그 외측에 자외방사와 적외방사를 가진다는 것이 분명하게 되었다.

새로운 획기적인 광원으로서 아크등이 험프리 데이비(Humphry Davy)에 의해서 1800년에 발명되었다. 이 아크등은 스펙트럼 분포가 태양광과 근사하며, 그 전까지의 광원과 비교하면 매우 밝았다. 이 광원의 출현은 과학적 뒷받침에 기초한 빛의 시각 이외 여러 응용의 문호를 열었다. 닐스 R. 핀센(Niels Ryberg Finsen)은 아크등을 이용한 상처(피부염)의 광선치료법을 실시했고, 그 공적에 의해 1903년에 노벨 생리학상·의학상을 수여받았다. 또한, 1879년에는 백열전구가 토머스 앨바 에디슨(Thomas Alva Edison)에 의해 발명되어, 현대 조명환경의 역사가 시작되었다.

과학기술은 제2차 세계대전 후 급속도로 발전하였으며 다종다양한 광원이 개발되어 시판되고 있다. 또한 의학분야의 응용에서 시작된 빛은 이학·공학·농학·수산학과 등 응용의 장을 넓히고 있으며, 현대사회를 지탱하는 키 테크놀로지가 되고 있다. 지금까지 빛에 의한 여러 가지 생물반응이 확인되어 응용되고 있다.

표 7.1에 빛의 파장별 작용효과와 대응하는 광원을 나타냈다.

이 장에서는 빛을 자외방사·가시방사·적외방사로 분류하여 각각의 방사에 의한 대표적인 작용을 기술한다. 그런데 빛이라는 용어는 일반적으로 가시방사의 의미로 사용하는 경우가 많다. 자외방사·가시방사·적외방사의 총칭은 **광방사**(optical radiation)라는 용어로 정의되어 있다. 이 장에서는 이후 광방사라는 용어를 사용한다.

광방사는 파동성(波動性)과 양자성(量子性)의 2가지 성질을 같이 가지고 있다. 이것을 **빛의 이중성**이라 한다. 화학작용이라는 관점에서는 광방사의 양자성을 이용하고 있다. 그 때문에 광방사의 1광자당 에너지가 중요하다. 1광자당 에너지 E[eV]는, **플랑크의 양자가설**에 의해서 다음 식으로 계산된다.

$$E = h\nu = \frac{1,240}{\lambda} \text{ [eV]} \qquad (7.1)$$

여기서, h는 플랑크 상수(6.626×10^{-34}J·s), ν는 광방사의 진동수, λ는 파장[nm]이다.

표 7.1 광방사의 파장별 작용효과에 대한 방사원

파장 [nm]	구분	작용효과	관련된 인공방사원 예
1	X선		
100	원자외방사 UV-C	오존의 생성 음이온의 생성 살균작용 자외성 안염(각막염, 결막염)	석영저압수은 램프 단파장살균 램프 살균 램프 다금속(카본) 아크(등), (중)수소방전 램프
200 280	중자외방사 UV-B	홍반작용 일광피부염[햇볕] 비타민 D 생성	의료용 UV-B 형광 램프 광화학용 수은 램프 건강선용 형광 램프
315 320	근자외방사 UV-A	색소침착작용 일광색소증강[햇볕] PUVA(솔라렌 광치료) 퇴색촉진 광화학[광경화] 형광	블랙 라이트 형광 램프 의료용 UV-A 형광 램프 광화학용 수은 램프,UV-LED 블랙 라이트 형광 램프
400	가시방사	청색광망막상해 신생아 황달의 광치료 식물의 굴광성 제어 생체 리듬 제어 (멜라토닌, 호르몬 생성 제어) 곤충·어류의 주광성 제어 (인간의) 시각 감상, 효과연색 광화학[공업적 광합성] 식물의 광합성 곤충의 겹눈의 명순응 식물의 광주성 제어	고휘도 할로겐 램프 청색 형광 램프 태양광 형광 램프 청색형광 램프, 고압수은 램프 일반조명용 광원 효과연색용 형광 램프 메탈 할라이드 램프 고압 나트륨 램프, 메탈 할라이드 램프 순황색 형광 램프 백열전구, 원적색 형광 램프
780	근적외방사	인체에의 온열효과 가열·건조·보온 조리 정보처리(OCR)	적외전구(탕파용·의료용) 적외전구(건조용) 할로겐 램프 할로겐 램프, 레이저, LED
2μm	중적외방사	서모 비전 응용 가열	금속 히터,라디안트 버너(900℃)
4μm	원적외방사	가열·건조·보온 리모트 센싱 레이저 가공, 레이저 메스	원적외 히터, 니크롬 히터 원적외 히터 CO_2 레이저
1mm	마이크로파		

7.2 자외방사의 작용과 응용

7.2.1 자외방사의 파장구분과 그 특징

자외방사는 파장이 가시방사의 파장보다 짧은 1nm까지의 광방사라 정의된다. 국제조명위원회(CIE)에서는 이용빈도가 높은 파장 100에서 400nm의 자외방사를 UV-A : 파장 315에서 400nm, UV-B : 파장 280에서 315nm, UV-C : 파장 100

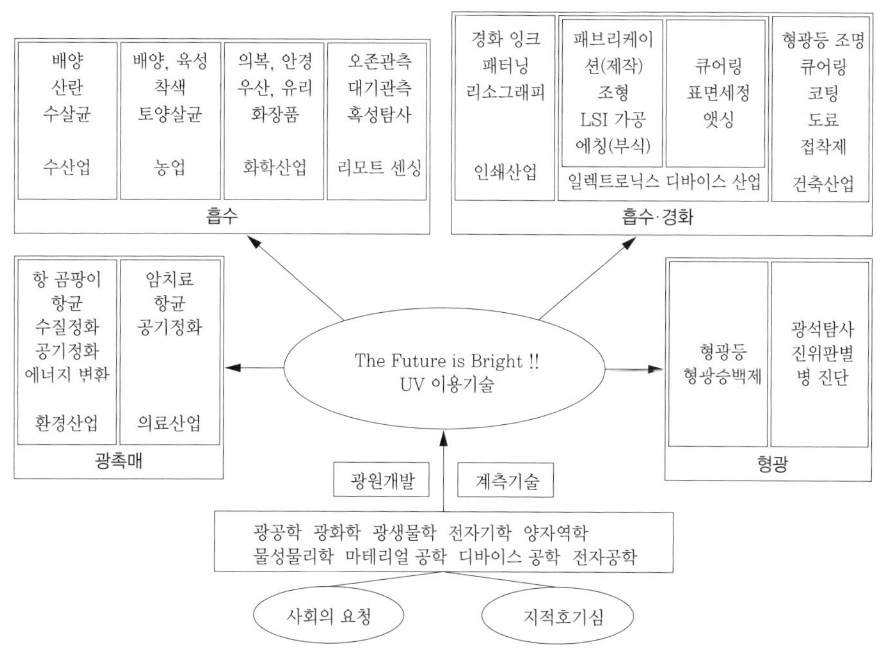

그림 7.1 UV 이용산업의 구조

[출전] 사사키 마사코, "미래를 개척하는 UV이용기술", 「照学誌」, 88(4), pp. 188-191(2004).

에서 280nm으로 분류하고 있다. 또한, 이 분류와는 별도로 **근자외방사** : (파장 300~320nm)에서 400nm, **중자외방사** : (파장 200~220nm)에서 (300~320nm), **원자외방사**(진공자외방사·극자외방사라 부르는 경우도 있다) : 파장 1nm에서 (200~220nm)으로 분류하는 경우도 있다. 이들은 산업·연구분야마다 다르므로 사용할 때 주의가 필요하다.

자외방사는 1 광자당 에너지가 3.1 eV 이상이며 화학적인 작용이 크다. 이 때문에 생물에게 있어서는 유해한 측면이 많다. 한편, 공업적으로는 이 에너지에 의한 화학반응을 이용해서 공업제품 등의 제조에 널리 응용되고 있다. 그림 7.1은 자외방사의 응용분야를 나타냈다.

7.2.2 자외방사의 생물작용과 그 응용

인간이 몸을 가지고 체험하고 있는 자외방사에 의한 생물작용은 햇볕타기이다. 이 햇볕타기는 피부과학적으로는 자외방사 노출에 의한 피부의 급성반응이며, 피부가 빨갛게 되는 **홍반**과, 피부가 검어지는 **색소침착**의 2가지로 분류된다. 홍반은 자외방사의 조사에 의해서 진피유두층의 혈관이 확장충혈해서 염증을 일으켜 외관적으로는 조사를 받은 피부의 부위가 붉은 빛을 띠는 광생물 작용이다. 자외방사 노출 후, 12~24시간 후에 가장 붉은 정도가 강해진다. 반응이 강한 경우는 화상과 같은 양상의 부종이나 물집을 동반한다.

홍반효과를 생기게 하는 자외방사의 파장역은 대략 200에서 330nm로 여겨지고 있다. 그림 7.2에 CIE가 표준화한 홍반참조작용곡선을 나타냈다. 홍반은 일반적으로 300J/m^2 정도의 자외방사 노출에 의해서 일어난다. 그러나 홍반을 일으키는 최소 피폭량(최소홍반량)은 인종차나 개인차가 크다.

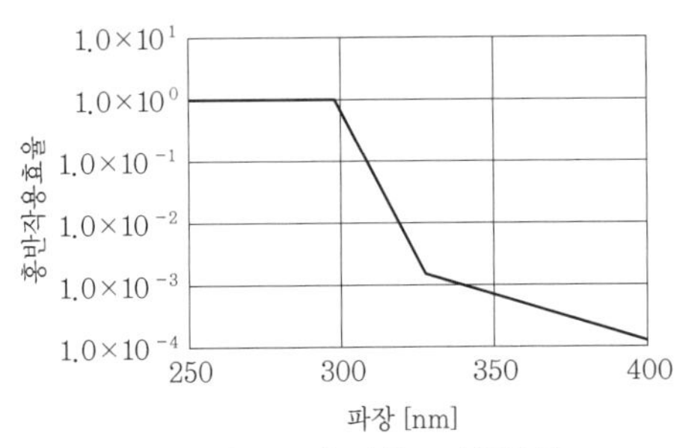

그림 7.2 홍반참조작용곡선

또한 CIE의 홍반참조곡선은 기상청에서 매일 발표되는 국제적인 태양자외방사 정보인 UV 인덱스나, 국제적인 천의 자외방사방어지표인 UPF(Ultraviolet Protection Factor)에서도 활용되고 있다.

색소침착은 피부에 자외방사가 조사되면 표피 내에 멜라닌이 합성되어 표피의 케라티노사이트(각화세포)에 분비됨으로써, 피부의 색이 갈색 내지 흑갈색으로 되는 생물작용이다. 이 생물작용은 홍반의 발현 후 3일에서 4일 후에 출현한다. 합성된 멜라닌은 자외방사를 흡수하기 때문에 색소침착은 피부가 상해를 받은 결과의 방어반응이라 생각할 수 있다.

자외방사의 장기적인 과다 노출의 영향으로서 UV-A 자외방사의 작용인 피부의 노화(처짐과 주름)가 알려져 있지만, 가장 주의해야 할 것은 UV-B 자외방사의 작용인 **광발암**(光發癌)이다. 북미에 있어서의 백인에 관한 보고에서는 태양 UV-B 자외방사가 많은 지방일수록 피부암의 발생율이 증가하고 있다는 보고가 있다. 그리고 UV-B 자외방사는 생물이 가진 면역을 억제하는 작용을 가지고 있어 발암 후의 종양증식에 관여하는 것이 분명해져 있다. 이 때문에 세계보건기구(WHO)는 2005년에 선탠용 기구의 사용은 피부암의 위험을 조장하기 때문에 18세 미만은 사용하지 말아야 한다고 권고했다.

인간에 대한 작용으로서 자외방사는 시작업에 따르는 눈에 대한 작용을 무시할 수 없다. 광방사는 각막·수양액(水樣液)·수정체·유리체를 투과하여 망막에 도달해 시각을 발현한다. 눈에 도달한 광방사는 먼저 각막에 의해서 300nm보다도 단파장측의 성분이 흡수된다. 이 광방사에 의해서 야기된 눈의 급성반응이 **자외선 각막염**이며, 스키를 탄 후에 일어나는 설안(雪眼)이나 용접 후에 일어나는 전기성 안염으로서 유명하다. 이것은 자외방사 과다 노출에 의한 각막 상피의 분열장해가 원인으로, 동통억제와 소염에 의해 수일 만에 치유된다. 또한 익상편(翼狀片)이라 불리는 각막병변은 장기적인 자외방사 과다 노출에 의해서 발생한다고 생각되고 있다. 수양액(水樣液)을 투과한 파장 300nm보다 더 장파장인 자외방사의 대부분은 수정체에 의해서 흡수된다. 이 자외방사의 장기적인 과다 노출에 의해서 수정체의 단백질인 크리스탈린이 변성 혼탁해져 **백내장**(白內障)을 발증한다고 여기고 있다.

이상에서, 자외방사의 인간에 대한 유해한 작용을 설명했으며, 유용한 작용은 다음에 설명한다.

자외방사의 유용작용으로서는 **비타민 D** 합성이 있다. 비타민 D는 활성형 비타민 D로서 장에서의 칼슘의 흡수를 높이며, 신장(콩팥)의 작용에 의해 칼슘이 체내의 혈액에서 요혈(尿血)로 이동함을 억제시킴으로써 혈중 칼슘 농도를 높이는 작용이 있다. 또한, 뼈 형성에 중요한 작용을 한다.

인간의 피부표피에서는 7-디히드로콜레스테롤에 자외방사를 조사함으로써 프레비타민 D_3가 생성된다. 프레비타민 D_3는 열이성화 반응(熱異性化反應)에 의해 30℃의 조건하에서 비타민 D_3로 약 10일 후에 변환된다. 비타민 D_3는 간장에서 25위(位)가 수산화되어서 25-히드록시콜레카르시페롤이 생성되며, 그 후 신장에서 수산화되고 활성형 비타민 D_3인 1,25디히드록시비타민 D_3로 되어 생리작용을 발현한다.

프레비타민 D_3 생성의 작용 스펙트럼의 피크 파장은 파장 298nm 부근의 UV-B 영역에 있다. 성층권 오존층 파괴에 의한 태양 UV-B 자외방사의 증가가 문제가 된 1980년대 후반 이래, 특히 유럽에서는 피부암 예방을 위해 철저하게 태양 UV-B 폭로 대책이 행해지게 되었다.

이것은 비타민 D가 피부에서의 자외방사 과다 노출에 의한 합성 이외에도 표고 버섯이나 어류 등에서 경구섭취하는 것이 가능하기 때문이다. 그러나 2000년대에 들어서, 철저한 UV-B 과다 폭로 대책의 부작용으로서 비타민 D 부족이 문제가 되었다. 최신의 CIE 권고에서는 정오의 태양자외방사 과다 노출은 피할 필요가 있지만, 적절한 정도의 일광욕은 건강증진을 위해 필요하다고 하고 있다. 또한, UV-B 자외방사에 대해 "기후가 건강에 미치는 영향"을 연구한 칼 빌헬름 맥스 도르노(Carl Wilhelm Max Dorno)에 의하여 **도르노선**(Dorno 線)이라 부르는 경우도 있다.

여기까지는 주로 인간에 대한 작용을 기술했지만, 다음엔 인간 이외의 작용과 응용에 대해서 기술한다.

자외방사의 가장 대표적인 작용은 **살균**이다. **저압수은 램프**에서 방사되는 파장 253.7nm의 수은휘선에 의한 살균작용 연구의 역사는 오래되었으며, 우리들 생활의 가까운 곳에 응용되고 있다. 지구상의 거의 모든 생물의 유전정보는 디옥시리보핵산(DNA)이 맡고 있으며, 이 DNA의 흡수 피크는 파장 260nm 부근에 존재한다. DNA가 파장 253.7nm의 자외방사를 흡수하면, 시클로부탄형 피리미진 2량체가 형성되어 DNA 손상이 발생한다. 이것이 살균이다. 자외방사에 의한 살균은 모든 균종에 대해서 유효하며, 내성균을 만들지 않는 등의 장점이 있다. 이 때문에 세균오염방지가 필요한 외식산업·식품산업·농수산업·환경산업 등에서 실제로 폭넓게 응용되고 있다.

예를 들면 일본 내에서 소비되고 있는 계란은 출하 전에 껍질의 표면살균이 시행되고 있다. 이 때문에 생란을 안전하게 먹는 것이 가능하다. 또한 일본 내의 상수시설에서는 염소살균이 행해지고 있다. 그러나 사람을 포함한 척추동물의 소화관 등에 기생하는 크립토스포리듐이라는 원충은 염소로는 살균할 수 없다. 그래서 일본 내의 소규모 상수시설에서는 자외방사에 의한 살균도 21세기에 들어서 시행하게 되었다.

또한, 파장 253.7nm의 자외방사를 크게 효율적으로 방사하는 저압수은 램프를 **살균등**이라 부르고, 파장 253.7nm의 수은휘선을 **살균선**이라 부르는 경우가 있다.

곤충이 자외방사에 반응해서 행동하는 것이 밝혀져 있다. 특히 야행성 곤충의 경우에는 현저하다. 이 반응을 응용한 것이 블랙 라이트를 조립한 포충기나 전격 살충기이다. 야간의 야외 스포츠 시설 등에서 경기에 방해되는 곤충의 구제를 위해 설치되어 있다. 또한 야간영업을 하는 점포의 밖에는 곤충의 점포 내로의 침입을 막기 위해 설치되어 있다. 또한 조명용 백색 LED는 벌레가 다가오기 어렵다고 되어 있다. 이것은 자외방사가 종래의 광원과 비교해서 극히 적기 때문이다.

가시방사의 시각 이외의 작용과 응용

7.3.1 가시방사의 파장역과 그 특징

가시방사는 사람의 눈에 들어와 직접 시감각을 일으킬 수 있는 방사라 정의되고 있다. 또한 가시방사의 파장한계는 일반적으로 단파장측을 360에서 400nm의 사이, 장파장측을 760에서 830nm의 사이에서 취한다. 파장한계가 단파장측, 장파장측과 같이 특정 단일 파장에 한정되어 있지 않은 것은 인간의 시각 작용에 개인차가 있어 특정 단일 파장으로 한정될 수 없었기 때문이다.

인간에게 있어서 가시방사는 시각을 발현하는 중요한 광방사이다. 그리고 시각 이외의 작용을 일으키기도 하고, 인간의 생활을 뒷받침하고 있다. 이 절에서는 시각 이외의 작용을 기술한다.

7.3.2 가시방사의 생물작용과 그 응용

제1은 서커디언 리듬(circadian rhythm : 생체 리듬)이다. 지구는 태양의 주위를 24시간에 1회 자전하면서 공전하고 있으며, 그 결과 지구상에는 24시간 주기로 태양의 빛이 비추는 낮과 비추지 않는 밤을 반복하고 있다. 인간을 시작으로 지구상의 모든 생물은 탄생 이래, 태양광을 주광원으로 해왔다. 이 때문에 지구상의 모든 생물은 이 태양의 24시간의 주기에 연동하는 형태로 생활 리듬이 정리되어 있다. 이 24시간 주기의 리듬을 서커디언 리듬이라 부른다.

이 서커디언 리듬은 광방사나 식사 등의 외적인 요인으로 리셋된다. 인간은 태양광이 완전히 닿지 않는 광환경하에 놓일 경우 인간이 가진 본래의 생물 리듬은 24시간보다 30분 정도 길기 때문에, 수면 리듬은 매일 후퇴한다. 이것을 리셋하는 것이 아침의 태양광이다.

인간을 포함한 포유류에 있어서의 시계중추(時計中樞)는 시교차상핵(視交叉上核)에 존재하며, 시교차상핵은 광방사의 정보를 눈에서 받아 들인다. 눈의 망막에서 광수용기로서 간상체와 추상체가 알려져 있다. 그런데 생물 리듬을 제어하기 위한 광수용기로서는, 광감수성 망막 신경절세포가 사용된다. 이 세포는 멜라노프신이라 불리는 광수용 단백질을 포함하고 있으며, 이 멜라노프신에서의 정보는 망막 시상하부로를 통해서 시교차상핵에 전달한다. 시교차상핵은 망막에서 받아들인 정보를 다른 정보와 통합해서, 송과체(松果體)에 송신하고 있다. 송과체에서는 이 정보에 응답해서 멜라토닌을 분비한다. 멜라토닌 분비량은 야간에 많고 주간에 적은 변화를 보이는 것이 밝혀져 있으며, 멜라토닌 분비량의 증가에 의해서 수면이 촉진된다. 이 멜라토닌 분비 리듬과 생활 리듬의 위상이 급변하면 생활에 지장이 생긴다. 예를 들면 비행기에서 단시간에 시차가 큰 지역으로 이동한 때에 발생하는 시차 부적응이 그 한 예이다.

멜라토닌의 분비량은 파장 460nm 부근의 청색광으로 효과적으로 억제된다. 이 특성을 이용한 **고조도광치료법**이 생물 리듬 이상을 동반하는 정신질환인 계절성 감정장해나, 야간에 배회하는 치매노인에 대해서 실시되고 있다. 또한 야간근무를 하고 있는 백인여성에게 유방암 위험이 상승하고 있는 것을 시사하는 역학 조사결과가 보고되고 있다. 이것은 야간의 인공광 과다 노출에 의한 멜라토닌 분비억제의 관여로 생각되고 있다.

가시방사의 시각 이외의 작용으로서 중요한 것은 **청색광 망막상해**이다. 7.2절에서 기술한 것처럼 인간의 수정체는 자외방사의 대부분을 흡수한다. 그리고 중적외방사와 원적외방사도 흡수한다. 이 때문에 인간의 눈의 망막에는 파장 400에서 1,400nm의 광방사가 도달하고 있다. 이 파장역의 광방사 중 파장 400m 부근의 청색광은 1광자당의 에니지가 크고, 이 청색광에 의해서 상해가 생기는 일이 알려져 있으며, 이것을 청색광 망막상해라 한다.

청색광 망막상해는 휘도가 높은 청색광을 포함한 광원을 응시한 경우 광원의 상이 망막에 결상하고, 이것에 의해 일으켜진 화학반응에 의해 생긴다. 망막에 결상한 청색광은 망막의 멜라닌, 레티날, 시토크롬, 헤모글로빈, 플라빈 그리고 리포후스틴에 의해서 흡수되어, 이들 물질을 여기한다. 여기상태가 된 이들 물질은 주위에 존재하는 산소를 여기해서 활성산소가 생성된다. 활성산소는 불포화지방산을 산화하므로 세포가 상해를 받는다. 이것이 청색광 망막상해이다.

7.4

적외방사의 작용과 응용

7.4.1 적외방사의 파장구분과 그 특징

적외방사는 파장이 가시방사의 파장보다 길며, 1mm까지의 광방사로 정의된다. CIE에서는 통상 780nm에서 1mm의 파장범위를, IR-A : 파장 780nm에서 1.4μm, IR-B : 파장 1.4에서 3.0μm, IR-C : 파장 3.0μm에서 1.0mm로 분류하고 있다. 또한 이 분류와는 별도로 **근적외방사** : 가시역에 인접한 광화학 효과를 생기게 할 가능성이 있는 파장역의 적외방사(파장 0.78에서 2.0μm), **중적외방사** : 유리의 투과한계파장보다 짧은 파장으로, 근적외방사보다 장파장역의 적외방사(파장 2.0에서 4.0μm), **원적외방사** : 유리의 투과한계파장보다 긴 파장으로, 물질 등에 흡수되면 다른 모양의 에너지로 변환되는 일 없이 직접적으로 분자나 원자의 진동 에너지나 회전 에너지로 변환되는 파장대역의 적외방사(파장 4.0μm 에서 1.0mm)로 분류하는 경우도 있다. 이들은 산업·연구분야마다 다르기 때문에 사용할 때 주의가 필요하다.

7.4.2 적외방사의 생물작용과 그 응용

적외방사는 파장이 길기 때문에 1광자당 에너지는 적다. 이 때문에 흡수된 광방사는 화학반응을 일으키지 않고 거의 모두가 열 에너지로 변환된다. 그러므로 가열·건조·보습·조리 등에 응용되고 있다. 적외방사의 작용효과와 응용 예를 표 7.2에 나타냈다.

작용효과	응용 예
화학작용	멜라민 수지, 에폭시 수지의 중합촉진, 적외사진
건조	적외건조(김, 가다랑어 포, 어묵, 오징어, 종이, 목재 등)
난방	탕파, 스토브
가열	전열기, 오븐, 토스터 도자기 소성 단결정 성장 유리의 용융, 서냉
용접	광 빔 용접 납땜
보온	부화기, 사육상 식품 보온(로스트 치킨, 핫도그 등)
조리	빵, 케이크 어류 훈제 발효 촉진
탈색	우뭇가사리
복사	PPC의 정착 감열식 복사기
의료	혈액의 순환, 땀의 분비촉진 레이저 메스 열 패턴에 의한 인체진단
정보처리	적외통신 암시(暗視)장치 원격탐사
측정, 탐지, 분석	지형의 탐지 온도측정, 분광분석

1 다음 문장 중 기술이 바른 것에는 ○를, 바르지 않은 것에는 ×를 붙이고 바르지 않은 것에는 그 이유를 간단하게 기술하라.

(1) 인간의 시각으로 인식되는 것은 가시방사만이므로, 자외방사나 적외방사에 관한 지식은 통상의 조명설계에는 전혀 필요없다.

(2) 자외방사를 사용한 살균에서 내성균은 생성되지 않는다.

(3) 한여름의 해안에 가면 피부가 빨갛게 되는 것은 태양광에 포함되어 있는 자외방사 UV-B의 작용이다.

(4) 야간, 점포 밖에서 빛나고 있는 포충기나 살충기는 곤충을 가시방사로 유인해 점포 내부 침입을 방지하는 효과가 있다.

(5) 서커디언 리듬(생체 리듬)의 조정을 위해서는 아침의 태양광이나 고조도의 광방사를 쬐는 것이 유효하며, 특히 적외방사의 효과가 높다.

2 플랑크의 양자가설을 이용해서 파장 254nm, 555nm, 830nm, $1.40\mu m$, $3.00\mu m$, 1.00mm의 광방사의 1광자당 에너지를 eV단위로 계산하라.

●연습문제를 풀어본 후 214쪽 풀이 및 정답을 맞춰보세요.

제**8**장

색과 측광

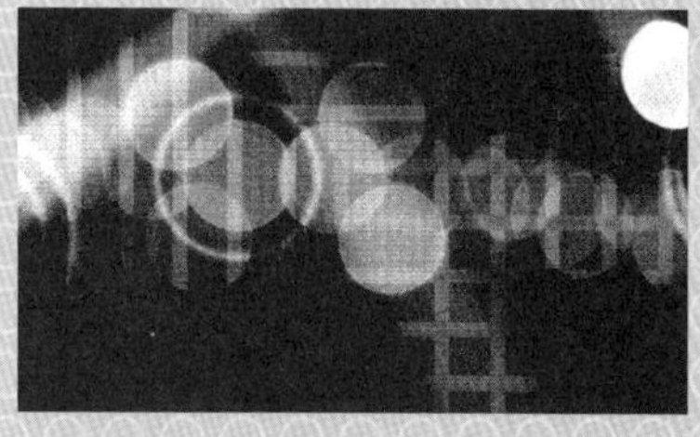

우리 주변에는 여러 가지 색이 넘치고 있다. 색을 보는 방법으로는, 물체표면에 속해 있는 것처럼 지각되는 물체색이나 발광하고 있는 물체의 색으로서 지각되는 광원색 등이 있다. 이들 색은 레몬색이나 다갈색과 같이 색이름으로 표현되기는 하지만, 정확하게 색을 표현하는 것은 불가능하다. 색을 정확하게 표현하는 대표적인 방법으로서 먼셀 표색계와 XYZ 표색계가 있다. 또한 빛의 양을 측정하는 것을 측광이라 하는데 조도·휘도·광도·광속 등이 주된 측광량이다. 조명시설을 설치·평가·보수하면서 광원이나 조명기구의 특성을 조사하기 위해서 측광은 빼놓을 수 없다. 이 장에서는 먼저 표색계와 색의 측정방법에 대해서 기술하고, 다음에 측광의 원리나 측광방법에 대해서 기술하고자 한다.

8.1.1 색각(色覺)

흑백화상에 비해서 컬러화상의 정보량은 현격히 크다. 명암뿐만이 아니라 색을 지각한다는 것은 뇌의 정보처리량을 증가시키기 때문에 큰 부담이 된다. 그럼에도 불구하고, 색을 식별 가능하도록 되어 있는 것은 그 동물에 있어서 그만한 이점이 있기 때문이라고 생각된다. 천적을 발견해서 빨리 도망가거나 먹을 것을 발견하려면 색의 정보가 있어야 유리하게 움직일 수 있다. 사람이나 원숭이, 조류 등 나무의 열매를 먹이로 하는 동물이나, 꽃의 꿀을 빨아먹는 곤충 등에 있어서 **색각**이 발달해있다.

「1장 조명의 기초」에서는 빛의 파장에 의해서 눈의 감도가 달라지는 것을 보였다. 그러나 파장에 의해서 달라지는 것은 감도만이 아니고 색도 달라진다. 최초로 파장의 차이에 의해서 색이 달라진다는 사실을 분명하게 밝힌 사람은 17세기의 뉴턴이었다. 그는 작은 구멍으로 태양광을 어두운 방에 끌어들여 프리즘을 사용해 분광시킴으로써, 색이 보여지는 원리에 관한 실험을 했다. 그리고 "광선에는 색이 붙어 있지 않다"라는 유명한 말을 남겼다. 빛 그 자체에 색이 붙어 있는 것이 아니고, 파장(진동수)의 차이를 색의 차이로서 느끼는 구조가 사람의 눈인 것이다. 그러면 어째서 파장에 의해서 색이 다르게 보이는 것일까?

시세포에는 **추상체**와 **간상체**가 있다. 그림 8.1과 같이 추상체는 파장에 대한 감도 차이에 따라서 3종류로 나뉜다. 긴 파장의 빛에 감도가 높은 **L추상체**, 중간의 파장의 빛에 감도가 높은 **M추상체**, 짧은 파장의 빛에 감도가 높은 **S추상체**가 있으며, 그것들의 반응의 크기를 기초로 색을 감지하는 구조로 되어 있다. 이것은 적·녹·청의 3종류의 빛을 혼색함으로써 거의 모든 색을 만들어낼 수 있는 것과도

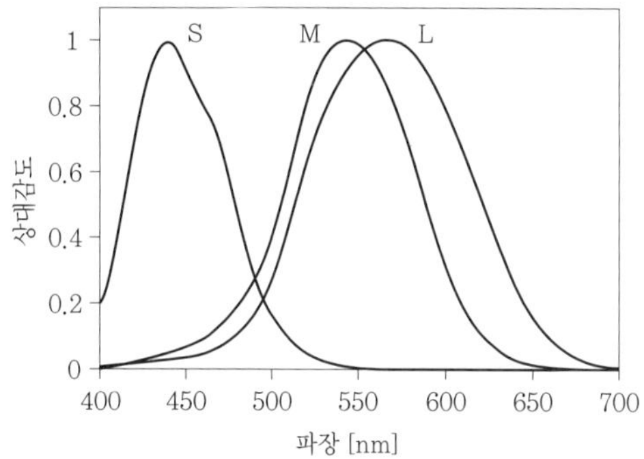

그림 8.1 추상체의 분광감도

[출전] V. C. Smith and J. Pokorny : Spectral sensitivity of the foveal cone photopigments between 400 and 500 nm. Vision Res. Vol. 15, pp. 161–171 (1975).

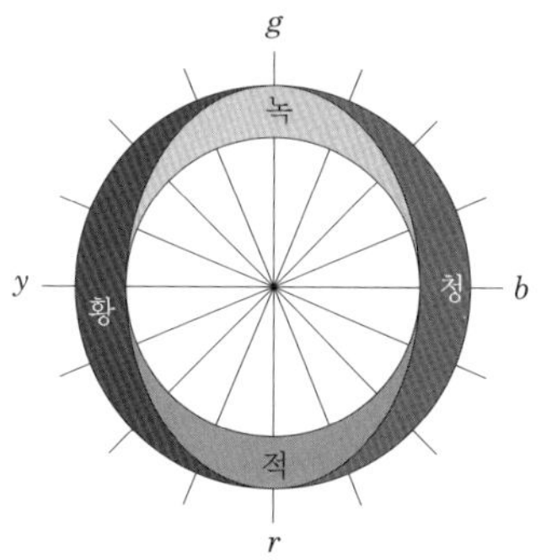

그림 8.2 색의 감지법

[출전] Leo M. Hurvich : COLOR-VISION, Sinauar Associates Inc.(1981).

일치한다. 이와 같은 사고방식을 **영-헬름홀츠(Young-Helmholtz)의 삼색설**이라 한다. S추상체와는 달리, L추상체와 M추상체의 파장에 대한 감도곡선은 근접되어 있다. 이것은 원래 2종류밖에 없었던 추상체 중 한쪽 추상체가 L추상체와 M추상체로 나누어졌기 때문이라 생각된다.

사람이 색을 느끼는 방식은 적과 녹을 반대의 색으로서 지각하고, 황과 청을 반대의 색으로서 지각하고 있다. 붉게 느끼는 색을 볼 때에는 녹색을 느끼는 일은 없으며, 녹색을 느끼는 색을 볼 때에는 붉게 느끼는 일이 없다. 또한, 황색을 느끼는 색을 볼 때에는 청색을 느끼는 일은 없으며, 청색을 느끼는 색을 볼 때에는 황색을 느끼는 일이 없다. 그림 8.2에 보인 것처럼 반대의 색을 동시에 지각하는 일은 없다. 한편, 붉은 느낌과 황의 느낌 등의 사이는 동시에 느끼는 것이 가능하며, 이 경우에는 오렌지색으로 보인다.

이와 같은 인식방식을 **헤링(Hering)의 반대색설**이라 한다. 3종류의 추상체 반응 크기를 그대로 지각하고 있는 것이 아니고, 3종류의 신호를 처리하여 적-녹과 황-청의 신호로 변환해서 색을 지각하는 것이다. 이 신호의 변환은 망막의 세포 안에서 행해지고 있다.

암소시(暗所視)에서 작용하는 간상체는 1종류밖에 없다. 그러므로 암소시로는 명암만을 느끼며 색을 느끼는 일은 없다. 단, 야간에 등불을 볼 때와 같이 추상체의 임계치를 넘는 강도의 빛에 대해서는 추상체가 작동하여 색을 느낀다. 또한 3종류의 추상체 중 하나라도 정상적으로 작용하지 않으면 당연히 보이는 색이 달라진다. 이것이 **색각이상**(色覺異常)이 되는 주된 원인이다. 색이 보이는 것은 물체표면이나 광원과 같은 양상(모드)이 존재하기 때문이다. 대표적인 색의 인식 방법에는 물체표면에 속해 있는 듯하게 지각되는 **물체색**(物體色)이나 발광하고 있는 물체의 색으로서 지각되는 **광원색**(光源色) 등이 있다.

8.1.2 색의 표시방법

색의 표시방법에는 크게 나누어서 3가지 방법이 있다. **색명**(色名)에 의한 방법, **먼셀**(Munsell) **표색계**에 의한 방법, *XYZ***표색계**에 의한 방법이다.

색명에 의한 방법은 사람에게 색의 양상을 전달하는 수단으로서 일상생활에서 널리 사용되고 있는데, 이 색명에는 **관용색명**과 **계통색명**이 있다. 관용색명은 "쥐색", "다갈색", "차색", "팥죽색"과 같이 동물이나 식물 등 우리들 주변에 존재하는 여러 가지 물체와 결부된 관용적인 호칭으로 표현된 색명이다. 또한 계통색명은 "선명한 빨강", "맑고 푸른 청"과 같이 적·황·녹·청 등의 기본색명에 수식어를 붙여서 계통적으로 분류해서 표현할 수 있도록 한 것이다. 이것들은 일본공업규격(JIS)에서도 표면색을 표시할 때의 색명으로서 「물체색의 색명」(JIS Z 8102)에서 규정되어 있고, 발광하고 있는 것처럼 지각되는 색에 관해서는 「광원색의 색명」(JIS Z 8110)에서 규정되어 있다.

색명에 의한 방법은 알기 쉽지만 색을 정확하게 표시하는 데에는 적합하지 않다. 색을 정확하게 표현하는 대표적인 방법으로서, 먼셀 표색계와 *XYZ* 표색계가 있다.

8.1.3 먼셀(Munsell) 표색계

물체의 표면색은 적이나 황 등의 **유채색**(有彩色)과, 백이나 흑 등의 **무채색**(無彩色)으로 나뉜다. 유채색은 **색상**(色相 : hue), **명도**(明度 : lightness), **채도**(彩度 : chroma)의 3가지 속성을 가지며, 무채색은 명도만의 속성을 가진다.

색상은 적(R)·황(Y)·녹(G)·청(B)·자(P)와 그것들의 조합에 의해 나타나는 색지각의 속성이다. 그림 8.3에 보인 것처럼 색상지각의 차가 동등하게 되도록 10종의 색상을 고리모양으로 나열하였고, 각각의 색상은 10등분되어 있다.

명도는 물체표면의 상대적인 밝기를 나타낸 것이다. 무채색을 기준으로 해서,

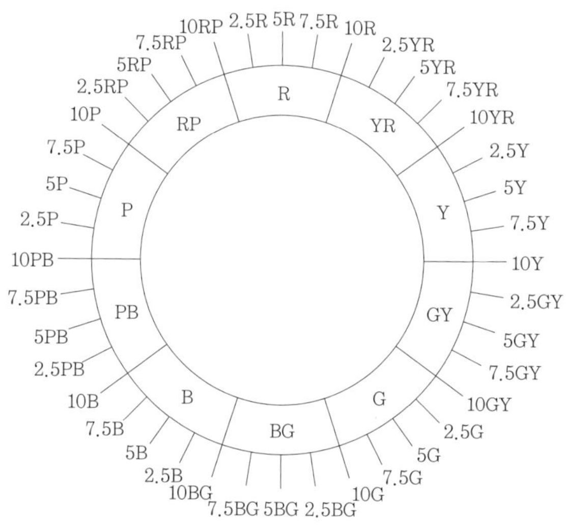

그림 8.3 색상환(色相環)

이상적인 흑(반사율 0)을 명도 0, 이상적인 백(반사율 1)을 명도 10으로 하고, 그 사이를 밝기지각의 차가 같은 간격이 되도록 분할해서 나타낸다. 유채색의 명도는 그 밝기지각이 같은 무채색의 명도로 나타난다.

채도(彩度)는 색미(色味)의 강도를 나타낸 것이다. 그 색과 명도가 같은 회색과 비교해 색미(色味) 강도의 지각적인 간격을 수치로 나타낸다. 그림 8.4에 보인 것처럼 무채색의 채도를 0으로 하고, 다른 것은 색미의 강도에 따라서 채도지각의 차이가 같아지도록 나열해서 순차 1, 2, 3.…로 값이 배정된다. 최고 채도의 값은 색상이나 명도에 따라서 달라진다.

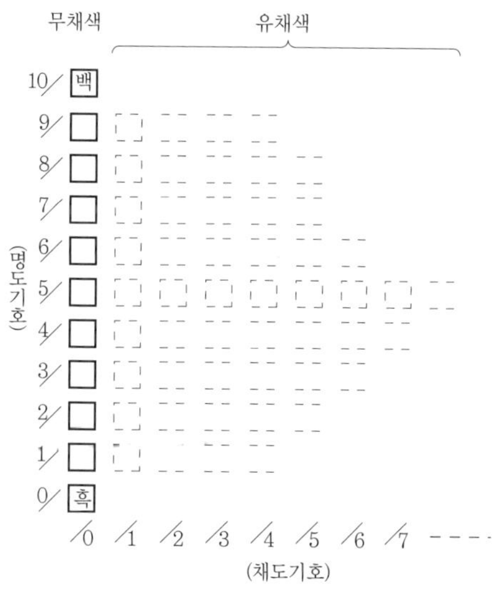

그림 8.4 표준색표에서의 명도와 채도의 배열

색상을 H, 명도를 V, 채도를 C로 하면 유채색의 표시기호는 HV/C, 무채색의 표시기호는 명도의 값 앞에 무채색을 의미하는 문자기호 N을 붙여서 NV로 기재

그림 8.5 표준색표

한다. 예를 들면 민들레꽃은 5Y8/13으로 표시한다. 또한 높이가 60m 이상의 철탑이나 굴뚝은 주간 장해표지(적과 백의 도색)가 의무화되어 있다. 규정되어 있는 색 중 대표적인 색을 먼셀 표색계에 의해서 표시하면 적은 10R5/13, 백은 N9.5가 된다.

그림 8.5에 나타낸 **표준색표**는 JIS에 기초해서 제작된 색표를, 앞서 살펴본 먼셀 표색계의 등보도성(等步度性) 특징으로 배열한 컬러 차트집이다. 이 표준색표에 따라서 기호로 표시된 색이 어떤 색인가를 확인한다거나, 먼셀 표기가 불명한 샘플색인 경우에는 이 표준색표의 색과 일치하는 것으로 그 샘플색의 값을 추측할 수 있다.

8.1.4 *XYZ* 표색계에 의한 색의 표시방법

거의 모든 색은 적·녹·청의 삼원색을 혼색함으로써 만들 수 있다. 선명한 황이나 청록 등의 일부의 색은 삼원색의 혼색으로는 만들 수 없다. 선명한 청록에 적을 혼색하면 녹과 청을 혼색한 색과 같아진다. 그래서 적·녹·청의 삼원색 대신 X, Y, Z의 가상 상의 색자극을 원자격으로 하고, 이것들의 혼색에 의해서 모든 색을 나타내도록 한다. 또한 X, Y, Z는 그것들이 같은 양일 때 백색이 되도록 결정되어 있다. X, Y, Z를 혼색시킨 양을 각각 X, Y, Z로 하면 임의의 색 C는

$$C \equiv XX + YY + ZZ \tag{8.1}$$

로 나타낼 수 있다. 기호 ≡는 같은 색임을 나타내며, 혼색시키는 양 X, Y, Z를 삼자극치(三刺戟値)라 부른다.

대상의 크기(시각)에 따라서 사람이 느끼는 색의 감각은 변화한다. XYZ 표색계는 시각이 약 1~4°의 시야에 적용된다. $X_{10}Y_{10}Z_{10}$ 표색계는 시각이 4°를 넘는 시야에 적용된다. 아래에 XYZ 표색계에 대해서 설명한다.

[1] 등색함수(等色函數)

가시파장의 전역에 걸쳐서, 각각 같은 방사 파워를 가진 단색광 자극과 같은 색으로 하는 데에 필요한 삼자극치 X, Y, Z를 구하는 것을 등색함수라 하며, $\bar{x}(\lambda)$, $\bar{y}(\lambda)$, $\bar{z}(\lambda)$로 표기한다. 등색함수를 그림 8.6에 나타냈다. $\bar{y}(\lambda)$는 표준분광시감효율 $V(\lambda)$와 같다.

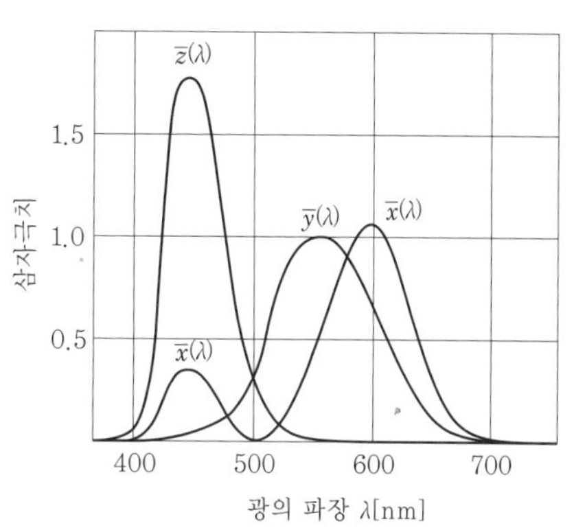

그림 8.6 XYZ 색표계에서의 등색 함수

[2] 삼자극치

광원색의 삼자극치와 물체색의 삼자극치의 정의는 다르다. 광원색의 삼자극치는 식 (8.2)로 구한다.

$$\left.\begin{aligned}
X &= k \int_{380}^{780} S(\lambda)\,\bar{x}(\lambda)\,d\lambda \\
Y &= k \int_{380}^{780} S(\lambda)\,\bar{y}(\lambda)\,d\lambda \\
Z &= k \int_{380}^{780} S(\lambda)\,\bar{z}(\lambda)\,d\lambda
\end{aligned}\right\} \tag{8.2}$$

여기서, $S(\lambda)$는 대상의 분광분포, k는 비례상수로 식 (8.3)의 값을 이용하면 Y는 측광량을 나타낸다.

$$k = 683 \,\text{lm/W} \tag{8.3}$$

물체색의 삼자극치는 식 (8.4)로 구한다.

$$
\left.
\begin{aligned}
X &= K \int_{380}^{780} S(\lambda)\,\rho(\lambda)\,\bar{x}(\lambda)\,d\lambda \\
Y &= K \int_{380}^{780} S(\lambda)\,\rho(\lambda)\,\bar{y}(\lambda)\,d\lambda \\
Z &= K \int_{380}^{780} S(\lambda)\,\rho(\lambda)\,\bar{z}(\lambda)\,d\lambda
\end{aligned}
\right\}
\tag{8.4}
$$

여기서, $S(\lambda)$는 대상을 조명하는 빛의 분광분포, $\rho(\lambda)$는 대상의 분광반사율, K는 비례상수로 식 (8.5)의 값을 이용하면 **완전확산반사면**의 Y가 100이 되며, Y는 **시감반사율**을 표현하는 것이 된다. 시감반사율이란 물체에 입사한 광속에 대한 반사한 광속의 비를 말한다.

$$
K = \frac{100}{\displaystyle\int_{380}^{780} S(\lambda)\,\bar{y}(\lambda)\,d\lambda}
\tag{8.5}
$$

[3] 표준 일루미넌트

대상을 조명하는 빛의 분광분포가 변화하면 물체색의 삼자극치 X, Y, Z도 변화하기 때문에 객관적으로 색을 표시할 수 없다. **표준 일루미넌트**는 국제조명위원회(CIE)가 상대분광분포를 규정한 측색용의 빛으로, 표준 일루미넌트 A 및 D_{65}가 있다.

표준 일루미넌트 A는 2,856K의 흑체가 발하는 빛이며, 텅스텐 전구로 조명된 색을 표시하는 목적으로 정해졌다. **표준 일루미넌트 D_{65}**는 상관색온도 6,504K의 자외부를 포함한 평균주광에 상당하고, 주광으로 조명된 물체 색의 표시에 이용된다. 표준 일루미넌트 A 및 D_{65}의 상대분광분포를 그림 8.7에 나타냈다.

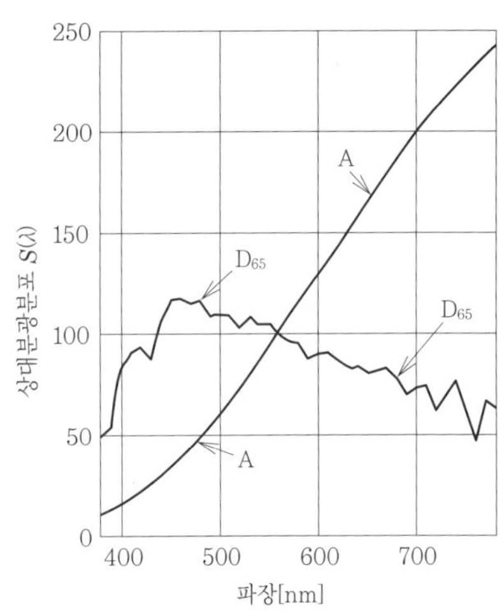

그림 8.7 표준 일루미넌트의 상대분광분포

[4] 색도좌표

삼자극치 X, Y, Z는 빛의 강도에 의해서 변한다. 그래서 식 (8.6)에 의해 규격화한 색도좌표 x, y, z가 정해져 있다.

$$\left.\begin{array}{l} x = \dfrac{X}{X+Y+Z} \\[2mm] y = \dfrac{Y}{X+Y+Z} \\[2mm] z = \dfrac{Z}{X+Y+Z} \\[2mm] x+y+z = 1 \end{array}\right\} \tag{8.6}$$

x와 y를 정하면 z의 값은 결정된다. 그러므로 일반적으로 x와 y로 색을 표시한다. 단, 물체색의 색 표시는 원칙적으로 Y를 붙여서 Y, x, y로 표기한다[3].

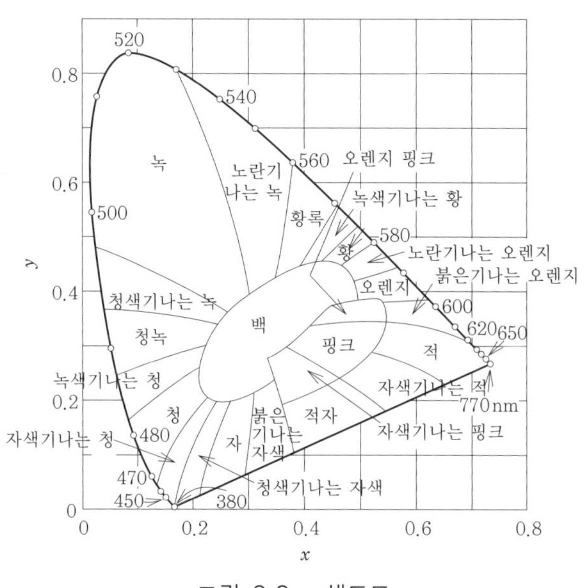

그림 8.8 xy색도도

[예] $Y_A = 40.2$ $x = 0.303$ $y = 0.324$

  $Y_{D65} = 35.3$ $x = 0.404$ $y = 0.278$

예에서 첨자 A 및 D_{65}는 표준 일루미넌트의 종류를 나타낸다. 광원색의 경우는 x, y만을 표시한다.

x, y에 의한 2차원 평면을 xy색도도라 한다. 그림 8.8에 보인 색도도의 바깥측의 곡선은 단색광 자극을 나타내는 점의 궤적(**스펙트럼 궤적**)이다. 직선부분은 파

장이 거의 380nm과 780nm의 단색광 자극의 가법혼색을 나타내며, **순자궤적(純 紫軌跡)**이라 한다. 모든 색은 스펙트럼 궤적과 순자궤적으로 둘러싸인 영역 내의 점으로 나타낸다. 그림 8.8의 가운데 구분은 광원색의 색명과 색도좌표의 관계를 보이고 있다. 색을 지정할 때에는 색도좌표나 색도도를 이용하면 정확하고 편리 하다. 예를 들면, CIE의 권고에서 정하고 있는 시각신호의 색은 색도도를 이용해 서 그 영역이 지정되어 있다.

8.1.5 균등색 공간

2가지 색의 차이를 구분할 수 있는 최소의 **색차**(지각되는 색의 차이)를 **색변별 역(色辨別閾)**이라 한다. 그림 8.9의 타원은 xy색도도 상에 있어서의 색변별역의 10배의 크기를 나타내고 있다. 색변별역이 원으로 되지 않고 타원으로 되고 있는 것이나 타원의 크기가 색도좌표의 위치에 의해 달라진다는 것은 색도도 상의 거 리가 색차와 일치하지 않는 것을 나타낸다. XYZ 표색계는 색을 수량적으로 정확 하게 표현할 수 있지만, 색차를 표현할 수는 없다. 색차를 표시한 것이 **균등색공 간(均等色空間)**이다. 1976년 CIE에 의해 CIE $L^*u^*v^*$ 색공간(色空間)과 CIE L

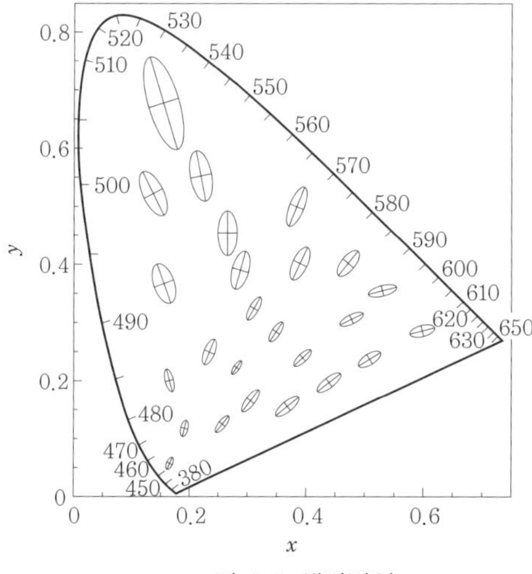

그림 8.9 색변별역

[출전] D.L.MacAdam : Visual sensitivities to color
differences in daylight. J. Opt. Soc. Am., Vol.32,
pp.247-274(1942).

$*a*b*$ 색공간이 권고되었다. 이들의 균등색 공간은 일반적으로는 물체색에만 적용된다.

[1] CIE $L*u*v*$ 색공간

$L*$은 밝기를 나타내고, $u*$, $v*$는 색을 나타내며, 각각은 식 (8.7)에 의해서 정의된다.

$$\left.\begin{aligned}
L* &= 116\left(\frac{Y}{Y_n}\right)^{\frac{1}{3}} - 16 \\
u* &= 13L*(u' - u_n') \\
v* &= 13L*(v' - v_n') \\
u' &= \frac{4X}{X + 15Y + 3Z} \\
v' &= \frac{9Y}{X + 15Y + 3Z} \\
u_n' &= \frac{4X_n}{X_n + 15Y_n + 3Z_n} \\
v_n' &= \frac{9Y_n}{X_n + 15Y_n + 3Z_n}
\end{aligned}\right\} \tag{8.7}$$

여기서, X, Y, Z는 XYZ 표색계에 있어서의 삼자극치, X_n, Y_n, Z_n은 완전확산면 XYZ 표색계에 있어서의 삼자극치이다. $Y/Y_n < 0.008856$의 경우 $L* = 903.29(Y/Y_n)$로 한다.

색차는 식 (8.8)에 의해서 구한다.

$$\Delta E_{uv}^* = \sqrt{(\Delta L*)^2 + (\Delta u*)^2 + (\Delta v*)^2} \tag{8.8}$$

여기서, $\Delta L* = L_2* - L_1*$, $\Delta u* = u_2* - u_1*$, $\Delta v* = v_2* - v_1*$이다. 첨자 1, 2는 각각 색차를 구하려는 대상 1과 대상 2를 나타낸다.

[2] CIE $L*a*b*$ 색공간

$L*$는 밝기, $a*$, $b*$는 색을 나타내며 각각 식 (8.9)에 의해서 정의한다.

$$\left.\begin{aligned}
L* &= 116\left(\frac{Y}{Y_n}\right)^{1/3} - 16 \\
a* &= 500\left[\left(\frac{X}{X_n}\right)^{1/3} - \left(\frac{Y}{Y_n}\right)^{1/3}\right] \\
b* &= 200\left[\left(\frac{Y}{Y_n}\right)^{1/3} - \left(\frac{Z}{Z_n}\right)^{1/3}\right]
\end{aligned}\right\} \tag{8.9}$$

여기서, X, Y, Z는 XYZ 표색계에 있어서의 삼자극치, X_n, Y_n, Z_n은 완전확산 면의 XYZ 표색계에 있어서의 삼자극치이다. X/X_n, Y/Y_n, Z/Z_n은 어느 것이나 0.008856보다 큰 값이다.

색차는 식 (8.10)으로 구한다.

$$\Delta E^*_{ab}=\sqrt{(\Delta L^*)^2+(\Delta a^*)^2+(\Delta b^*)^2} \tag{8.10}$$

여기서, $\Delta L^*=L_2{}^*-L_1{}^*$, $\Delta a^*=a_2{}^*-a_1{}^*$, $\Delta b^*=b_2{}^*-b_1{}^*$이다. 첨자 1, 2는 각각 색차를 구하려는 대상 1과 대상 2를 나타낸다.

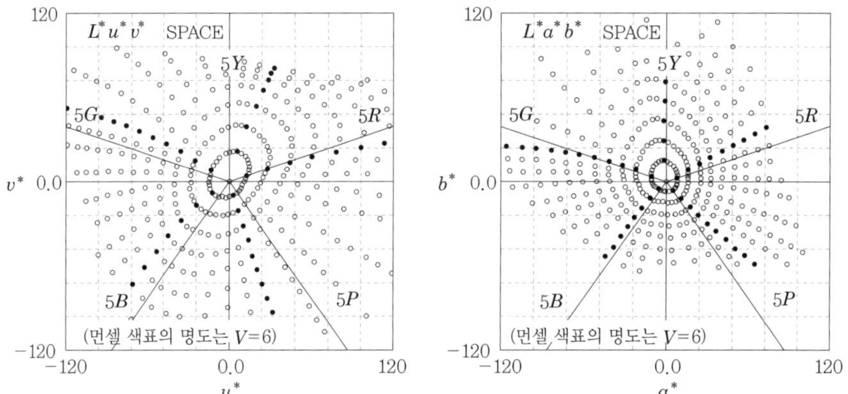

그림 8.10 CIE $L^*u^*v^*$ 색공간과 CIE $L^*a^*b^*$ 색공간에 있어서의 먼셀 색표의 좌표
(먼셀 색표의 명도는 $V=6$)[5]

먼셀 색표의 CIE $L^*u^*v^*$ 색공간과 CIE $L^*a^*b^*$ 색공간의 좌표를 그림 8.10 에 나타냈다. 완전하지는 않지만 불균등성이 개선되어 있다.

8.2 측색

인쇄·도장·복식 등 많은 분야에 있어서 색을 정확하게 측정하는 것이 요구된다. 물체표면이나 광원 등의 색을 측정하는 것을 **측색**(測色)이라 한다. 측색에는 **분광측색방법**과 **자극치 직독방법**이 있다.

8.2.1 분광측색방법

분광기로 물체의 반사광이나 광원의 분광분포를 측정하여, 그림 8.6의 등색함수를 이용해서 삼자극치를 계산하여 구하는 방법이다. 일정 파장성분만 취하려면 프리즘이나 회절격자를 사용하며 일반적인 분광기에는 회절격자가 사용되고 있다. 분광측색법에 의한 측색은 정밀도가 높고 고도한 색의 해석에 적합하다. 측정장치의 예를 그림 8.11에 나타냈다.

물체의 색은 보는 방향이나 조명하는 방향에 따라서 달라진다. 물체색을 측정하는 경우 센서로 수광하는 방향과 광원에 따라서 조명하는 빛의 입사방향에 내한 소건이 정해져 있다. 측정대상의 법신에 대해서 45°의 각도에서 조명하여 법선방향으로 수광하는 방법, 측정대상의 법선방향에서 조명하여 법선에 대해서 45°의 각도로 수광하는 방법, 적분구를 사용하여 모든 방향에서 균등하게 조명하여 법선방향에서 수광하는 방법 등이 있다.

그림 8.11 분광방사휘도계

8.2.2 자극치 직독방법

　3종류의 필터를 이용한 **광전색채계**(光電色彩計)에 의해 삼자극치를 직접 측정하는 방법이다. 광전색채계의 분광감도가 등색함수 $\bar{x}(\lambda)$, $\bar{y}(\lambda)$, $\bar{z}(\lambda)$와 근사하도록 만들어져 있다. 그러나 실제상으로는 광전색체계의 분광감도를 등색함수와 완전하게 일치시키는 것은 어렵고, 정밀도가 조금 낮기 때문에 고도의 색의 해석에는 적합하다고는 할 수 없다. 일반적으로 측정기는 소형으로서 간편하며 **조도계형 색채계, 휘도계형 색채계** 등이 있다.

측광

8.3.1 측광의 기초

빛의 양을 측정하는 것을 **측광**이라 하며, 조도·휘도·광도·광속 등이 주된 측광량이다.

빛을 전기신호로 변환하는 소자를 **광전변환소자**라 한다. 광전변환소자에는 포토다이오드·광전지·광전관·광전자증배관 등이 있다. 포토다이오드는 pn접합부 부근에 빛이 조사되면 광기전력이 발생하여 이것에 의해 빛을 검출하는 소자이다. 일반적인 측광기의 광전변환소자로서는 실리콘 포토다이오드가 이용되고 있다.

「제1장 조명의 기초」에서 기술한 것처럼 사람의 눈은 빛의 파장에 따라 감도가 달라진다. 더욱이 **명소시와 암소시**에서는 빛의 파장에 대한 감도가 달라진다. 측광량은 명소시의 **표준분광시감효율**에 의해 평가된다. 측광에는 분광측광방법과 자극치 직독방법이 있다. 분광측광방법에는 회절격자 등의 분광기에 의해 분광분포를 측정하고, 표준분광시감효율을 곱하고 적분해서 측광량을 구한다. 자극치 직독방법에 비해서 정밀도가 높다.

자극치 직독방법에서 측광량을 측정하는 측광기로 표준분광시감효율에 근사한 분광응답특성을 가진 수광기가 사용되고 있다. 그러므로 광전변환소자의 출력이 직접측광량을 나타낸다. 단, 감도가 낮은 파장의 빛(파장이 짧은 청색의 광이나 파장이 긴 적색의 광)에 대해서는 감도의 어긋남이 생기기 쉽고 오차가 커지는 경우가 있다.

이와 같은 때는 색보정 계수에 의한 보정이 필요하다. 또한 감도특성이 경년변화하므로 신뢰할 수 있는 기관 등에서 정기적으로 교정할 필요가 있다.

점등 후 광원의 빛 강도가 안정된 후 측정한다. 특히 HID 램프를 대상으로 한 측광에는 충분한 시간을 취할 필요가 있다. 또한 측정대상 이외에서 들어온 미광이나 점등전압, 주위온도 등의 오차요인에도 주의를 기울이지 않으면 안 된다.

다음에 주로 자극치 직독방법에 의한 측정에 대해서 설명한다.

8.3.2 조도(照度)

일반적으로 조도의 측정에는 그림 8.12에 나타낸 것 같은 **조도계**가 이용된다. 조도계는 그림 8.13과 같이 빛의 입사각 특성이 **코사인** 법칙을 만족하도록 수광부가 만들어져 있다. 또한 감도보정 필터에 의해서 빛의 파장에 대한 감도가 표준분광시감효율에 근사되어 있다. 이들 특성은 JIS C 1609-1에서 규정되어 있다. 기준·규정의 적합성 평가 등에 있어서 조도치의 신뢰성이 요구되는 조명의 조도측정에는, JIS 일반형 AA급 조도계[6]에 준거한 사용이 추천 장려된다.

조도에는 **수평면조도**, **연직면조도**, **법선조도**가 있다. 노면이나 책상면 등의 수평면조도는 조도계의 수광부가 측정면에 평행토록 해서 측정한다. 또한, 법선조도는 수광부가 광원에 마주하도록 고정해서 측정한다.

그림 8.12 조도계

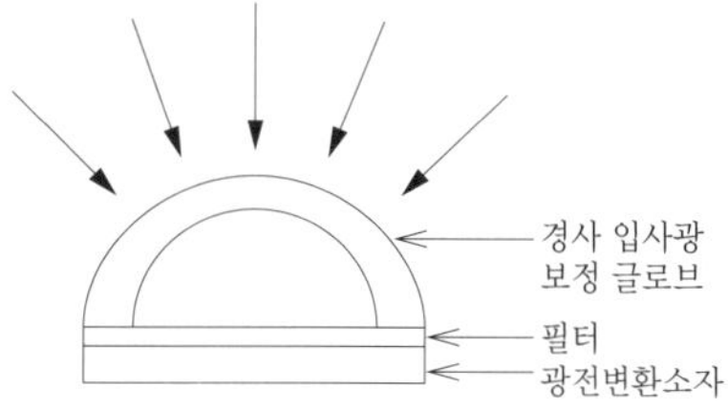

그림 8.13 조도계의 수광부

8.3.3 휘도

일반적으로 휘도의 측정에는 그림 8.14에 나타낸 것 같은 렌즈식 휘도계가 이용된다. 그림 8.15에 휘도계의 원리를 나타냈다. 조도계와 같이 감도보정 필터에 의해서 빛의 파장에 대한 감도가 표준분광시감효율과 거의 같게 되어 있다. **측정시야각**은 0.1~2°의 범위의 것이 많고, 시야각이 고정되어 있는 것과 전환되는 것이 있다.

측정대상의 방향으로 렌즈를 향하게 해서 핀트를 맞추고 측정시야를 확인해서 측정한다. 측정시야 내의 평균휘도가 표시된다. 따라서 측정시야가 측정대상보다 작아지도록 측정거리 또는 시야각을 선택할 필요가 있다.

그림 8.14 휘도계

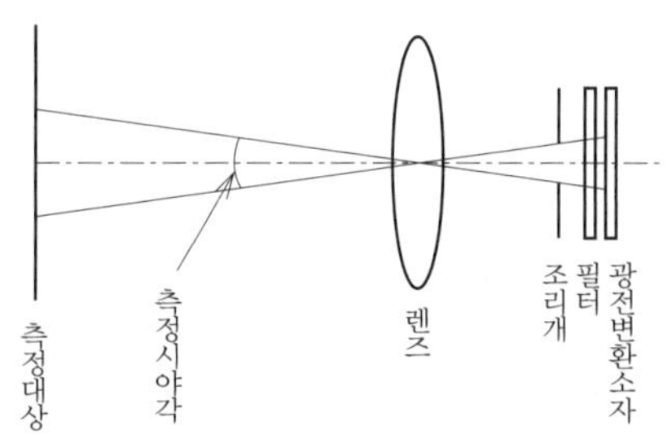

그림 8.15 휘도계의 원리

8.3.4 광도(배광)

충분히 강한 광원의 광도를 암실 내 등에서 측정하는 경우는 조도계로 측정하는 것이 편리하다. 광원 또는 수광면 중 큰 쪽 최대치수의 10배 이상의 거리에서 조도계를 광원에 마주시켜 법선조도를 측정한다. 측정한 법선조도를 $E[\text{lx}]$, 측정거리를 $d[\text{m}]$로 하면, 광원의 광도 $I[\text{cd}]$는

$$I = Ed^2 \tag{8.11}$$

로 구해진다. 단, 평행광의 경우는 이 방법으로 측정할 수 없다.

광원이나 조명기구의 각 방향에 대한 광도의 분포를 **배광**(配光)이라 한다. 배광측정에는 조도계를 고정하여 광원을 회전시켜서 법선조도를 측정하는 방법과, 광원을 고정하여 조도계를 회전시켜서 법선조도를 측정하는 방법이 있다.

8.3.5 광속(光束)

어느 광원이 방출하는 모든 광속을 전광속이라 한다. 전광속의 측정에는 **구형광속법**과 배광측정법이 있다. 통상 이용되는 구형광속법은 전광속을 직접 측정할 수 있으므로 편리하다.

구형광속법에는 그림 8.16에 나타낸 것과 같은 **적분구**(積分球)를 이용한다. 적분구의 내측은 백색확산도료가 칠해져 있어서 구내의 벽면의 조도는 일정하다. 그 조도는 내부 광원의 전광속에 비례한다. 전광속을 알고 있는 표준전구와 비교해서 수광기(조도계)를 읽어 전광속을 구할 수 있다.

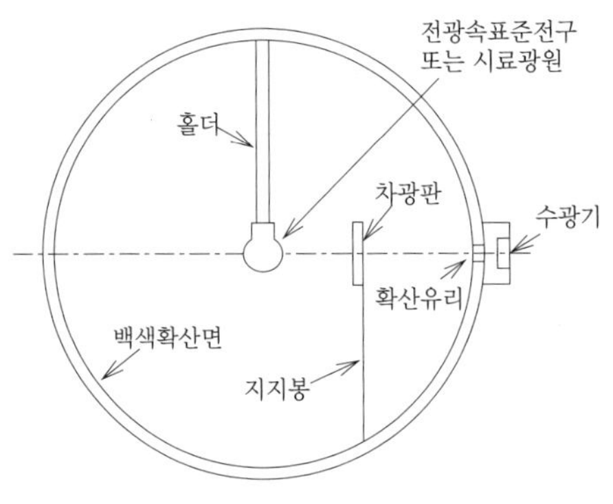

그림 8.16 적분구[7]

8.3.6 섬광의 측정과 실효광도

크세논 램프에 의한 발광신호와 같이 발광시간이 짧은 빛을 **섬광**(閃光)이라 한다. 섬광은 유목성(誘目性)이나 식별성이 높고, 유도등, 항공이나 해상교통의 등화신호 등에 널리 사용되고 있다. 섬광파형의 측정은 실리콘 포토다이오드 등의 시감도 보정과 파형기록장치를 조합시켜서 측정한다.

섬광의 강도는 그것과 같은 밝기인 정상광의 광도로 나타내며 섬광의 **실효광도**라 부른다. 일반적으로 섬광의 실효광도는 측정한 섬광파형(순시광도)으로부터 **브론델·레이·더글러스법**에 의한 실효광도의 식 (8.12)로 구해진다.

$$I_e = \frac{\int_{t_1}^{t_2} I(t)\,dt}{a + (t_2 - t_1)} \tag{8.12}$$

단, I_e는 실효광도, $I(t)$는 순시광도, a는 상수(밤 0.2, 낮 0.1), t_1, t_2는 섬광(밝음) 시간, t_1, t_2는 I_e가 최대일 때의 시간이다.

또한, 섬광시간이 충분히 짧거나 밤의 조건일 때

$$I_e \fallingdotseq 5 \int_{t_1}^{t_2} I(t)\,dt \tag{8.13}$$

로 된다.

섬광이 짧은 주기(대략 1s 이하)로 반복해서 발광하는 경우는 단일섬광보다 밝게 느껴지기 때문에 **수정 아라드법**이 사용되기도 한다. 수정 아라드법에서는, 적분식 (8.14)의 $i(t)$ 최대치를 실효광도로 한다.

$$i(t) = \int_0^t I(\tau)\frac{a}{(a+t-\tau)^2}d\tau \qquad\qquad (8.14)$$

단, $I(\tau)$는 순간광도, a는 상수(밤 0.2, 낮 0.1)이다.

그러나 브론델·레이·더글러스법이나 수정 아라드법은 빛이 약하게 보이는 임계치 부근에 있어서 실험적으로 구해진 것이며, 임계치보다 충분히 밝은 레벨에 있어서는 성립하지 않는다. 현재 임계치보다 충분히 밝은 레벨에서 일반적으로 이용되고 있는 실효광도를 구하는 식은 없다.

연습문제

1 xy색도도와 균등색공간에 대해서 간단하게 설명하라.

2 먼셀 표색계에서 3R5/9로 표시된 색에 대한 색상·명도 및 채도를 구하라. 또한, N3로 표시된 색은 어떠한 색을 나타내는지 기술하라.

3 빛의 측정에 대해서 다음 기술 중 바른 것에는 ○표를, 바르지 않은 것에는 × 표를 써라. 또한, 바르지 않은 것에 대해서는 그 이유를 간단하게 기술하라.

(1) 자극치 직독방법에서는 감도가 낮은 파장의 빛(파장이 짧은 청색의 빛이나 파장이 긴 적색의 빛)에 대해서 감도의 어긋남이 생기기 쉽고, 오차가 커지는 경우가 있으므로 주의가 필요하다.

(2) 휘도계에 의한 휘도의 측정에 있어서는 측정시야가 측정대상보다 크게 되도록 측정위치 또는 시야각을 선택할 필요가 있다.

(3) 조도계에 의해 광도를 측정할 경우에는 가능한 한 근거리에서 측정하면 오차가 적어진다.

(4) 적분구를 이용하면 전광속을 측정할 수 있으므로 편리하다.

● 연습문제를 풀어본 후 215쪽 풀이 및 정답을 맞춰보세요.

〈참고문헌〉

1) Smith, V. C. and Pokorny, J.: Spectral sensitivity of the foveal cone photopigments between 400 and 500 nm. Vision Res. Vol.15, pp.161-171 (1975)

2) Hurvich, Leo M.: COLOR VISION, Sinauar Associates Inc.(1981)

3) JIS Z 8722(色の測定法―反射及び透過物体色)

4) MacAdam, D. L.: Visual sensitivities to color differences in daylight. J. Opt. Soc. Am., Vol.32, pp.247-274(1942)

5) 大山松次郎(原著), 小原清成(編)：新しい照明ノート, p.41, オーム社 (1996)

6) JIS C 1609-1(照度計 第1部：一般計量器)

7) 照明学会(編)：照明ハンドブック(第2版), p.68, オーム社(2003)

부록
광원의 성능 및 조명기준

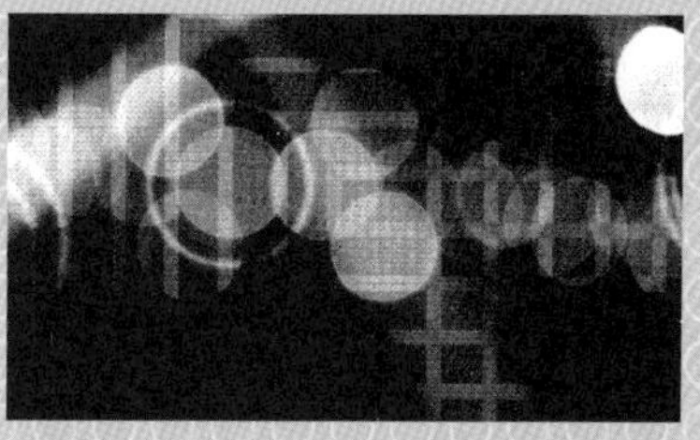

고체조명 LED의 성능은 일취월장의 기세로 진화하고 있다. 형광 램프형 LED나 HID 램프에 필적하는 광속을 가진 LED도 개발되고 있지만, 생산자에 따라 성능도 가지각색이고, 현재 법률이나 규격 제정이 충분하지 않다. 따라서 〈표_부록 1〉에 종래의 광원에 더해 전구형 LED 램프의 특성 예(생산자 발표치)를 게재한다. 참고로 LED 조명에 관해서 제정되어 있는 법규·규격을 〈표_부록 2〉에 소개한다. 필요에 따라 조사시점에서의 최신정보를 각자 찾아보기 바란다. 그 외 주된 조명기준을 〈표_부록 3~7〉에 게재한다.

표_부록 1. 주된 광원의 특성 예[*1]

광원의 종류		정격전력 [W]	전광속 [lm]	램프효율 [lm/W]	총합효율 [lm/W]	색온도 [K]	평균연색 평가수(R_a)	정격수명 [h]	크기 [W]
백열전구	백열전구								
	일반조명용(백색도장)	60	810	13.5	13.5	2,850	100	1,000	10–100
	일반조명용(박막백색도장)	54	810	15.0	15.0	2,850	100	1,000	18–90
	볼 전구(백색도장)	57	705	12.4	12.4	2,850	100	2,000	25–100
	미니 크립톤 전구	60	820	13.7	13.7	2,850	100	2,000	25–100
	할로겐 전구								
	한쪽 꼭지쇠형	100	1,600	16.0	16.0	2,900	100	1,500	60–500
	한쪽 꼭지쇠형(적외반사막 붙음)	85	1,680	19.8	19.8	2,900	100	2,000	65–425
	소형(저전압형)	50	1,000	20.0	20.0	3,000	100	2,000	20–100
	양꼭지쇠형	500	10,500	21.0	21.0	3,000	100	2,000	150–1,500
형광 램프	전구형 형광 램프(전자점등)								
	구형, 원통형(전구색)	15	810	54	54	2,800	84	6,000	8–25
	구형, 원통형(주백색)	15	780	52	52	5,000	88	6,000	10–25
	4본관형(전자점등)	15	900	60	60	5,000	84	8,000	10–27
	직관형 형광 램프								
	스타터형(백색)	37	3,100	84	66	4,200	61	12,000	4–40
	3파장형(주백색)	37	3,560	96	75	5,000	88	12,000	10–40
	래피드 스타트형(백색)	36	3,000	83	75	4,200	61	12,000	20–110
	3파장형(주백색)	36	3,450	96	87	5,000	88	12,000	36–110
	고주파 점등전용형(Hf)(주백색)	32(45)	3,200(4,500)	100(100)	91(92)	5,000	84	12,000	16–86
	색평가용 형광 램프(주백색)	40	2,250	56	46	5,000	99	5,000	20–40
	환형 형광 램프(3파장, 주백색)	28	2,100	75	58	5,000	88	6,000	15–40
	콤팩트형								
	2본 관형(주백색)	36	2,900	81	63	5,000	84	7,500	4–96
	4본 관형(주백색)	27	1,550	57	45	5,000	84	6,000	9–27
	4본 평행관형(주백색)	27	1,600	59	47	5,000	84	6,000	9–96
HID 램프	수은 램프								
	수은 램프(투명형)	400	20,500	51	48	5,800	14	12,000	40–2,000
	형광 수은 램프	400	22,000	55	52	3,900	40	12,000	40–2,000
	안정기 내장형 수은 램프	500	14,000	28	28	3,900	58	9,000	100–750
	메탈 할라이드 램프								
	저전압 시동형(Sc–Na계)–확산형	400	42,000	105	100	3,800	70	12,000	100–1,000
	저전압 시동형(Na–Tl–In계)–확산형	400	32,000	80	76	4,300	70	9,000	100–1,000
	고연색형(Sn계)	400	19,000	48	41	4,600	90	6,000	125–400
	고연색형(양꼭지쇠형)(Dy–Tl계)–백색	250	20,000	80	76	4,300	85	6,000	70–1,000
	고압 나트륨 램프								
	시동기 내장형–확산형	360	47,500	132	123	2,050	25	24,000	75–940
	연색개선형–확산형	360	36,000	100	92	2,150	60	12,000	180–660
	고연색형–확산형	400	23,000	58	54	2,500	85	9,000	50–400
저압 나트륨 램프		180	31,500	175	140	1,700	–	9,000	35–180
무전극방전 램프(백색)		260	21,500	82.7	82.7	4,200	73	60,000	55–260
LED	전구형 LED(전구색)	9.4	650	69.1	69.1	2,800	80	40,000	0.7–14
	전구형 LED(주백색)	9.4	850	90.4	90.4	5,000	70	40,000	0.7–14

표_부록 2. LED 조명에 관한 법규·규격[*2]

법규

전기용품안전법시행령의 일부를 개정

JIS 규격

JIS C 8105-1 조명기구 제1부 : 안전성요구사항통칙

JIS C 8105-2-1~ 정착등기구에 관한 안전성요구사항 등

JIS C 8105-3 조명기구 제3부 : 성능요구사항통칙

JIS C 8147-2-13 램프 제어장치 제2-13부 : LED 모듈 제어장치(안전)의 개별요구사항

JIS C 8152 조명용 백색발광 다이오드(LED)의 측광방법

JIS C 8153 LED 모듈용 제어장치-성능요구사항

JIS C 8154 일반조명용 LED 모듈-안전사양

JIS C 8155 일반조명용 LED 모듈-성능요구사항

JIS C 8156 일반조명용 전구형 LED 램프(전원전압 50V 초과)-안전사양

JIS C 6100-3-2 전자양립성 제3-2부 : 한도치-고조파 전류 발생 한도치
(1상당 입력전류가 20A 이하의 기기)

일본전구공업회규격

JEL 600 광원제품의 바른 사용법과 표시방법

JEL 800 전구형 LED 램프의 형식부여방법

JEL 801 L형 핀 꼭지쇠 GX16t-5부 직관형 LED 램프 시스템(일반조명용)

---

*1) LED는 기구일체형 다운 라이트나 직관 형광 램프형 등 여러 가지 타입이 개발되고 있지만, 일취월장으로 특성이 진화하고 있기 때문에 여기서는 전구형 LED 램프만을 게재한다. 조사시점에서의 최신 정보를 각자 입수할 것

*2) 발행시점에서 제정되어 있는 LED 조명에 관한 주된 법규·규격이다. 모든 LED에 대해서 법규의 대상이 되고 있는 것은 아니기 때문에 조사시점에서의 최신 정보를 각자 입수할 것

표_부록 3. 조명기준(JIS Z 9110 : 2010 조명기준총칙에서 발췌)

영역, 작업 또는 활동의 종류	$\overline{E}_m$[lx]	U_0	UGR_L	R_a	비고
사무소					
• 설계, 제도	750	0.7	16	80	
• 키 보드 조작, 계산	500	0.7	19	80	VDT작업의 항을 참조
• 설계실, 제도실	750	–	16	80	
• 사무실	750	–	19	80	VDT작업의 항을 참조
• 복도, 엘리베이터	100	–	–	40	
공장					
• 일반 제조공장의 보통 시작업	500	0.7	–	60	색이 중요한 경우 $R_a \geqq 90$
• 작업을 동반하는 창고	200	–	–	60	
학교					
• 도서열람	500	0.7	19	80	
• 교실	300	–	19	80	조명제어가 가능
• 강당	200	–	22	80	
• 라커실, 화장실, 세면소	200	–	–	80	
보험의료시설					
• 창구사무	500	0.7	19	80	
• 진료실	500	–	19	90	
• 병실	100	–	19	80	전반조명 : 바닥면 조명
• 대합실	200	–	22	80	바닥면 조명
• 사무실, 의국, 보건부실	500	–	19	80	
상업시설 1(물품판매점)					
• 진열의 최중요부	2,000	–	–	80	
• 슈퍼마켓 점내 전반	500	–	22	80	
• 에스컬레이터	500	–	–	80	
미용실, 박물관					
• 서양화	500	–	–	90	
• 일본화	200	–	–	90	
• 갤러리 전반	100	–	–	80	
숙박시설(호텔, 여관 등)					
• 현관	100	–	22	60	
• 로비	200	–	22	80	
• 식당	300	–	19	60	
• 객실(전반)	100	–	19	80	
극장, 콘서트 홀					
• 로비, 휴게실	200	–	22	80	
• 관객석	200	–	22	80	
• 계단	150	–	–	40	
주택					
• 단지	200	–	–	80	

- $\overline{E}_m$: 대상영역이 유지해야 할 평균조도(조도범위는 5장의 표 5.3을 참조)
- U_0 : 작업대상 기준면의 조도균제도, 평균조도에 대한 최소조도의 비로 나타낸다.
- UGR_L : 실내 통일 글레어 제한치(불쾌 글레어가 생기지 않도록 하는 제한치)
- R_a : 평균연색평가수

표_부록 4. 실외작업장의 조명기준(JIS Z 9126 : 2010에서 발췌)
작업 중 작업자의 안전에 관한 조명요건

작업 중 작업자의 위험 레벨	$\overline{E}_m$[lx]	U_0	GR_L	R_a	비고
매우 낮은 위험도, 예를 들면 구내에서 차량교통이 드문 보관구역	5	0.25	55	20	
낮은 위험도, 예를 들면 공항의 전반 조명10	0.4	50	20		항만에서 U_0는 0.25 정도
중간정도의 위험도, 예를 들면 발전소의 석유저장시설	20	0.4	50	20	조선소, 선착장에서 U_0는 0.25 정도
높은 위험도, 예를 들면 건설용지의 주형틀, 재목, 강재의 보관장소	50	0.4	45	20	건설용지, 제재소에서 GR_L은 50 정도

영역, 작업 또는 활동의 종류	$\overline{E}_m$[lx]	U_0	GR_L	R_a	비고
실외작업장의 일반통행영역					
보행자 전용도로	5	0.25	50	20	
저속교통(최고 10km/h)	10	0.4	50	20	
통상차량교통(최고 40km/h)]	20	0.4	45	20	조선소, 선착장에서 GR_L은 50 정도
보행자 통로, 짐처리 구역	50	0.4	50	20	
공사영역					
정지, 굴삭, 흙쌓기	20	0.25	55	20	
공사현장, 운반, 보조작업, 수납작업	50	0.4	50	20	
간단한 배근, 나무 틀 형성, 전기배관, 통선	100	0.4	45	40	
부재의 접합, 기계 및 파이프의 설치	200	0.5	45	40	
농장					
농장구 내	20	0.1	55	20	
설비창고(야외)	50	0.2	55	20	
동물선별의 울타리	50	0.2	50	40	
공업용지 및 창고					
일시적인 원료의 취급, 물품의 하역	20	0.25	55	20	
계속적인 원료의 취급, 물품의 하역	50	0.4	50	20	
수신인명의 읽기, 도구의 사용, 성형작업	100	0.5	45	20	
전기, 기계 및 배관설비의 시공, 점검	200	0.5	45	60	
상하수도					
도구의 취급, 밸브 조작, 기계청소	50	0.4	45	20	
약품의 취급, 누수 검사, 계기의 판독작업	100	0.4	45	40	
전기부품 또는 모터의 수선	200	0.5	45	60	

- $\overline{E}_m$: 대상영역이 유지해야 할 평균조도(조도범위는 5장의 표 5.3을 참조)
- U_0 : 작업대상 기준면의 조도균제도, 평균조도에 대한 최소조도의 비로 나타낸다.
- GR_L : 실외 글레어 제한치(불쾌 글레어 평가법에 기반한 제한치)
- R_a : 평균연색평가수

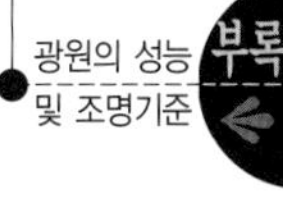

표_부록 5. 실내작업장의 조명기준(JIS Z 9125 : 2007에서 발췌)

방, 작업, 활동 유형	$\overline{E}_m[\text{lx}]$	UGR_L	R_a	비고
일반적인 건물영역				
현관 홀	100	22	60	
라운지	200	22	80	출입구에는 이동표시 설치,
도로, 복도	100	28	40	밝기의 급격한 변화를 피한다.
계단, 에스컬레이터, 움직이는 보도	150	25	40	
농업건물				
기계장치로의 하적, 조작	200	25	80	
헛간	50	28	40	
사료장, 착유장, 용구세척장	200	25	80	
제빵소				
사전 준비, 빵굽기	300	22	80	
마무리, 광택내기, 장식하기	500	22	80	
화학, 플라스틱, 고무제조				
원격조작에 의한 가공설비	50	–	20	안전색채를 확인할 수 있다.
부분적으로 수작업이 개입하는 가공설비	150	28	40	
가공설비에 있어서의 상시상주 작업장	300	25	80	
정밀측정실, 실험실	500	19	80	
색검사	1,000	16	90	상관색온도는 6,500K 이상
식품제조업				
생산품의 분류, 세정, 제분, 혼합, 포장	300	25	80	
조정식품의 제조, 주방	500	22	80	
실험실	500	19	80	
색검사	1,000	16	90	상관색온도는 4,000K 이상
미용원				
이발	500	19	90	
보석 제조업				
귀금석을 사용하는 작업	1,500	16	90	상관색온도는 4,000K 이상
보석의 제조	1,000	16	90	
시계의 제작(수작업)	1,500	16	80	
시계의 제작(기계작업)	500	19	80	
인쇄업				
종이의 분류, 수작업 인쇄	500	19	80	
식자, 가필수정, 평판인쇄	1,000	19	80	
다색쇄의 색검사	1,500	16	90	상관색온도는 5,000K 이상
공공주차장(실내)				
진입/퇴출로(주간)	300	25	40	
진입/퇴출로(야간)	75	25	40	안전색채를 확인할 수 있다.

- $\overline{E}_m$: 대상영역이 유지해야 할 평균조도(조도범위는 5장의 표 5.3을 참조)
- UGR_L : 실내 통일 글레어 제한치(불쾌 글레어가 생기지 않도록 하는 제한치)
- R_a : 평균연색평가수

표_부록 6. 스포츠 조명기준(JIS Z 9127 : 2011에서 발췌)

경기마다 운동구분, 조명균제도(U_0)의 하한치, 글레어 제한치(GR_L), 평균연색평가수(R_a)의 하한치를 보여주고 있다.

〈구기 등의 조명요건〉

조도 단계 [lx]	경식야구		연식야구		소프트볼		아메리칸 풋볼	사커 럭비	라크로스	하키	
	내야	외야	내야	외야	내야	외야				실내	실외
	실외		실외		실외		실외	실외	실외		
2,000											
1,500											
1,000	I 0.7/50/60										
750	II 0.6/50/60	I 0.5/50/60	I 0.6/5C/60		I 0.7/50/60					I0.7/-/60	
500	III 0.5/55/-	II 0.5/50/60	II 0.5/50/60	I 0.5/50/60	II 0.6/50/60	I 0.5/50/60	I 0.7/50/60	I 0.7/50/60	I 0.7/50/60	II 0.6/-/60	I 0.7/50/60
300 ·		III 0.3/55/-	III 0.5/55/-	II 0.5/50/60		II 0.5/50/60			II 0.5/50/60	III 0.5/-/-	III 0.5/50/60
200			III 0.3/55/-	III 0.5/55/-			II 0.5/50/60	II 0.5/50/60	III 0.3/55/-		III 0.3/55/-
150											
100					III 0.3/55/-	III 0.3/55/-	III 0.3/55/-				
75											
50											
기준면 의 높이	지표면		지표면		지표면		지표면	지표면	지표면	바닥면	지표면

"I0.7/50/60"은 운동경기의 구분 I, 바람직한 U_0의 하한치가 0.7, GR_L가 50, R_a의 하한치가 60을 나타낸다. "-"는 규정이 없음을 나타낸다.
운동경기의 구분은 표_부록 7을 참조

표_부록 7. 운동경기의 구분 및 적용 예(JIS Z 9127 : 2011에서 발췌)

운동경기의 구분	적용 예
I	관객이 있는 국제·국내·지역전체 또는 특정지역에 있어서의 최고수준의 운동경기회. 최고수준의 트레이닝
II	관객이 있는 지역전체 또는 특정지역에 있어서의 일반적인 운동경기회. 고수준의 트레이닝
III	관객이 없는 특정지역의 운동경기회, 학교체육 또는 레크리에이션 활동. 일반 트레이닝

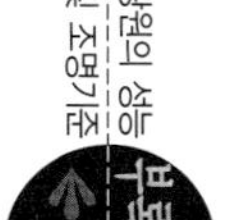

제1장

1 문제를 그림으로 나타내면 그림 1.1과 같이 된다. 점 P의 조도 E_P는 역 2승의 법칙에서

$$E_P = \frac{200}{2^2} = 50\,\text{lx}$$

점 Q의 조도 E_Q는 역 2승의 법칙과 입사각 코사인 법칙에서

$$E_Q = \frac{200}{(\sqrt{2^2+1^2})^2} \times \cos\theta = 40 \times \frac{2}{\sqrt{2^2+1^2}} = 35.8\,\text{lx}$$

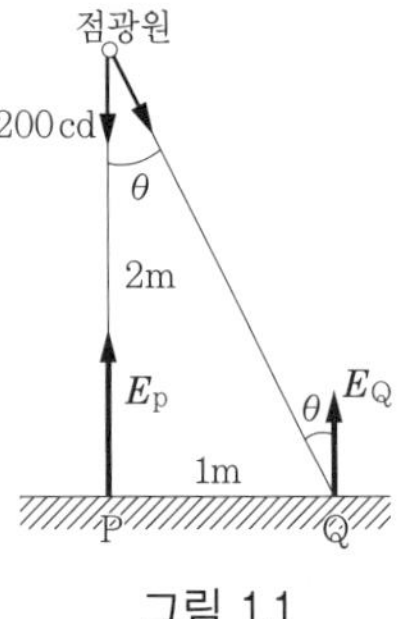

그림 1.1

2 전구 5개의 전광속 Φ는

$$\Phi = 5 \times 4\pi \times 200 = 4000\pi\,[\text{lm}]$$

이것에 50%가 바닥면에 입사한다고 생각되므로

$$E = \frac{0.5 \times 4000\pi}{5^2\pi} = 80\,\text{lx}$$

3 유리구의 외측에서의 평균구면광도 I는

$$I = \frac{1520}{4\pi} \times 0.8 = 96.8\,\text{cd}$$

광도를 외관의 면적으로 나누면, 휘도가 구해지므로

$$L = \frac{96.8}{0.2^2\pi} = 770\,\text{cd/m}^2$$

[별해] 유리구 내의 평균조도 E는

$$E = \frac{1520}{4\pi \times 0.2^2} = 3024\,\text{lx}$$

유리구 밖의 광속발산도 M은

$$M = 3024 \times 0.8 = 2419\,\text{lm/m}^2$$

유리구를 균등확산면으로 생각하면

$$L = \frac{2419}{\pi} = 770\,\text{cd/m}^2$$

4 유리 안쪽의 광속발산도와 투과광속 Φ_τ를 구하면

$$M = \pi \times 255 = 801\,\text{lm/m}^2$$

$$\Phi_\tau = 801 \times 4 = 3,204\,\text{lm}$$

투과율은 입사광속과 투과광속의 비로 주어지기 때문에

$$\tau = \frac{3\,204}{4\,000} \times 100 = 80.1\%$$

제2장

1 열방사는 물체가 어느 온도가 되었을 때, 그 내부의 원자·분자·이온 등의 열진동에 의해 방사 에너지가 방출되는 현상이다[2.1절 2.1.1항 참조]. 일반조명용 전구, 할로겐 전구, 크립톤 전구 등은 텅스텐 필라멘트 온도가 3,000K일 때의 열방사를 이용하고 있다. 루미네선스는 물체(전자)가 빛·방사·전자·전계 등의 에너지로서 방출되는 현상이다[2.1절 2.1.2항 참조]. 형광램프는 주로 방전에 의해서 발하는 자외방사가 형광체를 여기해서 빛을 내는 포토루미네선스, HID 램프, EL, 발광 다이오드 등은 일렉트로 루미네선스, 백색 LED 램프는 포토루미네선스와 일렉트로 루미네선스의 합체이다.

2 할로겐 전구는 봉입 가스 안에 미량의 할로겐 물질이 들어 있다. 점등 중에 증발한 텅스텐이 할로겐 원자 또는 분자와 결합해서 할로겐화 텅스텐이 되고, 다시 필라멘트 부근에서 해리하여 텅스텐이 필라멘트로 돌아온다. 이 순환작용(할로겐 사이클)에 의해 필라멘트의 단선에 따른 수명을 약 2배 정도 늘리고 있다[2.3절 2.3.1 [2]항 참조].

3 광원색의 명칭은 상관색온도 ① 2,800K : 전구색, ② 3,500K : 온백색, ③ 4,200K : 백색, ④ 5,000K : 주백색, ⑤ 6,700K : 주광색이다[2.4절 2.4.2 [4]항 참조].

4 스타터형 및 래피드 스타트형 형광 램프에 비해서 약 20% 효율이 높고 깜박임이 적다[2.4절 2.4.2항 및 표 2.7 참조].

5 세라믹형 메탈 할라이드 램프와 석영형 메탈 할라이드 램프를 비교하면, 석영형의 경우 고효율(100 lm/W)이 되면 연색성(R_a : 65~70)이 낮고, 역으로 연색성(R_a : 80)이 높으면 효율(65~70 lm/W)이 낮아진다. 세라믹형은 고효율(100 lm/W)이면서 고연색성(R_a : 90)의 특성을 가진다. 그리고 관벽부하가 높아지므로 광원이 콤팩트해지며, 조명기구의 배광제어에 뛰어나다[2.5절 2.5.2 [2], [3], 표 2.8 참조].

6 자기식 안정기는 전원주파수(50Hz 또는 60Hz)의 차이에 의해서 형식(사양)이 달라지는 데에 비해서 전자식은 양 주파수 겸용이 가능하다. 전자식은 램프를 가동

하는 주파수가 형광 램프의 경우는 20~70kHz, HID 램프의 경우는 100~400Hz
이기 때문에 깜박거림이 느껴지지 않는다. 램프 역률이 약 100%이기 때문에 램프
수명이 자기식에 비해서 긴 수명이 된다[2.4절 2.4.4 [3]항 및 2.4.5 [2]항, 2.5절
2.5.4항 참조].

제3장

1 글로브의 효율 η은 반사율 ρ, 투과율 τ로 하면

$$\eta = \frac{\tau}{1-\rho} = \frac{0.5}{1-0.4} = 0.833$$

모든 방향으로 일정하게 120cd가 나오기 때문에 전구의 전광속 $\Phi[\mathrm{lm}]$은

$$\Phi = 4\pi \times 120\,\mathrm{lm}$$

이 중 η만이 밖으로 나온다. 그리고 이것이 글로브의 전 표면에 분포하기 때문에

$$\text{광속발산도} \quad M = \frac{4\pi \times 120 \times 0.833}{4\pi \times 0.2^2}\,\mathrm{lm/m^2}$$

따라서, 표면의 휘도는

$$\text{휘도} \quad L = \frac{M}{\pi} = \frac{4\pi \times 120 \times 0.833}{(2\pi \times 0.2)^2}\,\mathrm{cd/m^2}$$

어느 방향의 광도 $I[\mathrm{cd}]$는, 휘도에 겉보기 면적을 곱해서

$$I = \frac{4\pi \times 120 \times 0.833}{(2\pi \times 0.2)^2} \times 0.2^2\pi = 99.96 \fallingdotseq 100\,\mathrm{cd}$$

따라서 조도 $E[\mathrm{lx}]$는, 거리의 역 2승의 법칙에 의해

$$E = \frac{100}{2^2} = 25\,\mathrm{lx}$$

를 얻는다.

[별해] 전구의 광도에 직접 글로브의 효율을 곱하면 즉시 글로브로부터의 광도가 구해
진다. 즉, $I = 120 \times 0.833 = 99.66 \fallingdotseq 100\mathrm{cd}$이 되고, 다음은 같은 양상으로 거리
의 역 2승의 법칙을 이용하면 된다.

제4장

1 휘도를 L, 바닥면 반지름을 a로 한다. 연직각 $30°$, $60°$, $80°$, $100°$, $120°$, $150°$의 각
광도를 식 (4.19)에 대입하면

$$\Phi = \frac{4\pi}{6}\left[\frac{1}{2}\pi a^2 L\{6 + \cos 30° + \cos 60° + \cos 80° + \cos 100° + \cos 120° + \cos 150°\}\right]$$
$$= 2\pi^2 \cdot a^2 L$$

식 (4.14)에 의한 전광속은

$$\varPhi = 4\pi I\,(90^\circ) = 4\pi \cdot \frac{1}{2}\pi a^2 L = 2\pi^2 \cdot a^2 L$$

따라서 이 배광에 있어서는 근사식을 사용해도 오차는 생기지 않는다.

2 (1) 점광원 : $E_{n(A)} = I/h^2$

원판광원 : $E_{n(B)} = L\pi \sin^2 \theta = \dfrac{I}{\pi r^2} \cdot \pi \sin^2 \theta = \dfrac{I}{h^2 + r^2}$

(2) 점광원으로 간주한 경우의 법선조도는 $E_{n(B)} = I/h^2$이며, 이것이 오차 1% 이내 라는 것에서

$$\left(\frac{I}{h^2} - \frac{I}{h^2 + r^2} \right) \bigg/ \frac{I}{h^2 + r^2} \leqq 0.01, \quad d^2/4h^2 \leqq 0.01 \quad \therefore \quad h \geqq 5d$$

따라서, 1% 이내의 정밀도에서 점광원으로 간주해서 계산이 가능하다고 하는 것은 광원 크기의 5배 이상의 측정거리를 유지하면 가능하기 때문이다.

3 광원의 배광은 $I(\theta) = I(0^\circ)\cos\theta$이기 때문에, 수평면 조도 E_h는

$$E_h = \frac{I(0^\circ)\cos^4 \theta}{h^2} = I(0^\circ)\frac{h^2}{(h^2 + d^2)^2}$$

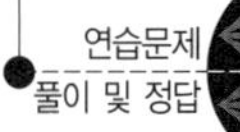

이 되므로 h에 대해서 미분하여 극대치를 구하면 $h = d$로 된다.

4 광원에 의한 조도 E는 광도 I, 거리 r, 이루는 각 θ로 하면 $E = I\cos\theta/r^2$으로 나타난다.

L_2의 직하에는

L_1에 의한 조도는 $E_1 = 1\,000 \times \dfrac{10}{10\sqrt{2}} \bigg/ (10\sqrt{2})^2 = 3.54\,\text{lx}$

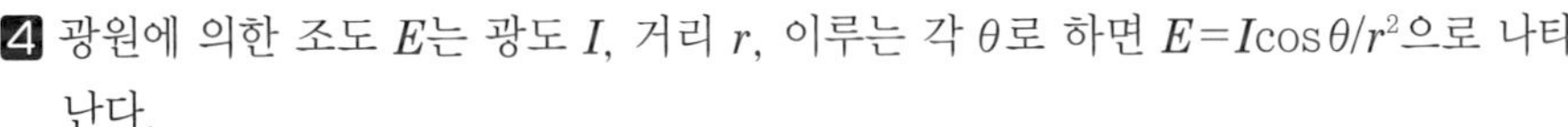

L_2에 의한 조도는 $E_2 = 1\,000 \times 1/10^2 = 10\,\text{lx}$

따라서 구하는 조도는 $E = E_1 + E_2 = 13.5\,\text{lx}$

5 단위 길이(1 m) 당 광도와 조도를 구하라.

광도 $I = \dfrac{3{,}000}{1.2 \times \pi^2} = 253.3\,\text{cd}$

조도 $E = \dfrac{I}{2h}(u_0 + \sin u_0 \cos u_0) = \dfrac{253.3}{2 \times 1.2}\left(\dfrac{\pi}{4} + \sin\dfrac{\pi}{4}\cos\dfrac{\pi}{4} \right) \fallingdotseq 136\,\text{lx}$

6 돔 내의 휘도 L_{in}은 투과율 τ가 10%이므로
$$L_{in} = L \times \tau(10{,}000/\pi) \times 0.1 = 1{,}000/\pi [\text{cd/m}^2]$$
이 된다.

연직각이 $60°$인 것에서 입체각 투사법에 의한 면적 S는
$$S = \pi(1^2 - \sin^2 30°) = 0.75\pi$$
따라서 수평면 조도 E는
$$E = LS = (1{,}000/\pi) \times 0.75\pi = 750 \text{ lx}$$

제5장

1 $N = EA/FUM = (750 \times (19.2 \times 12.8))/(4950 \times 2 \times 0.55 \times 0.69)$
$\qquad = 49.1$대 $\fallingdotseq 50$대

$E = FNUM/A = (4950 \times 2 \times 50 \times 0.55 \times 0.69)/(19.2 \times 12.8) = 764 \text{ lx}$

2 $N = EA/FUM = (400 \times (19.2 \times 12.8))/(4950 \times 1 \times 0.55 \times 0.69)$
$\qquad = 52.33$대 $\fallingdotseq 53$대

$E = FNUM/A = (4950 \times 1 \times 55 \times 0.55 \times 0.69)/(19.2 \times 12.8) = 420 \text{ lx}$

3 (1) 전반조명방식

연간전력량 $[\text{kWh}] = 86 \times 50 \times 3{,}000/1{,}000 = 12{,}900\text{kWh}$

(2) 태스크-앰비언트 조명방식

① 앰비언트 조명 연간전력량 $[\text{kWh}] = 43\text{W/대} \times 55\text{대} \times 3{,}000\text{h}/1{,}000 = 7{,}095\text{kWh}$

② 태스크 조명 연간소비량$[\text{kWh}] = 10 \times 30 \times 3{,}000/1{,}000 = 900\text{kWh}$

합계연간전력량$[\text{kWh}] = 7{,}095\text{kWh} + 900\text{kWh} = 7{,}995\text{kWh}$

연간소비전력의 차와 전반조명방식의 소비전력의 비$[\%]$
$$= \{(12{,}900 - 7{,}995)/\ 12{,}900\} \times 100 = 38\%$$

제6장

1 $\Phi = 7.0 \times 35 \times 1.0 \times 15/(0.32 \times 0.65 \times 1) \fallingdotseq 17{,}700 \text{ lm}$

2 $E = 110{,}000 \times 0.36 \times 0.70 \times 16/(40 \times 35) \fallingdotseq 317 \text{ lx}$

제7장

1 (1) $\times$

광환경을 형성하는 태양이나 각종 일반조명용 광원에서의 방사에는 가시방사만이 아닌 자외방사나 적외방사도 포함되는 경우가 많다. 인간이 시각작업을

할 때에는 자외방사나 적외방사의 작용도 받을 가능성이 있다. 이 때문에 이들 방사에 관한 지식도 필요하다.

(2) ○

(3) ○

(4) ×

야간, 점포의 밖에서 빛나고 있는 포충기나 살충기는 자외방사를 방사하는 블랙라이트가 장착되어 있다. 곤충은 이 자외방사에 이끌린다.

(5) ×

서커디언 리듬(생체 리듬)의 조정에는 아침의 태양광이나 고조도의 광방사를 쬐는 것이 효과적이며, 특히 가시방사 중의 청색광의 효과가 높다.

2 파장 254 nm → 1240/254 = 4.88 eV
　파장 555 nm → 1240/555 = 2.23 eV
　파장 830 nm → 1240/830 = 1.49 eV
　파장 1.40 μm → 1240/1400 = 0.886 eV
　파장 3.00 μm → 1240/3000 = 0.413 eV
　파장 1.00 mm → 1240/1000000 = 0.00124 eV

제8장

1 xy색도도는 색도좌표 x 및 y로 정해진 그림 상의 점이 색자극의 색도를 나타내는 평면도이다. 그러나 xy색도도는 그림 중의 거리가 색차와 일치하지 않기 때문에 색차를 표현하는 데에는 이용할 수 없다. 색차를 나타낸 것이 균등색공간이며, CIE $L^*u^*v^*$ 색공간과 CIE $L^*a^*b^*$ 색공간 등이 있다.

2 3R5/9에 의해 표시된 색은 색상이 3R, 명도가 5, 채도가 9이다. N3은 명도 3의 무채색을 나타낸다.

3 (1) ○

(2) ×

측정시야가 측정대상보다 작게 할 필요가 있다.

(3) ×

광원 또는 수광면 중 큰 쪽 최대치수의 10배 이상의 거리에서 측정한다.

(4) ○

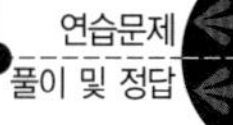

찾아보기

조명공학

2013. 10. 11 초 판 1쇄 인쇄
2013. 10. 18 초 판 1쇄 발행

지은이 | 日本 일반사단법인 조명학회
옮긴이 | 김용혁 · 손진근
펴낸이 | 이종춘
펴낸곳 | **BM** 성안당
주소 | 121-838 서울시 마포구 양화로 127 첨단빌딩 5층(출판기획 R&D 센터)
　　　413-120 경기도 파주시 문발로 112(제작 및 물류)
전화 | 02) 3142-0036
　　　031) 955-0511
팩스 | 031) 955-0510
등록 | 1973.2.1 제13-12호
출판사 홈페이지 | www.cyber.co.kr
ISBN | 978-89-315-2442-0 (13560)
정가 | 18,000원

이 책을 만든 사람들
진행 | 박경희
교정·교열 | 이태원
전산편집 | 김인환
표지 | 박원석
제작 | 김유석